DINOSAURIER

IM REICH DER GIGANTEN

Tim Haines

Aus dem Englischen von
Sabine Lorenz und Felix Seewöster

Wissenschaftliche Beratung für
die deutsche Ausgabe: Martin Sander

vgs

Die Deutsche Bibliothek - CIP-Einheitsaufnahme

Dinosaurier - im Reich der Giganten / Tim Haines. [Aus dem Engl. von Sabine Lorenz und Felix Seewöster]. - Köln : vgs. 1999
Einheitssacht.: Walking with dinosaurs <dt.>
ISBN 3-8025-1401-7

Titel der englischen Originalausgabe: Walking with Dinosaurs – a Natural History.

Umschlaggestaltung: Burghardt Sens, Köln
Redaktion: Martina Weihe-Reckewitz
Lektorat: Marcus Reckewitz, Bonn
Produktion: Annette Hillig
Satz: Greiner & Reichel, Köln
Druck: Butler & Tanner Ltd. Frome & London
Printed in Great Britain
ISBN 3-8025-1401-7

Besuchen Sie unsere Homepage im WWW: http://www.vgs.de

Bild S. 1: ***Allosaurus*****, S. 2–3:** ***Tyrannosaurus***

Inhalt

Einführung

KEINE EPOCHE DER ERDGESCHICHTE hat die menschliche Vorstellungskraft mehr beschäftigt als das Zeitalter der Dinosaurier. Seit über 150 Jahren faszinieren Dinosaurier in gleichem Maße Wissenschaftler wie auch Laien, vermutlich weil sie gegenüber all den heute existierenden Lebensformen so fremdartig erscheinen. Verständlich der Wunsch, ihre enorme Größe und unvorstellbare Kraft bildlich darstellen zu wollen – aber wie sah die Welt aus, in der sie gelebt haben?

Stellen wir uns eine Landschaft vor, in der es keine Häuser und Straßen, keine Felder und Hecken gibt und statt Grasflächen und Steppen nur mit Farnen und kleinen, Palmen ähnelnden Cycadeen bewachsene Ebenen. Statt der uns vertrauten Bäume dominieren Koniferen die Landschaft – nicht die uns bekannten modernen Kiefern, sondern alte Arten wie die Araukarien. Denken wir uns die Vögel weg, verändern wir die Geräusche, die normalerweise Insekten machen – und lassen wir die Temperaturen ansteigen. Schließlich wollen wir diese Landschaft mit einer Herde riesiger, lauter Reptilien beleben, denen Rudel bedrohlich schneller Raubtiere auflauern. Das ist das Ziel, das wir mit diesem Buch verfolgen – es soll Ihnen helfen, eine Zeitreise im Kopf in die vergangene Welt der Dinosaurier zu unternehmen. Es will keine Enzyklopädie sein, sondern ein Erlebnis.

Leider trennt uns eine unvorstellbar lange Zeitspanne von jenem Reich der Giganten. Unser Wissen über die Dinosaurier gründet sich auf die spärlichen Spuren, die sie als Fossilien im Gestein hinterließen und die die Paläontologie zu enträtseln versucht. Die Wissenschaftler sehen sich vor eine ebenso faszinierende wie frustrierende Aufgabe gestellt. Dem Experten kann ein Fossil eine Fülle von Informationen vermitteln. Er kann daraus das Alter ablesen, Rückschlüsse auf die äußere Gestalt der entsprechenden Tiere ziehen und Beziehungen zu verwandten Gattungen herstellen. Doch sobald man versucht, einen Schritt weiter zu gehen und Aussagen über die Lebensweise der Tiere zu machen, erweist sich der Fossilbericht als enttäuschend vage. Fußspuren, Abdrücke von Zähnen und die Anordnung von Skelettfragmenten lassen sich auf vielfältige, aber nur selten eindeutige Weise interpretieren. Das hinter diesen sichtbaren Spuren stehende Verhalten der Tiere ist leider nicht mit versteinert, so

GEGENÜBERLIEGENDE SEITE **Angriff aus der Vergangenheit: Ein Raubtier schießt zwischen Kiefern hervor. Der Dinosaurier gehört zu einer Art, die sich seit Millionen von Jahren nicht verändert hat. Charakteristisch für diese Saurier sind die kräftigen Hinterbeine, ein langer Schwanz, Greifhände und scharfe Reißzähne.**

DAS LEBEN

Vermutlich begann das Leben auf der Erde vor rund 4500 Millionen Jahren. Etwa 4000 Millionen Jahre existierten jedoch lediglich einzellige Lebensformen wie Bakterien und Algen. Größere und komplexere Lebewesen begannen sich erst im Kambrium zu entwickeln, vor etwa 550 Millionen Jahren. Während dieser »kambrischen Explosion« entstand eine Fülle neuer Lebewesen. Viele von ihnen überdauerten nur eine relativ kurze Zeitspanne, aus anderen entwickelten sich dagegen mächtige Dynastien wie die Arthropoden oder die Mollusken, die bis auf den heutigen Tag die Erde bevölkern. Aus menschlicher Sicht von außerordentlicher Bedeutung war das Entstehen der ersten Vertebraten, kleiner Tiere mit einer primitiven Wirbelsäule. Damit war die Voraussetzung für eine Entwicklung größerer »Baureihen« gegeben.

Die auf das Kambrium folgende Periode gliedert sich in drei Zeitalter: das Paläozoikum (Erdaltertum), in dem das Leben vom Wasser bestimmt war, das Mesozoikum (Erdmittelalter) mit seinen riesigen Reptilien und das moderne Känozoikum (Erdneuzeit), in dem Säugetiere und Vögel dominierten. Im Paläozoikum gab es nur wenig fruchtbare Festlandsgebiete, dafür unzählige Lebensformen in den Meeren. Es währte 100 Millionen Jahre, bis die ersten komplexen Organismen das Land eroberten. Während die ersten Pflanzen und Insekten noch mit der lebensfeindlichen Umgebung kämpften, existierte im Meer bereits ein vielfältiges Leben. Gegen Ende des Paläozoikums war das Land von kleinen Pflanzen, die sich zu Bäumen entwickelten, und von Insekten vollkommen erobert. Millionen von Jahren darauf krochen die Vertebraten an Land und lernten zunächst als Amphibien, dann als Reptilien in der rauhen Umgebung zu überleben.

Gegen Ende des Paläozoikums, vor 245 Millionen Jahren, beherrschten die Reptilien das Land und die Fische die Meere. Im ausgehenden Perm starben diese Lebewesen jedoch nahezu gänzlich aus. Im Mesozoikum begann sich das Leben langsam zu regenerieren, und die Reptilien des Paläozoikums, die sogenannten säugetierähnlichen Reptilien (so bezeichnet, weil sie die Vorfahren der Säugetiere waren), wurden allmählich von den Dinosauriern verdrängt. Für die Dauer des restlichen Mesozoikums (etwa 170 Millionen Jahre) waren die Dinosaurier die das Festland dominierenden Tiere. In den Meeren übernahmen andere riesenhafte Reptilien die Lebensräume der großen Raubtiere. Es entwickelten sich Säugetiere, jedoch blieb ihre Zahl gering, Vögel und Blütenpflanzen – und die Dinosaurier entfalteten sich weiter. Vor 65 Millionen Jahren löschte schließlich am Ende des Mesozoikums ein erneutes Massensterben alle Dinosaurier bis auf die Vögel aus. Am Beginn des modernen Känozoikums standen kleine Lebewesen wie Vögel und Säugetiere, die nach und nach jene reiche Vielfalt entwickelten, die uns heute vertraut ist. Und schließlich entstand in einer Periode, die angesichts der gewaltigen Zeitspanne zuvor wie ein Augenblick anmutet, aus den Affen der Mensch.

Ein *Tyrannosaurus*-Weibchen. Das perfekteste Raubtier der Prähistorie untersucht sein Nest. Trotz ihrer Größe haben sich vermutlich alle Dinosaurier durch Eiablage in Bodennester vermehrt.

Diese Zeittafel zeigt die Evolution des Lebens vom Kambrium, als die ersten komplexen Lebewesen sich zu entwickeln begannen, bis in die Jetztzeit. Nur die anpassungsfähigsten Organismen überstanden das Massensterben, das sowohl gegen Ende des Paläozoikums wie auch in der Endphase des Mesozoikums stattfand.

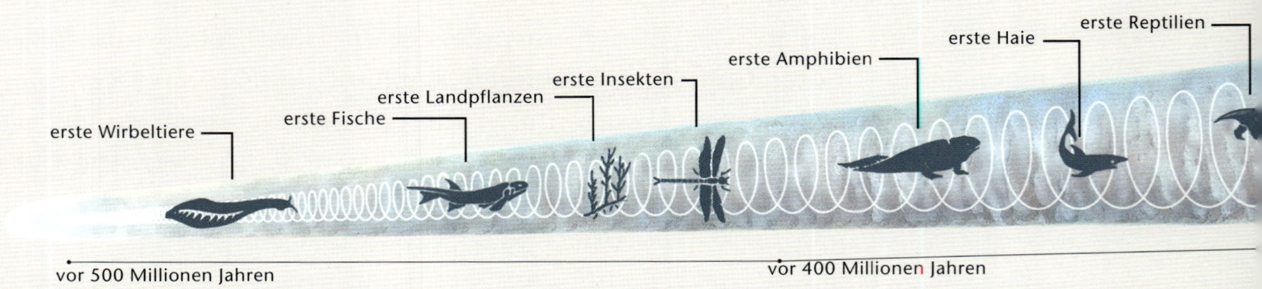

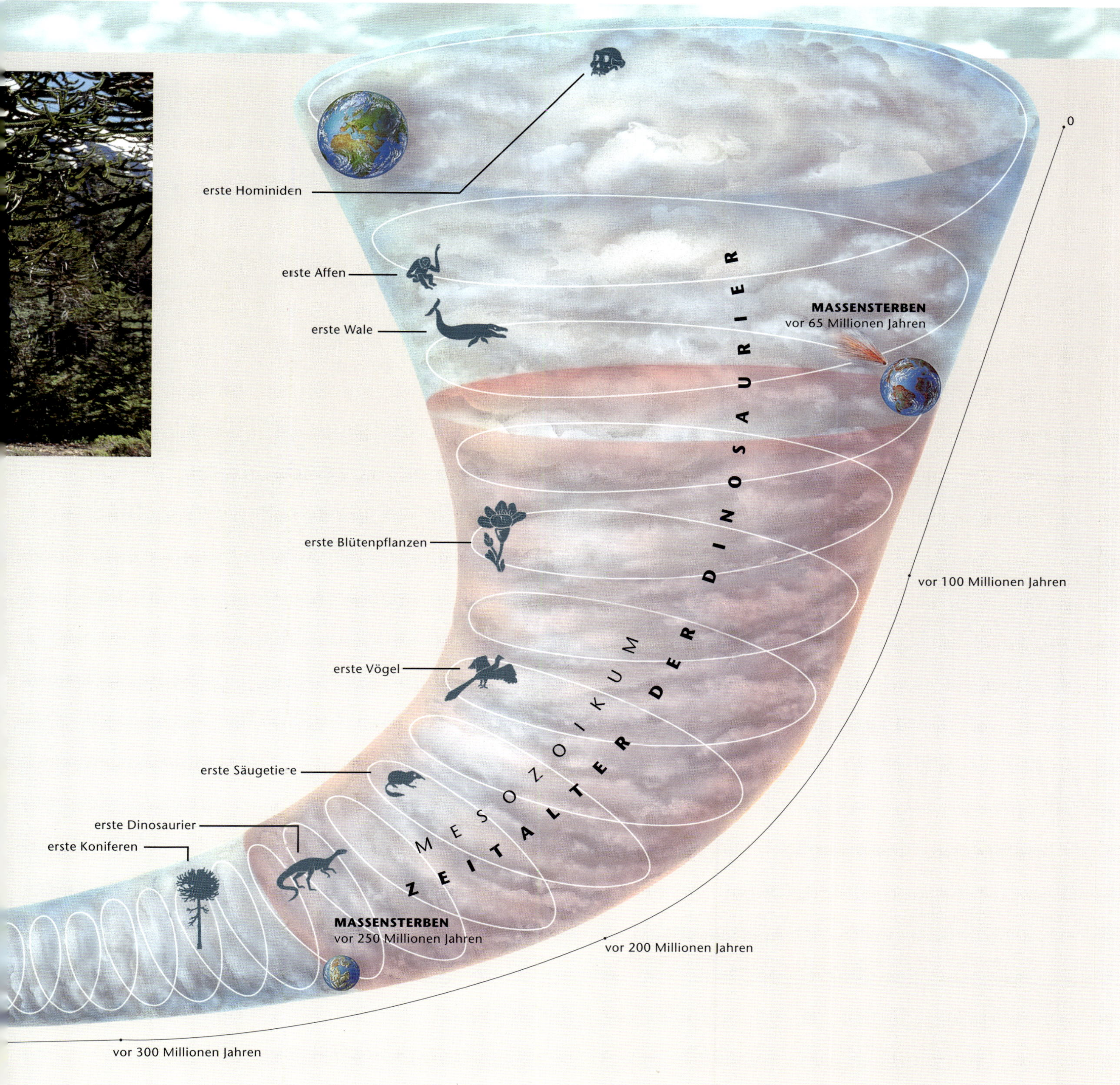
erste Hominiden
erste Affen
erste Wale
MASSENSTERBEN
vor 65 Millionen Jahren
0
ZEITALTER DER DINOSAURIER
MESOZOIKUM
erste Blütenpflanzen
vor 100 Millionen Jahren
erste Vögel
erste Säugetiere
erste Dinosaurier
erste Koniferen
MASSENSTERBEN
vor 250 Millionen Jahren
vor 200 Millionen Jahren
vor 300 Millionen Jahren

daß wir gesicherte Aussagen über ihre Lebensweise wohl nie werden treffen können.

Spekulationen über das Verhalten der Dinosaurier sind in letzter Konsequenz also immer unwissenschaftlich. Zoologen beobachten lebende Tiere mitunter Jahre, bevor sie genug Wissen gesammelt haben, um Aussagen über ihr Verhalten zu machen. Können wir also behaupten, wir wüßten etwas über das Verhalten einer *Triceratops*-Herde? Die Antwort lautet eindeutig: Nein! Doch wir wissen, daß diese Tiere existierten und sich vermehrten. Die Frage, wie sie gelebt haben könnten, macht deshalb neugierig.

Dieses Buch soll dem Leser helfen, sich diese alte und fremdartige Welt besser vorstellen zu können, indem es all die Tatsachen, derer sich die Wissenschaft sicher ist, sowie schlüssige Hypothesen zusammenführt, um die Wissenslücken zu schließen. Ich habe dieses Ziel auf verschiedenen Wegen zu erreichen versucht, sowohl bei den Texten wie auch beim Bildmaterial.

EINE WELT IN BEWEGUNG

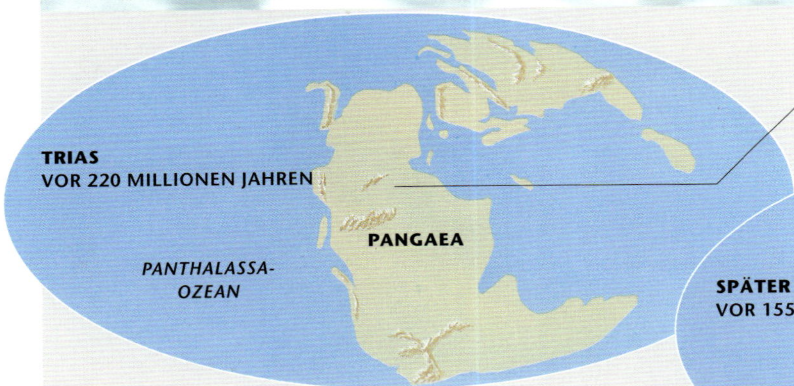

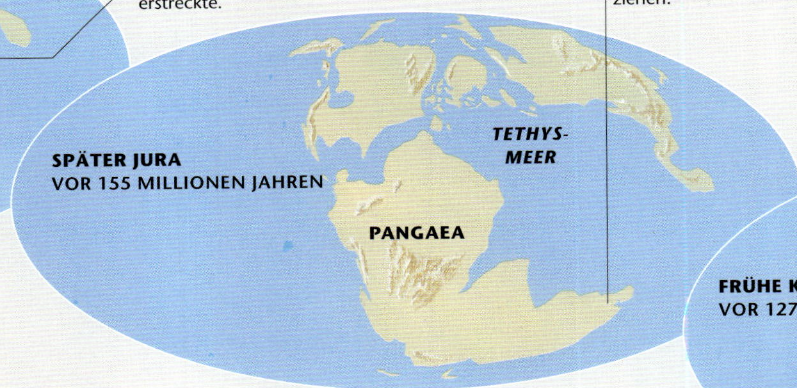

WENN AUCH DER GRUND, auf dem wir stehen, fest erscheinen mag, ist er doch tatsächlich in Bewegung, mit einer Geschwindigkeit, die in etwa dem Wachstum unserer Fingernägel entspricht. Während der unvorstellbar langen Zeitspanne, seit der das Leben auf der Erde existiert, sind die Kontinente in vielen verschiedenen Konstellationen über den Globus gewandert – mit enormen Auswirkungen auf das Klima, da sich auch die Meeresströmungen und Winde änderten.

Die sich verschiebenden Kontinente trugen die auf ihnen lebenden Pflanzen und Tiere durch unterschiedliche Klimazonen. So lag zum Beispiel Australien im Kambrium in der nördlichen Hemisphäre, driftete dann in Millionen von Jahren durch die Tropen zum Südpol und wieder zurück auf seine heutige Position. Das Leben auf der Erde mußte also mit sich beständig verändernden Grundbedingungen fertig werden.

Zu Beginn des Zeitalters der Dinosaurier existierte ein einziger Riesenkontinent, der sich nach und nach teilte. Die Pole waren eisfrei, und der Meeresspiegel lag zuweilen wesentlich über dem heutigen Niveau. Gegen Ende des Mesozoikums begannen die Landmassen ihre heutige Gestalt anzunehmen. Sie sind selbstverständlich noch immer in Bewegung – vielleicht bilden sie in einer fernen Zukunft einen neuen Riesenkontinent.

Um die einzelnen Kapitel schreiben zu können, habe ich zwei Jahre mit verschiedenen Wissenschaftlern gesprochen und primäre wie sekundäre Quellen studiert. Mit der Hilfe einer kundigen Mannschaft von Rechercheuren gelang es schließlich, unser Hauptaugenmerk auf jene Lebewesen zu konzentrieren, über die genug bekannt ist, um ein vollständiges Bild zu zeichnen. So haben wir zum Beispiel *Coelophysis* nicht deshalb im ersten Kapitel vorgestellt, weil er zu den ältesten jemals gefundenen Dinosauriern zählt, sondern weil er ein typischer Vertreter der frühen Dinosaurier ist und wir eine Menge über ihn wissen. Da wir auch die Beziehungen beschreiben wollten, in denen diese Tiere zu Flora und Fauna ihrer Umwelt standen, mußten wir natürlich auch die reichsten Fossilienfundstätten aufsuchen. In Ghost Ranch in New Mexico zum Beispiel wurden Hunderte von *Coelophysis*-Skeletten gefunden.

Mittels der Spuren in gut erhaltenen Fossilienfundstätten ist die Wissenschaft in der Lage, Rückschlüsse auf die Verhaltensformen der Tiere zu ziehen.

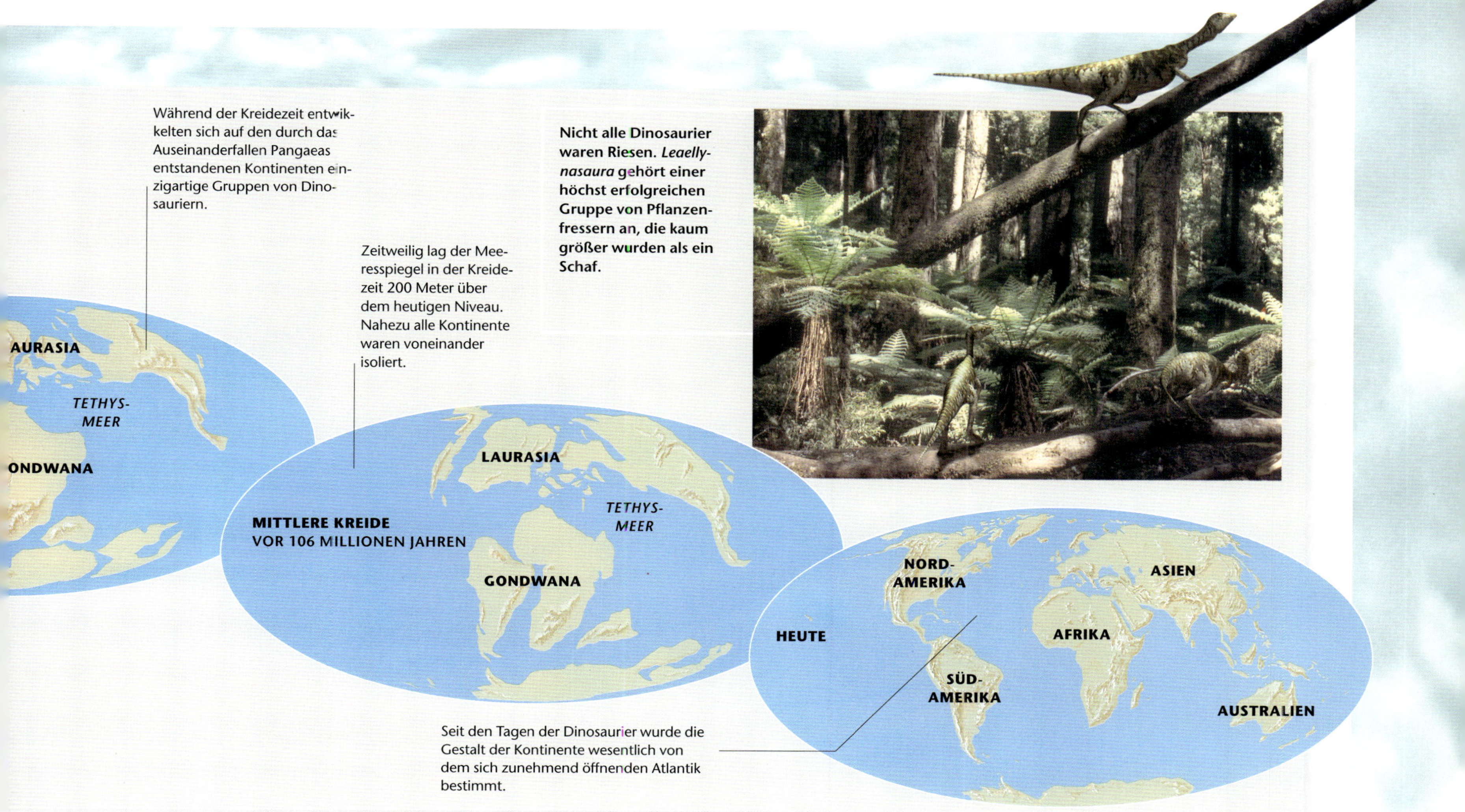

Während der Kreidezeit entwikkelten sich auf den durch das Auseinanderfallen Pangaeas entstandenen Kontinenten einzigartige Gruppen von Dinosauriern.

Zeitweilig lag der Meeresspiegel in der Kreidezeit 200 Meter über dem heutigen Niveau. Nahezu alle Kontinente waren voneinander isoliert.

Nicht alle Dinosaurier waren Riesen. *Leaellynasaura* gehört einer höchst erfolgreichen Gruppe von Pflanzenfressern an, die kaum größer wurden als ein Schaf.

Seit den Tagen der Dinosaurier wurde die Gestalt der Kontinente wesentlich von dem sich zunehmend öffnenden Atlantik bestimmt.

DIE MÄCHTIGE DYNASTIE DER DINOSAURIER

DIESER STAMMBAUM zeigt, wie aus einer Gruppe von Urreptilien des Paläozoikums verschiedene Formen hervorgingen, die schließlich die Welt des Mesozoikums beherrschten. Diese Reptilien bildeten drei Hauptgruppen aus, die sich durch ihre verschiedenartigen Schädel voneinander unterschieden. Sie leben noch heute in Schildkröten, Vögeln, Krokodilen und den Säugetieren fort. Später entstand die eigenständige Gruppe der Meeresreptilien, die keine modernen Nachkommen hinterlassen haben.

Mit Beginn der Trias reduzierte sich die Linie der Schildkröten auf ein paar gepanzerte Formen, die sich bis auf den heutigen Tag erhalten haben. Die Vorfahren der Vögel und Krokodile, die Archosaurier, entwickelten sich erfolgreich, beherrscht wurde das Zeitalter jedoch von den mächtigen säugetierähnlichen Reptilien. Mit der fortschreitenden Trias erfuhren diese Lebewesen einen Niedergang, brachten aber neue Arten hervor, aus denen sich mit dem beginnenden Jura kleine behaarte, warmblütige Säugetiere entwickelten. Ihre Zahl blieb jedoch gering, woran sich auch in den nächsten 130 Millionen Jahren nichts änderte.

In der Trias blühten die Archosaurier auf. Aus kleinen gewandten Tieren wurden große Carnivoren, schwere Herbivoren und die feingliedrigen, den Flug beherrschenden Flug- bzw. Pterosaurier. Die Dinosaurier beherrsch-

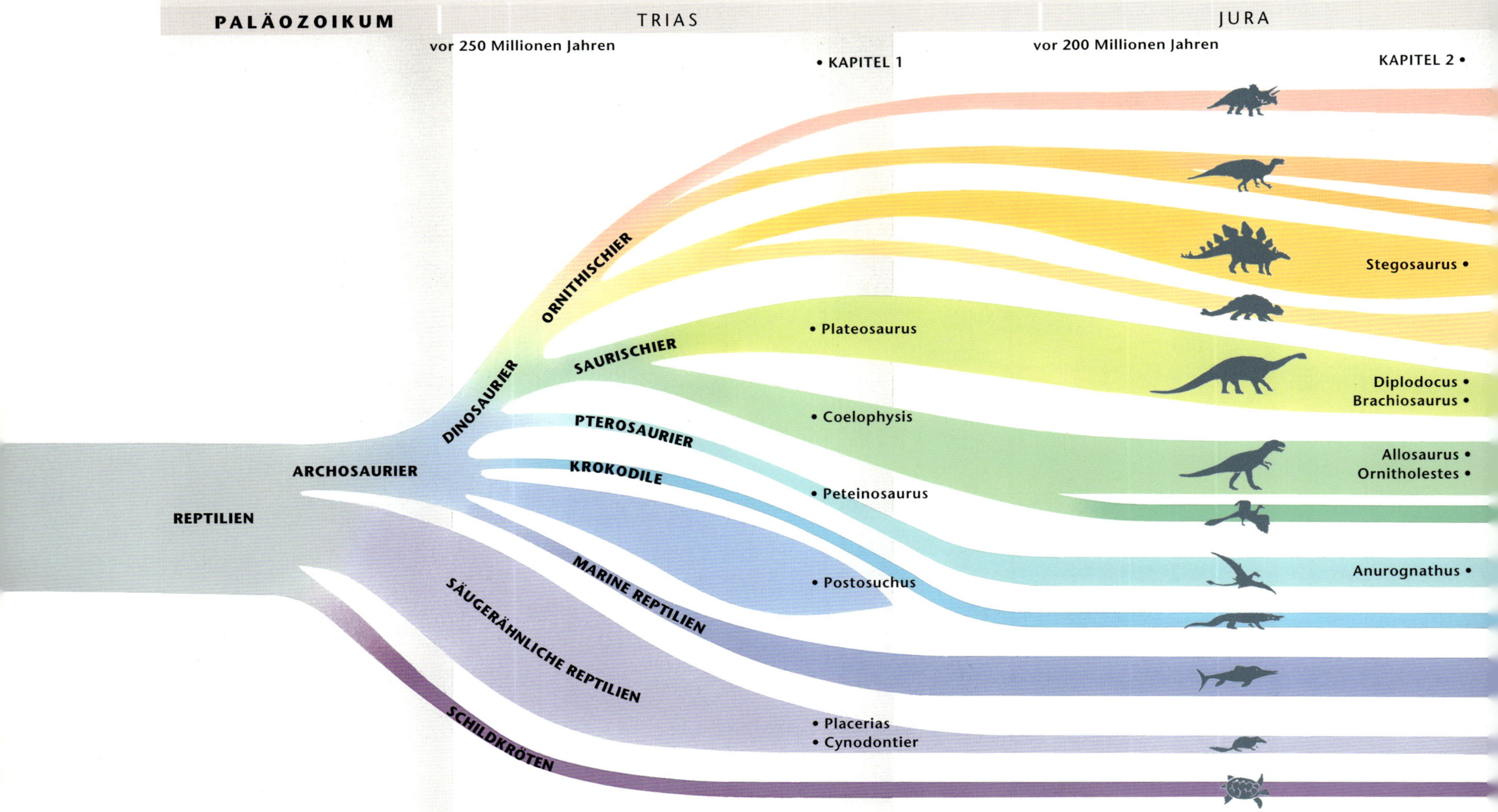

ten gegen Ende der Trias schließlich das Leben auf der Erde. Aufgrund der unterschiedlichen Ausformung ihres Beckens unterscheidet man zwei Hauptgruppen: die Ornithischia (mit vogelartigen Becken) und die Saurischia (mit eidechsenartigen Becken). Während des Juras waren die zu den Saurischia zählenden fleischfressenden Theropoden und die riesigen pflanzenfressenden Sauropoden äußerst erfolgreich. In der Kreidezeit jedoch übernahmen die Ornithischia die Herrschaft, die gegen Ende dieser Periode mit den Entenschnabel-Dinosauriern und den Horndinosauriern die am weitesten verbreiteten Vertreter dieser Gruppe stellten.

Ein letzter Höhepunkt: Gegen Ende des Zeitalters der Dinosaurier gehörten die Entenschnabel-Dinosaurier wie dieser *Anatotitan* zu den am weitesten verbreiteten Herbivoren.

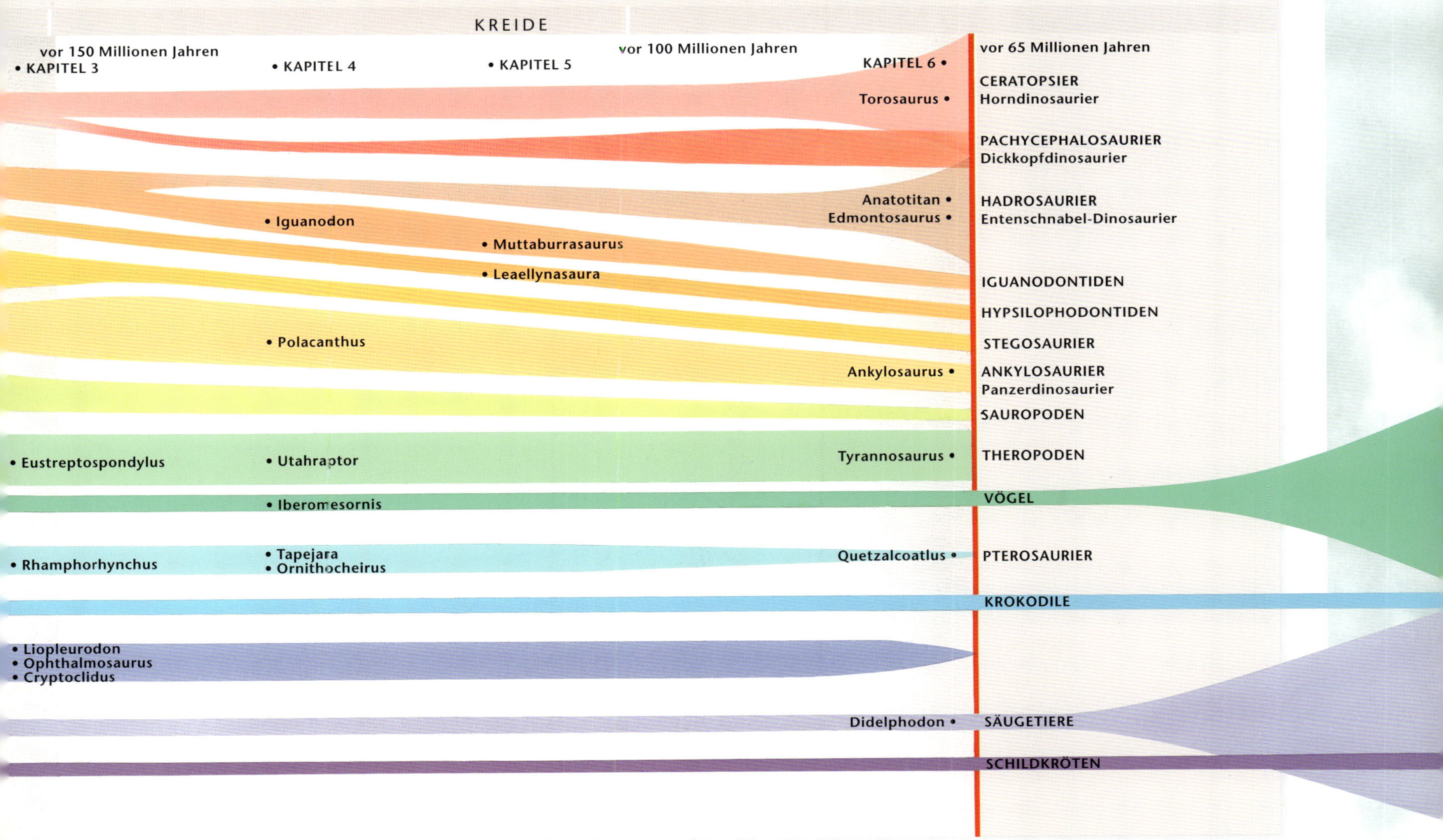

So konnte man bei *Coelophysis* Kannibalismus nachweisen, und auch die Zahnspuren eines *Tyrannosaurus* in der Hüfte eines *Triceratops* sind aufschlußreich. Wo auch immer wissenschaftliche Belege dieser Art zur Verfügung standen, habe ich sie für die Beschreibung der tierischen Verhaltensformen in den Haupttext einfließen lassen. Sie finden jedoch darüber hinaus noch viele Textkästen, in denen Beispiele, wichtige Entdeckungen und von mir gezogene Rückschlüsse erklärt werden. Der überwiegende Teil der Beschreibungen von Bewegungsabläufen und Angriffen, von Verteidigungs- und Freßverhalten basiert auf Belegen aus dem Fossilbericht.

In die eher spekulativen Passagen des Buches, die sich mit Sozial-, Brutpflege- und Paarungsverhalten befassen, habe ich häufig Erkenntnisse über moder-

AUF DAUER AUSGELEGT

DIE DINOSAURIER WAREN die ersten landlebenden Tiere, deren Körperbau auf Geschwindigkeit und Beweglichkeit ausgelegt war. Mit den gleichermaßen festen wie leichten Knochen hatten sie eine elegante aufrechte Körperhaltung, Schwänze zum Gleichgewichtsausgleich und einen auf höchst erfolgreiche Energieverwertung ausgerichteten Stoffwechsel. Verglichen mit ihnen, wirken andere Lebewesen wie die Säugetiere eher schwerfällig.

Kleine, schnelle Reptilien existierten schon vor den Dinosauriern, und eine kontrovers geführte Diskussion rankt sich um die Frage, wie und wann sich die Dinosaurier entwickelt haben. Die vorherrschende Meinung jedoch ist, daß sie zuerst als kleine, auf zwei Beinen laufende Fleischfresser in der mittleren Trias, vor etwa 235 Millionen Jahren, erschienen und sich durch einige Merkmale auszeichneten, die sie von anderen Tieren unterschieden. Dazu gehören eine zusätzliche Öffnung im Schädelknochen, Greifhände und speziell ausgebildete Knöchelgelenke, die auffälligste Differenz liegt jedoch im Aufbau der Hüfte. Aufgrund der fünf verschmolzenen Sakralwirbel konnte sich ein äußerst belastbares Becken herausbilden, das zusammen mit der speziell geformten Gelenkpfanne für den Oberschenkelknochen Voraussetzung für die aufrechte Körperhaltung war. Ein langer Schwanz legte den Schwerpunkt auf die Hüfte und ermöglichte den Dinosauriern, auf zwei Beinen zu laufen. Die Vordergliedmaßen waren zu Greifhänden entwickelt, um Beute festzuhalten. Schnelligkeit und Beweglichkeit wurden durch ein leichtes Knochengerüst möglich. Wie bei den Vögeln enthielten viele Knochen mit Luft gefüllte Kammern, außerdem bildeten sich im Laufe der Evolution eine Reihe von Knochen zurück, die nicht mehr für die Skelettstruktur benötigt wurden. Angesichts ihrer Größe waren Dinosaurier vermutlich relativ leicht.

Der älteste uns bekannte Dinosaurier wurde unlängst in Argentinien in Felsgestein gefunden, das etwa 228 Millionen Jahre alt ist. Sein Entdecker, Paul Sereno, gab dem Tier den Namen *Eoraptor* (Jäger der Dämmerung).

Fehlerfreie Konstruktion: Das Skelett von *Coelophysis* zeigt viele Charakteristika früher Dinosaurier, die sie zu erfolgreichen Landlebewesen machten.

ne Tiere einfließen lassen. Allgemein bekannt ist die Tatsache, daß Dinosaurier große Reptilien waren, die ihre Eier in Nestern auf dem Erdboden ablegten. Ebenso wissen wir, daß moderne Krokodile mit den Vorfahren der Dinosaurier verwandt sind und die Vögel von ihnen abstammen. Man könnte also in den Dinosauriern das Missing link zwischen diesen beiden Gruppen sehen. Und da keine der beiden Gruppen beispielsweise lebende Junge gebärt, ist es auch unwahrscheinlich, daß die Dinosaurier es taten.

Zuweilen basieren die Beschreibungen auf reinen Mutmaßungen. So habe ich dem kleinen Insektenfresser *Anurognathus* auf dem Rücken des riesigen Herbivoren *Diplodocus* eine Plattform für seine Beutezüge verschafft. Dafür gibt es keinerlei Beweise, und vermutlich werden sie auch niemals zu erbringen sein. Aber stellt man in Rechnung, daß auch heute einige Insekten fressende Vögel große Pflanzenfresser als Jagdplattform nutzen, ist ein derartiges Verhalten für die Flugsaurier des Dinosaurierzeitalters durchaus denkbar.

Jedem Kapitel wurden die wissenschaftlichen Erkenntnisse, die auf einer der größeren Fossilienfundstätten basieren, zugrundegelegt, um einen bestimmten Ort in einer bestimmten Zeit wiedererstehen zu lassen. Obwohl nur kurze Zeitperioden behandelt werden, beleuchten die Beschreibungen das Schicksal einiger Tierarten etwas umfassender, wie zum Beispiel den Niedergang von *Placerias* in Kapitel eins oder den Aufstieg von *Diplodocus* in Kapitel zwei.

Das Zeitalter der Dinosaurier beginnt vor ca. 235 Millionen Jahren, endet vor ca. 65 Millionen Jahren und wird als Mesozoikum (Erdmittelalter) bezeichnet, das wiederum in die drei Formationen Trias, Jura und Kreide untergliedert ist. Bei der Auswahl der Geschichten, die jeweils in einem Kapitel erzählt werden und in jeweils einer dieser Formationen angesiedelt sind, habe ich mich bemüht, bedeutende Ereignisse in der Geschichte der Dinosaurier sowie eine große Bandbreite geographischer und klimatischer Bedingungen zu berücksichtigen. Die geologischen Bezeichnungen lange verschwundener Bergketten und Meere fanden ebenfalls Eingang in dieses Buch.

Bei den Photographien waren wir darum bemüht, der Realität möglichst nahezukommen. Während der Vorarbeiten machten wir uns bei Paläobotanikern kundig, wie die Flora des Mesozoikums aussah, und suchten überall auf der Erde nach Orten, die heute eine ähnliche Vegetation aufweisen. Dabei stießen wir auf eine Reihe kleiner »vergessener Welten«, in denen sich trotz moderner Eindringlinge wie Gräsern uralte Pflanzenarten erhalten haben. Als Hintergrundmaterial für die Dinosaurier haben wir die Araukarienwälder Chiles, die Mammutbaumwälder Kaliforniens, die Baumfarne und Steineibenwälder Neuseelands, australische Cycadeen und die bizarren Araukarien Neukaledoniens photographiert.

Die Modelle der Dinosaurier basieren auf neuesten wissenschaftlichen Rekonstruktionen, wobei sich einmal mehr gezeigt hat, daß es sinnvoll war, nur gut dokumentierte Tiere auszuwählen, denn je mehr Informationen die Modellbauer hatten, desto besser war das Ergebnis. Schließlich wurden die Modelle in den Computer übertragen und mit Leben gefüllt.

Die Gestaltung der Haut orientierte sich vorrangig an Mutmaßungen. Man hat zwar einige Hautabdrücke gefunden, die Farbe wird jedoch immer ein Rätsel bleiben. Unseren Bildern liegen aber zumindest berechtigte Annahmen zugrunde. So können zum Beispiel Krokodile und Vögel im Gegensatz zu den Säugetieren farbig sehen, also sind wir davon ausgegangen, daß auch die Dinosaurier über diese Fähigkeit verfügten. Dementsprechend war die Hautfärbung vermutlich für die Tarnung und für Paarungsrituale durchaus von Bedeutung, sie können also beispielsweise über farbige Kämme und Nackenschilde verfügt haben.

Dinosaurier – Im Reich der Giganten möchte Sie in die faszinierende Welt der Dinosaurier führen und zugleich einige wissenschaftliche Erkenntnisse nachvollziehbar vermitteln, auf denen der Inhalt des Buches beruht. Es behandelt einen Teil der Naturgeschichte, der die außergewöhnlichsten Lebewesen hervorbrachte, die jemals auf der Erde gelebt haben, und wird, so hoffe ich, das geneigte Wohlwollen einer Leserschaft jedweden Alters finden.

WIE DER GARTEN DER NATUR WUCHS

Am Beginn des Mesozoikums waren viele der Pflanzengruppen, die das vorhergehende Paläozoikum dominiert hatten, wie Schachtelhalme oder Bärlappgewächse vor allem in den feuchten Regionen noch immer häufig vertreten. Ein Wechsel kündigte sich an, als die primitiven, windblütigen Koniferen sich allmählich verbreiteten. Während der Trias wurden sie zu den vorherrschenden Bäumen, brachten viele verschiedene Formen hervor und dehnten sich vermutlich zu riesigen Wäldern aus, von denen uns die Mammutbaumwälder Nordkaliforniens eine Ahnung vermitteln. Auch die Farne waren weiterhin sehr erfolgreich, sowohl im Unterholz wie auch in offenen Landschaften. Sie scheinen für das Mesozoikum die Funktion innegehabt zu haben, die später das Gras haben sollte. Cycadeen (von denen noch heute einige Arten existieren) und Gingkos waren ebenfalls weit verbreitet, zumeist als Büsche oder Bäume.

Vom farbenprächtigen, überreichen Wuchs der Blütenpflanzen, die uns heute so vertraut sind, dürften die Dinosaurier kaum etwas mitbekommen haben. Diese Pflanzengruppe, zu der heute viele verschiedene Pflanzen gehören, bot sich im mittleren Mesozoikum noch eher unscheinbar dar. Gegen Ende des Zeitalters hatte der Artenreichtum der blühenden Pflanzen zwar beträchtlich zugenommen, aber vermutlich dominierten Farne und Koniferen weiterhin die Landschaften.

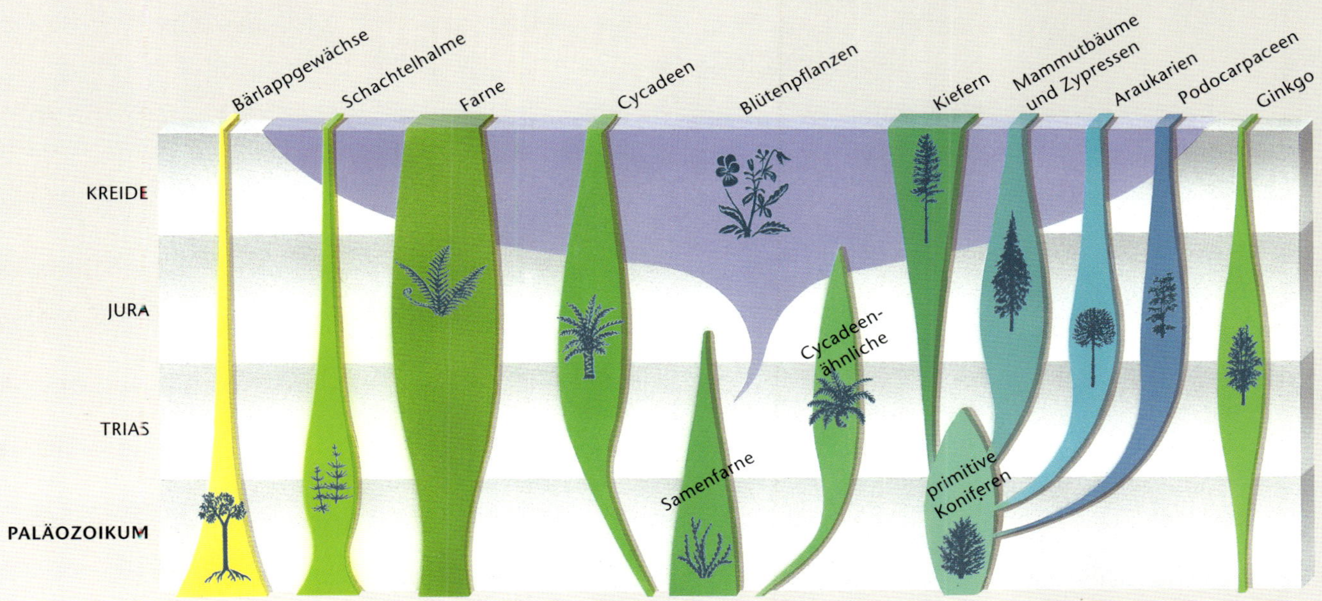

1

VOR 220 MILLIONEN JAHREN

Frisches Blut

DIE ERDE VOR 220 MILLIONEN JAHREN. In der mittleren Trias glich die Welt kaum der, die wir heute kennen. Der riesige Panthalassa-Ozean bedeckt zwei Drittel der Oberfläche. Das letzte Drittel nimmt ein einziger Kontinent ein, der sich als geschlossene Landmasse vom Nord- bis an den Südpol erstreckt: Pangaea. Die Pole sind eisfrei. Meeresströme bescheren den Polarregionen von Pangaea Monsunzeiten. Auf dem übrigen Kontinent herrscht fast überall heißes, trockenes Klima.

Es ist eine Welt der Extreme, und auf ihrer Oberfläche tobt ein erbitterter Überlebenskampf. Die Pflanzen und Tiere der Trias sind die Überlebenden eines Massensterbens, bei dem etwa 30 Millionen Jahre zuvor 95 Prozent aller Lebewesen ausgelöscht wurden. Während das komplexe Muster des Lebens sich allmählich wieder erholte, sah es zunächst so aus, als ob die Fauna des Perms mit den säugetierähnlichen Reptilien wieder-

Coelophysis ist mit seinem leichten geschmeidigen Körper hervorragend an die Bedingungen der durch Jahreszeiten bestimmten Landschaft der Trias angepaßt.

erstünde. Aber es sollte anders kommen. Einige Reptilien kehrten in die Meere zurück und wurden zu den dominierenden marinen Räubern. Auch auf den Kontinenten entwickelten sich neue Reptilien. Es gab krokodilähnliche Lebewesen in den Flüssen, fliegende Pterosaurier in den Lüften und zu Lande kleine behaarte Säugetiere. Aber keiner dieser Arten war vorherbestimmt, das Mesozoikum zu dominieren.

Statt dessen ist aus den rauhen Landschaften der Trias eine neue Gruppe von Tieren hervorgegangen, behende Tier mit geringem Wasserbedarf, dem unerbittlichen Klima der neuen Welt auf ideale Weise angepaßt – die Dinosaurier, die mit jedem Jahrtausend ihre Herrschaft über die Erde weiter ausdehnen sollten.

Vermutlich waren die Steppen der Trias mit Farnen, niedrig wachsenden Cycadeen, Bärlappgewächsen und Schachtelhalmen bedeckt. Gras gab es nicht. Die Herbivoren mußten sich mit diesem Angebot begnügen.

EIN RENNEN UM ÜBERLEGENHEIT

WÄHREND DER TRIAS hatte der Kontinent Pangaea (»die gesamte Erde«) seine größte Ausdehnung, lediglich China und ein Teil von Südostasien bildeten Inselkontinente. Erst gegen Ende dieser Periode traten die ersten breiten Risse in der riesigen Landmasse auf, als Afrika und Nordamerika sich abzutrennen begannen. Die Polregionen waren noch nicht im Eis erstarrt, sondern starken Winden und Regenfällen, vermutlich sogar heftigen Stürmen ausgesetzt. Dagegen herrschten in den Äquatorregionen heiße und trockene Wüsten vor. Die Trias wurde nicht von einer einzelnen Gruppe von Tieren dominiert, viele völlig unterschiedliche Tierfamilien kamen und gingen, ehe die Dinosaurier auf der Bildfläche erschienen und schließlich eine vorherrschende Rolle spielten.

Das große Sterben im vorhergegangenen Perm hatte eine von Lebewesen nahezu entvölkerte Welt zurückgelassen. Die Tierpopulationen wurden nur von ein oder zwei überlebenden Gruppen dominiert. Es dauerte Millionen von Jahren, bis sich das Leben auf der Erde wieder erholt hatte. Die erste Gruppe, die erneut eine größere Artenvielfalt aufweisen sollte, war die der Invertebraten (»Wirbellosen«). Verschiedene alte Gruppen – wie Spinnen, Skorpione, Tausend- und Hundertfüßer – hatten die Katastrophe überlebt und traten am Anfang der Trias wieder in größerer Anzahl auf. Viele der alten ausgelöschten Insekten wurden durch moderne Spezies wie Heuschrecken, Wanzen und primitive Käfer ersetzt. Von diesem Zeitpunkt an bis auf den heutigen Tag ist die Entwicklung der Insekten eine durchgängige Erfolgsgeschichte. Ihr Artenreichtum wuchs beständig, von anderen globalen Katastrophen blieben sie unberührt.

Spinnen haben sich, wie dieses Fossil aus der Kreidezeit zeigt, seit den Tagen der Dinosaurier kaum verändert.

Zu den frühen großen Erfolgen der Insekten gehörte, daß sie zu fliegen gelernt hatten – kein anderes Tier sollte ihnen dies in den kommenden Millionen Jahren nachmachen. Zwar entwickelten einige Reptilien die Fähigkeit zu Vorformen des passiven Gleitflugs und

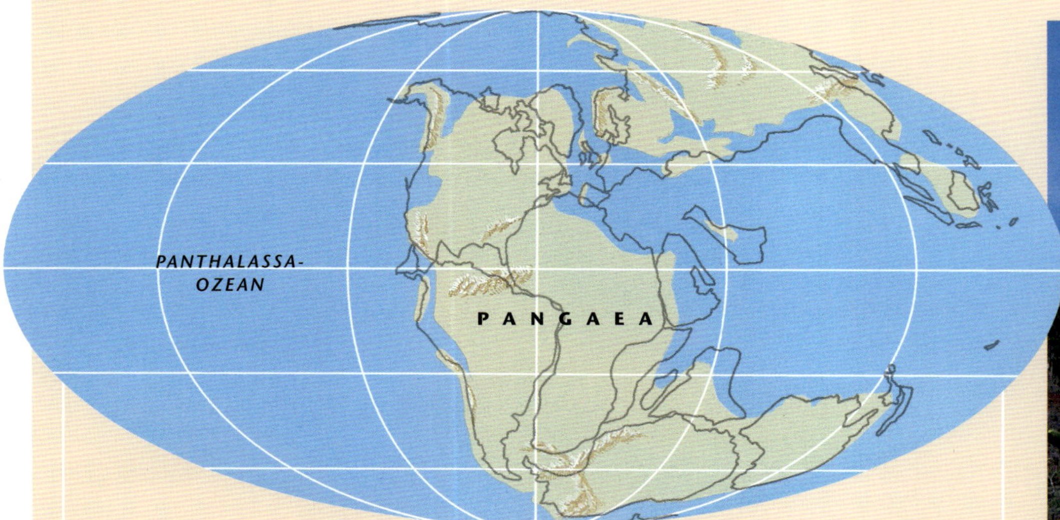

In der Trias erreichte der Superkontinent Pangaea seine maximale Größe. Die Kontinentalplatten der Erde stießen aneinander und bildeten eine einzige Landmasse, die von Pol zu Pol reichte. Im Norden und im Süden ragten zwei riesige Landzungen nach Osten und schlossen sich wie eine offene Zange um dasTethys-Meer. Der Rest der Erdoberfläche wurde von dem riesigen Panthalassa-Ozean bedeckt, der etwa doppelt so groß wie der heutige Pazifik war. Wenn das Meer auch einige Teile Pangaeas isolierte, legen doch Ähnlichkeiten in Flora und Fauna den Schluß nahe, daß sich das Leben sowohl zu Wasser wie auch zu Lande ungehindert verbreiten konnte. Der nördliche und der südliche Landarm waren vermutlich jahreszeitlich bedingt mit einer üppigen Vegetation bedeckt, da die vorherrschenden Winde diese Regionen mit üppigen Regenfällen versorgten. Dem Zentrum des Kontinents dagegen blieben die Regenfälle vorenthalten, so daß hier große Wüstengebiete entstanden.

des Fluges, vermutlich, um diesen Insekten nachstellen zu können. Doch erst in der oberen Trias tauchten die Pterosaurier auf.

In der Pflanzenwelt verloren Schachtelhalme und Bärlappgewächse zwar ihre dominante Stellung, entwickelten aber auch weiterhin riesige Arten. Farne, die sich der Trockenheit angepaßt hatten, breiteten sich auf den weiten Ebenen aus, und Koniferen zählten nunmehr zu den häufigsten Bäumen. Zu Beginn der Trias existierten lediglich primitive Koniferen, aus denen jedoch bald Zypressen, Mammutbäume, Araukarien (verwandt mit der noch heute existierenden chilenischen *Araucaria araucana*), Steineiben und – etwas später – Kiefern hervorgingen.

Meereslebewesen waren von dem großen Aussterben im Perm noch wesentlich stärker betroffen als landlebende Wesen. In der unteren Trias begannen Reptilien die Ozeane zu bevölkern und entwickelten große marine Raubtiere. Da waren zum einen die Nothosaurier, langschwänzige Fischfresser mit vier, Paddeln ähnelnden Flossen, zum anderen die Placodontier, untersetzte Reptilien, die sich anscheinend auf das Abpicken von beschalten Weichtieren an Felsen spezialisiert hatten. Die erfolgreichsten marinen Reptilien waren jedoch die Delphinen ähnelnden Ichthyosaurier, die sich zu äußerst schnellen Raubtieren entwickelten und sich noch 130 Millionen Jahre später von Fisch und Tintenfischen ernähren sollten.

Diese seltenen Araukarien in Neukaledonien repräsentieren eine der ältesten Koniferengruppen. Widerstandsfähig gegen Trockenheit und sich durch Windpollination vermehrend, waren Koniferen in der Trias äußerst erfolgreich.

Die an Land lebenden Reptilien der unteren Trias glichen denen des Perms. Vorherrschend waren die massigen, säugetierähnlichen Dicynodontier, die mit den Cynodontiern verwandt waren und aus denen später die Säugetiere hervorgingen. Doch statt sich in ihrer Entwicklung zu differenzieren, scheinen die säugetierähnlichen Reptilien fast vollkommen verschwunden zu sein – im Jura waren von der gesamten Gruppe lediglich einige kleine, Insekten fressende Säugetiere übriggeblieben. In der oberen Trias entwickelte sich eine weitere Gruppe von Reptilien, die Archosaurier, und brachte eine ganze Reihe sowohl von Pflanzenfressern wie auch Raubtieren hervor.

Libellen waren sehr verbreitet bevor die Dinosaurier sich entwikkelten. Sie überlebten auch in der Trias, aber erstmalig erfuhren sie Konkurrenz durch andere in der Luft lebende Räuber – die Flugsaurier.

Skorpionsspinnen zählen zu den ältesten Spinnentieren. Vor über 400 Millionen Jahren gehörten sie vermutlich zu den ersten an Land lebenden Raubtieren.

Tausend- und Hundertfüßer sind Teil einer anderen Gruppe landlebender Invertebraten aus der prätriassischen Zeit. Daß es im Mesozoikum von ihnen kaum fossile Nachweise gibt, mutet angesichts ihres bis heute anhaltenden Erfolgs verwunderlich an.

Diese Lebewesen waren besser als die säugetierähnlichen Reptilien an die durch Trockenheit bestimmten Lebensbedingungen angepaßt, sie waren schnell und gewandt. Aus den Archosauriern entwickelten sich Krokodile und Dinosaurier, jene Kreaturen also, die in den kommenden 150 Millionen Jahren die Erde beherrschen sollten. Die Dinosaurier teilten sich in die carnivoren Theropoden und zwei Gruppen von herbivoren Riesendinosauriern: Sauropoden und Ornithischia. Zum ersten Mal in der Geschichte der Erde wurden Herbivoren derart groß, daß sie von Bäumen grasen konnten, außerdem verfügten sie über Verdauungsorgane, um selbst die härtesten Pflanzenbestandteile zu verwerten.

Und dennoch, die Dinosaurier »übernahmen« nicht aufgrund eines angeborenen Vorteils »die Herrschaft«. In der oberen Trias ereignete sich ein weiteres Aussterben, dem viele der in dieser Periode entstandenen Reptiliengruppen zum Opfer fielen. Gründe und Auswirkungen dieses Aussterbens waren anders gelagert als im Perm. Es erfolgte in wesentlich kürzerer Zeit und mag durch den großen Meteoriten bedingt gewesen sein, der in der heutigen Provinz Quebec aufschlug. Und im Gegensatz zum großen Drama, dem 150 Millionen Jahre später auch die Dinosaurier zum Opfer fallen sollten, scheinen in diesem Fall die großen Lebewesen überlebt zu haben. Mit dem Beginn des Juras gehörte die Welt den Dinosauriern.

Gnadenlose Hitze

APRIL – BEGINN DER DÜRRE

Es ist Mittag und das mit hohen Farnen bewachsene Buschland schimmert in der gleißenden Sonne. Die Regenzeit ist vorbei, doch die Farne und Moospflanzen legen sich noch wie eine dichte, weiche Matte über die Hügel. Von der Unterseite der Farnwedel ist das Summen von Insekten zu hören – Florfliegen und Libellen fliegen von einer Pflanze zur anderen. Hundert- und Tausendfüßer schlängeln sich zwischen den Wurzeln entlang, die noch feucht sind vom Morgentau. Für die hier lebenden Tiere ist dies eine Zeit des Überflusses. Vor ihnen liegt die Trockenzeit, neun Monate der Dürre und des harten Überlebenskampfes.

Das Buschland erstreckt sich am westlichen Rand von Zentralpangaea zwischen dicht bewaldeten Sümpfen im Norden und dem Mogollon-Hochland im Süden. Verstreut zwischen den Farnen stehen hochgewachsene Araukarien,

EXPERIMENTE DES LEBENS

DER ÜBERWIEGENDE TEIL der Tierbeschreibungen in diesem Kapitel basiert auf den Funden von Ghost Ranch in New Mexico (vgl. S. 46) und Petrified Forest in Arizona. Zwei Tiere von anderen Fundorten wurden hier zusätzlich eingefügt, da Pangaea zu jener Zeit noch ein einziger Kontinent war und es auf der ganzen Welt – wie fossile Funde zeigen – bemerkenswerte Übereinstimmungen zwischen den einzelnen Habitaten gab. Dieser Abschnitt wurde aus der wechselvollen Geschichte der Trias gewählt, weil Ghost Ranch eine Fülle von detaillierten Informationen über einen besonders bemerkenswerten frühen Dinosaurier liefert: *Coelophysis*.

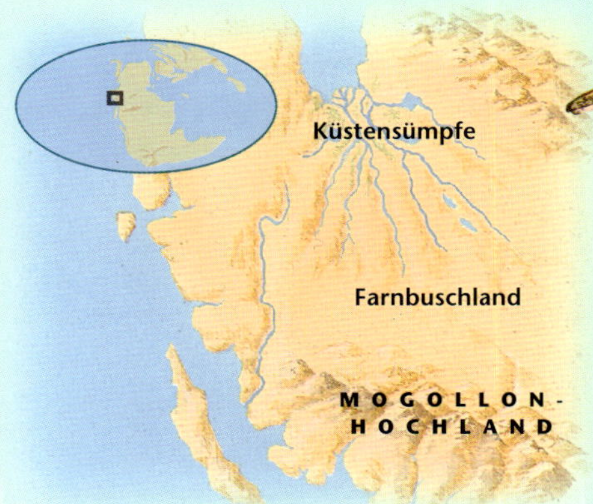

Eine kleine Region an der Westküste Pangaeas. Im Süden das Hochland von Mogollon und ein langer, von Marschland eingerahmter Landstrich im Norden. Im Osten existieren lediglich endlose Wüsten.

COELOPHYSIS

Sehr anpassungsfähiger fleischfressender Dinosaurier von geringer Größe, der sowohl aktiver Jäger wie auch Aasfresser war. In der überwiegenden Zeit des Jahres vermutlich Einzelgänger, während der Trockenzeit schloß er sich gelegentlich in der Nähe von Nahrungs- und Wasserressourcen mit Artgenossen zu großen Gruppen zusammen.

NACHWEIS: Hunderte von Skeletten wurden in Ghost Ranch, New Mexico, gefunden, darunter vollständig erhaltene von erwachsenen Tieren sowie von Jungtieren. Ebenso in Petrified Forest in Arizona gefunden.

GRÖSSE: Maximale Länge 3 Meter, Hüfthöhe knapp 1 Meter. Gewicht ca. 40 Kilogramm.

NAHRUNG: Fleischfresser, der gelegentlich auch Artgenossen fraß.

ZEIT: Vor 222–215 Millionen Jahren.

POSTOSUCHUS

Der größte Fleischfresser seiner Zeit, ein typischer Vertreter einer Gruppe schneller Raubtiere, die vor den Dinosauriern entstand und eine einzigartige aufrechte Körperhaltung entwickelte.

NACHWEIS: Einige Funde in Petrified Forest National Park.

GRÖSSE: Maximale Länge 6 Meter, allein der mächtige Kopf war über 50 Zentimeter lang. Konnte sich bis zu einer Höhe von ca. 2 Metern aufrichten.

NAHRUNG: Jagender Fleischfresser

ZEIT: Vor 222–215 Jahren.

doch diese wenig ausladende Koniferenart bietet den Bewohnern des Buschlandes nur wenig Schatten. Das größte hier lebende Tier ist *Placerias*, eine massige, pflanzenfressende säugetierähnliche Reptilienart. Herden dieser Tiere bevölkern die offenen Landflächen, so weit das Auge reicht. Die ausgewachsenen Tiere werden mehr als drei Meter lang und erreichen ein Gewicht von bis zu einer Tonne. Die von Natur aus mattgrün gesprenkelten Pflanzenfresser sind vom roten Staub der Erde bedeckt, die sie bei ihrer Nahrungssuche durchwühlen. Am auffälligsten ist ihr Kopfschmuck: Die schweren Schädel zieren zwei lang herausragende Eckzähne, die sich zu beiden Seiten des Mauls nach unten biegen. *Placerias* nutzt diese zum Ausgraben ganzer Pflanzen, um sie mitsamt der Wurzeln zu fressen. Das Maul endet in einer schnabelähnlichen Spitze, die auch kräftige Pflanzen zu durchtrennen vermag. Auf der Suche nach Nahrung reißt *Placerias* den roten Boden auf, doch die Farne verfügen über ein ausgedehntes Wurzelgeflecht und werden sich bis zum nächsten Jahr erholt haben.

PLACERIAS

Das letzte der großen säugetierähnlichen Reptilien, die das Perm und die frühe Trias beherrschten. Die Tiere weideten in großen Herden, zur Verteidigung dienten zwei lange Eckzähne.
NACHWEIS: Wichtigste Fundstelle südöstlich vom Petrified Forest in St. Johns, Arizona. Dort wurden allein 40 Exemplare gefunden.
GRÖSSE: Maximal 3 Meter, über 1 Tonne Gewicht.
NAHRUNG: Vorwiegend niedrig wachsende Pflanzen, vermutlich auch ausgegrabene Wurzeln.
ZEIT: Vor 226–220 Millionen Jahren.

PLATEOSAURUS

Dieser wohl bekannteste Prosauropode war der erste der pflanzenfressenden Riesendinosaurier. Lebte vermutlich in Herden, seine Größe versetzte ihn in die Lage, auch hochwachsende Bäume abzuweiden. Verfügte über eine kräftige, fünfstrahlige Hand und Zähne mit crenulierten Schneidekanten.
NACHWEIS: Aus mehr als 100 teilweise und komplett erhaltenen Skeletten, die in Deutschland und Frankreich gefunden wurden, konnten einige Arten identifiziert werden.
GRÖSSE: Erreichte vermutlich eine Länge von bis zu 9 Metern und war dadurch in der Lage, in einer Höhe von 3–4 Metern zu weiden. Gewicht ca. 2 Tonnen.
NAHRUNG: Alle nur erdenklichen Pflanzen, von Bäumen bis hin zu Farnen.
ZEIT: Vor 216–210 Millionen Jahren.

CYNODONTIER

Gruppenbezeichnung für die Vorfahren der Säugetiere, schon mehr Säugetier als Reptil. Einige Arten lebten vermutlich paarweise in Höhlen.

NACHWEIS: Das in diesem Kapitel beschriebene Tier hat *Thrinaxodon* zum Vorbild, ein Cynodontier, von dem ein vollständig erhaltenes Skelett in Südafrika gefunden wurde. Im Petrified Forest National Park in Arizona wurden lediglich zwei große Backenzähne eines Cynodontiers gefunden.
GRÖSSE: *Thrinaxodon* war nicht größer als eine Katze. Die in Petrified Forest gefundenen Zähne lassen jedoch auf ein größeres Tier schließen, das mindestens 1,5 Meter lang war.
NAHRUNG: Die meisten Cynodontier waren Fleischfresser, obwohl die quetschende Funktion ihrer Backenzähne sie auch in die Lage versetzte, Samen und Wurzeln zu fressen.
ZEIT: Vor 222–215 Millionen Jahren

PETEINOSAURUS

Einer der ältesten uns bekannten Flugsaurier, mit kurzen Flügeln, langem starren Schwanz und nadelähnlichen Zähnen zum Insektenfang.
NACHWEIS: Zwei Skelette wurden am Fuße der italienischen Alpen bei Cene gefunden.
GRÖSSE: Flügelspanne 60 Zentimeter, Länge des Kopfes 6 Zentimeter.
NAHRUNG: Insekten.
ZEIT: Vor 228–215 Millionen Jahren.

Morgendämmerung in der Trias: Eine kleine *Placerias*-Gruppe, die auf einer Farnwiese weidet, heißt die Morgensonne willkommen. Nach der Regenzeit bedeckt ein dichter Teppich aus Farnen das hoch gelegene Buschland, was Tausende dieser Tiere dazu veranlaßt, auf der Suche nach Wurzeln den Boden umzugraben.

Zu dieser Jahreszeit ist der Nachwuchs dieser Dicynodontier im Vergleich zu den ausgewachsenen Tieren in der Überzahl. Die Jungen sind nur etwa 30 Zentimeter lang und ragen kaum über die Farne hinaus. Zu Beginn der Regenzeit hatten die ausgewachsenen Tiere ihre Eier in den roten Sand gelegt. Jetzt, drei Monate später, wimmelt es in den Herden nur so von kleinen, dicken *Placerias*-Jungen. Sobald sie aus dem Ei schlüpfen, sind sie auf sich allein gestellt. Zwischen Eltern und Nachwuchs besteht keine Bindung, die ausgewachsenen Tiere scheinen die Jungen nicht einmal zu bemerken. Das Wissen, wie man den Boden auf der Suche nach Nahrung durchwühlt, ist den Jungen angeboren, und obwohl sie noch nicht über die langen Eckzähne der erwachsenen Tiere verfügen, lernen sie schnell, Mooswurzeln und Farnschößlinge aufzuspüren. Sie halten sich immer dicht bei der Herde auf, denn dort finden sie nicht nur Schutz, sondern auch Wurzeln, die die ausgewachsenen Tiere bei der Nahrungssuche aus dem Boden gewühlt und übersehen haben.

Gegen Mittag hat die *Placerias*-Herde das Fressen eingestellt und sich zum Verdauen niedergelegt. Da die Tiere über keine Mahlzähne verfügen, muß die

Basisarbeit: Viele der Pflanzen des Buschlandes haben sich mit der Ausbildung tief in den Boden reichender und Wasser speichernder Wurzeln an die lange Trockenzeit angepaßt. *Placerias* mit seinen langen Eckzähnen und dem kräftigen Schnabel ist in der Lage, den Boden tief aufzuwühlen, um an diese Wurzeln zu gelangen.

Nahrung in den Eingeweiden fermentiert werden. Bei der Verdauung entstehen so große Mengen von Faulgasen, daß selbst noch in einiger Entfernung das Rumoren in ihren Eingeweiden deutlich zu hören ist.

Als die Temperatur annähernd 40 Grad erreicht hat, setzt sich die Herde in Bewegung. Von den älteren Tieren geführt, ziehen sie zu den Flußtälern, die das Buschland durchschneiden, um Schatten und Wasser zu finden. Sie haben sehr kurze Beine, die beim Gehen in einer kreisförmigen Bewegung nach außen schwingen, so daß die Körper der Tiere mit jedem Schritt hin und her schaukeln. Sieht man ihnen so zu, wie sie langsam durch die flirrende Hitze ziehen, fühlt man sich um Millionen von Jahren zurückversetzt, als sich alle Landtiere auf diese halbaufrechte Weise fortbewegten. Die *Placerias*-Herde zählt zu den letzten Vertretern einer aussterbenden Gruppe pflanzenfressender Therapsiden, die einst die Fauna der Trias dominiert hatte. Offenbar werden ihre Zahlen nicht nur durch jede längere Trockenperiode erheblich dezimiert, sie erholen sich auch im Anschluß langsamer als andere Arten. So wurden im Laufe weniger Jahrtausende die *Placerias*-Populationen, die einst in großer Zahl Pangaea bevölkerten, immer kleiner und seltener. Inzwischen zählen sie zu einer bedrohten Art und nur in wenigen Gebieten, wie hier, unweit des Mogollon-Hochlandes, sind diese herrlichen Tiere noch in größerer Zahl anzutreffen.

Vom höher gelegenen Buschland ins Tal ziehend, betritt die Herde ein mit Cycadeenhainen und Koniferengruppen bestandenes Gelände. Hohe Kiefern und Gingkobäume bieten willkommenen Schatten. Auf ihrem Weg durch die immer dichter werdende Vegetation folgt die *Placerias*-Herde Wildwechseln, die bereits unzählige Generationen von pflanzenfressenden Tieren benutzt haben. Auf diesen schmalen Wegen sind sie gezwungen, hintereinander zu laufen, was nicht ungefährlich ist. Auf den freien Flächen des Buschlands können sich die Tiere gegen die meisten Feinde gut verteidigen. Ihre massigen Körper, ihre Eckzähne und kräftigen Hornschnäbel sind hervorragende Waffen. Doch im dichten Unterholz der Wälder, wo ein Angriff aus dem Hinterhalt möglich ist, sind sie äußerst verletzlich. Nervös beginnen die Alttiere zu bellen und zu grunzen.

DAS GROSSE ARTENSTERBEN

ETWA 30 MILLIONEN JAHRE vor dem Erscheinen der Dinosaurier war das Leben auf der Erde nahezu ausgestorben. Die Zahlen über diese große Katastrophe am Ende des Perms sprechen für sich. Gemessen an der reinen Zerstörungskraft scheint die 185 Millionen Jahre später stattgefundene und bekanntere Verwüstung, die die Dinosaurier auslöschte, kaum erwähnenswert. 95 Prozent des Lebens wurden ausradiert. Zu Lande brachen zuvor blühende Ökosysteme zusammen und ganze Tierfamilien, darunter riesige Amphibien und Raubreptilien, verschwanden. Sogar die Insekten wurden stark dezimiert. In den Meeren waren die Folgen noch gravierender; uralte Seelilien- und Korallenvergesellschaftungen wurden ausgelöscht und die Trilobiten, die seit Millionen von Jahren die Ozeane bevölkert hatten, starben aus.

Die Wissenschaft steht vor dem Problem, eine Ursache zu benennen, die für den Tod einer derart großen Anzahl sowohl von Pflanzen wie auch von Tieren zu Wasser und zu Lande verantwortlich sein könnte. Einige Wissenschaftler glauben in massiven Vulkanausbrüchen den Schuldigen gefunden zu haben.

Es existieren viele Theorien über das Massensterben im Perm. Die Verödung des Festlandes und die Abnahme der Meeresströmungen ist eine der plausibelsten Erklärungen.

Vulkanische Gesteinsformationen, vor allem die Deckenbasalte Sibiriens, wurden zu jener Zeit gebildet. Die 2,5 Millionen Kubikkilometer Lava, die sich über Tausende von Jahren über die Erde ergossen, könnten die Atmosphäre vergiftet haben. Andere gehen davon aus, daß – wie später am Ende des Zeitalters der Dinosaurier – ein Meteorit die Erde getroffen haben könnte. Wieder andere behaupten, daß eine Eiszeit die Erde unbewohnbar gemacht hat. Jede dieser Theorien, die sämtlich ein singuläres Phänomen als Grund annehmen, läßt entscheidende Fragen offen.

Viele Forscher favorisieren die Idee eher allmählich wirkender Ursachen. Mittlerweile wird allgemein angenommen, daß gegen Ende des Perms nahezu alle Spezies auf der Erde erstickt sind.

Ausgelöst wurde das Aussterben möglicherweise durch die Vereinigung aller Kontinente zu der riesigen Landmasse Pangaea. Dadurch verschwanden Tausende von Kilometern Küstenlinie, und große Binnenwüsten entstanden. Der Wasserspiegel der Meere fiel, und das Land heizte sich auf. Auch die Ozeane begannen sich zu erwärmen, und als sich die Temperaturunterschiede zwischen den Polen und dem Äquator verringerten, nahmen sowohl die Meeresströmungen wie auch der Wasseraustausch ab. Die Meere begannen abzusterben. Aufgrund der dadurch ausgelösten chemischen Prozesse wurde Kohlendioxid in die Atmosphäre entlassen, wodurch ein gewaltiger Treibhauseffekt entstand. Tiere wie Pflanzen wurden geradezu geröstet.

Fossile Funde beweisen, daß es nur sehr wenige Überlebende dieser Katastrophe gab. Es dauerte noch bis zur oberen Trias – etwa 20 Millionen Jahre –, bis ein ähnlicher Artenreichtum auf die Erde zurückkehren sollte.

Ihre Furcht ist begründet. Weniger als zehn Meter von dem Wechsel entfernt, im Schutz einiger niedrig wachsender Baumfarne, liegt ein *Postosuchus*-Weibchen. Mit einer Länge von fast sechs Metern, einem massigen Schädel und mit scharfen Zähnen bewehrten Kiefern steht *Postosuchus* an der Spitze der Nahrungskette. Der Rücken ist mit dunkelbraunen Plättchen bedeckt, einem Panzer, der das Tier nicht nur wie eine Rüstung schützt, sondern zugleich auch als Tarnung dient und dem von fast geraden Beinen getragenen Körper auch Festigkeit und Kraft verleiht. Der Fleischfresser ist also nicht nur so gut wie unangreifbar, sondern auch schnell.

Postosuchus geht allein auf die Jagd und beherrscht die Kunst, seinen Opfern aus dem Hinterhalt aufzulauern. Vollkommen reglos beobachtet das Weibchen die Herde, die an ihm vorüberzieht. Langsam dreht es den Kopf, um sein Opfer ins Visier zu nehmen. Unter normalen Umständen würde es die Herde eine ganze Weile beobachten, um ein durch Krankheit oder Verletzung geschwächtes Tier anzufallen, doch angesichts so vieler Jungtiere fällt die Auswahl leicht. Es erhebt sich und hält inne. Auf den ersten Blick ähnelt der Körper dem eines Krokodils, abgesehen vom Kopf mit der tiefliegenden Schnauze, mit der das Tier kraftvoll zubeißen kann. Als sich das Weibchen erhebt, werden auch die kräftigen, nicht seitlich, sondern unter dem Rumpf angebrachten Beine sichtbar, die es ihm ermöglichen, seine Opfer mit großer Schnelligkeit zu verfolgen.

Die Baumfarne rascheln, als der *Postosuchus* vorwärts schnellt, um ein Junges zu schlagen, das auf der Suche nach Nahrung stehengeblieben ist. Das Jungtier hat gerade noch Zeit, einen durchdringenden Schrei auszustoßen, ehe die Kiefer des *Postosuchus*-Weibchens seinen Brustkorb zerquetschen. Furcht ergreift die Herde. Die ausgewachsenen Tiere bellen und werfen die Köpfe mit den furchterregenden Eckzähnen herum. Doch das *Postosuchus*-Weibchen hat sich mit seiner Beute bereits in das Unterholz zurückgezogen, wo es das winzige Tier zerfleischt und ganze Brocken unzerkaut verschlingt. Das Fehlen einer weiteren sichtbaren Bedrohung läßt die Herde schon bald wieder zur Ruhe kommen. Bereits nach wenigen Minuten scheint es, als ob nie ein Angriff stattgefunden hätte. Die Tiere setzen ihren Marsch zum Fluß fort. Doch das *Postosuchus*-Weibchen läßt noch nicht von der Herde ab – es wird sie vermutlich erneut angreifen und insgesamt vier oder fünf Junge reißen, ohne daß eines der ausgewachsenen Tiere versuchen wird, es zu verfolgen.

Diese Verhaltensweise ist typisch für *Placerias*. Die *Placerias*-Herden sind lose Zusammenschlüsse von Individuen, es gibt keine sozialen Strukturen, die den

Schutz der Jungen gewährleisten könnten. Statt dessen verlassen sie sich auf Quantität. Die Weibchen sind schon nach vier Jahren geschlechtsreif und legen von da an, sofern sie nicht vorher sterben, über 20 Jahre hinweg jährlich bis zu 30 Eier. Theoretisch könnte ein Weibchen im Laufe seines Lebens also gut und gerne 600 Junge haben, doch de facto werden mit etwas Glück lediglich zwei oder drei bis zur Geschlechtsreife heranwachsen. Die Dürre und natürliche Feinde fordern einen hohen Tribut.

Es ist früher Nachmittag, als die Herde den durch die letzten Regenfälle angeschwollenen Fluß erreicht. Die Ufer sind dicht mit hohen Schachtelhalmen

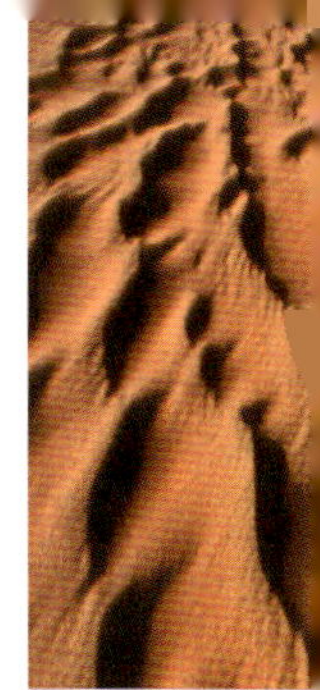

bestanden, einige der älteren Pflanzen ragen mehrere Meter aus dem sumpfigen Boden auf. Der Pfad, dem die *Placerias*-Herde gefolgt ist, endet an einer Biegung des Flusses. Der rote Schwemmsand hat hier einen langen Strand gebildet, der von einigen verkrüppelten Steineiben gesäumt wird. Die Pflanzenfresser versammeln sich am Ufer, um zu trinken. Ganz in der Nähe drängt sich eine Gruppe von grünen Metoposauriern im seichten Wasser. Diese Amphibien mit ihren eigenartigen, nahezu quadratischen Köpfen und ihre Artverwandten hatten in früherer Zeit die Gewässer in großer Zahl bevölkert, doch inzwischen sind sie von Reptilien beinahe gänzlich verdrängt worden. Am gegenüberliegenden Ufer baden Krokodilen ähnelnde Phytosaurier in der Sonne, die schmalen Mäuler weit geöffnet. Auf die Herde aufmerksam geworden, gleiten einige von ihnen ins Wasser. Phytosaurier sind kräftige Raubtiere, die sich vor allem von Fischen wie den zu dieser Jahreszeit sehr zahlreichen Süßwasserhaien ernähren. Trotz ihrer beeindruckenden Länge von bis zu fünf oder sechs Metern würden sie zwar nie ein ausgewachsenes Tier angreifen, aber ein *Placerias*-Junges ist für sie eine leichte Beute. Doch dieses Mal haben die Jungtiere Glück, die Eckzähne der tränkenden Herde umgeben sie wie ein undurchdringlicher Wall, in dessen Schutz die Kleinen im seichten Wasser baden.

LINKS **Unbezwingbarer Fleischfresser: Mit seinem gepanzerten Rücken und dem mächtigen Rachen ist *Postosuchus* das beherrschende Raubtier dieses Hochlandes. Ein ausgewachsenes Tier wird über fünf Meter lang und hat lediglich seine Artgenossen zu fürchten.**

Weiter flußabwärts befindet sich eine Reihe kleinerer Stromschnellen, an deren Rändern große Tümpel entstanden sind. Hier finden Insektenlarven Nahrung, bevor sie selbst zur Beute größerer Tiere wie der Flußkrebse werden. In einem dieser Teiche ist wiederum ein Lungenfisch gerade dabei, einen Flußkrebs zu verspeisen. Mit seinen starken Kiefern hat er keine Schwierigkeiten, den harten Panzer zu knacken. Doch auch dem Lungenfisch droht Gefahr. Am Ufer, nur wenige Meter entfernt, steht auf seinen Hinterbeinen ein schlankes, elegantes Reptil. Den Kopf hat es dicht über das Wasser gebeugt, während es mit dem Schwanz immer wieder Korrekturen vornimmt, um das Gleichgewicht zu halten. Es ist ein kleiner Dinosaurier, ein *Coelophysis.*

Die Dinosaurier bevölkern erst seit relativ kurzer Zeit die karge Landschaft der Trias. Die Abkömmlinge graziler, äußerst beweglicher Reptilien haben bereits eine ganze Reihe von Arten ausgebildet, wobei *Coelophysis*, ein kleiner, zweibeiniger räuberischer Fleischfresser, seinen Ahnherrn noch sehr ähnlich sieht. Geschickt nutzt dieses Tier den Schwanz, um das

Gleichgewicht zu wahren, und es ist wesentlich leichter und beweglicher als andere Reptilien. Darüber hinaus verfügt es über Greifhände, kleine, aber mit bohrenden Spitzen versehene scharfe Zähne und ausgezeichnete Augen.

An diesem stickigen Nachmittag ist es auf Fischfang. Vom Ufer aus beobachtet es den fetten Lungenfisch, der nur wenige Zentimeter unter der Wasseroberfläche durch den Schlick gleitet. Das ausgewachsene *Coelophysis*-Männchen mißt von der Schnauze bis zum Schwanz annähernd drei Meter und wiegt zwischen 35 und 40 Kilogramm. Der Lungenfisch, der etwa ein Viertel des Gewichts seines Gegners auf die Waage bringen mag, ist eine fette Beute. *Coelophysis* muß ihn gleich beim ersten Angriff erwischen, will er nicht im Wasser landen. Eine blaue Libelle setzt sich auf die Nase des reglos verharrenden Dinosauriers und fliegt erst wieder davon, als dieser den Kopf neigt, um die Position des Lungenfisches unter der Wasseroberfläche genauer einschätzen zu können. Dann schlägt er zu. Seine nach hinten gebogenen Zähne erfassen die Beute, mit einem kraftvollen Schwung des Schwanzes und einer ruckartigen Bewegung des Kopfes wirft er den Fisch aufs Land. Mit den klauenbewehrten Hinterbeinen die Beute festhaltend, beginnt er sie zu zerfleischen.

Die Methode von *Coelophysis*, seine Nahrung zu zerkleinern und zu verschlingen, ist simpel. Die Zähne sehen aus wie beidseitig geschliffene Messer mit gezackten Klingen, die mühelos durch Fleisch schneiden. Der Unterkiefer ist mittig mit einem Gelenk ver-

Ein Fisch auf dem Trockenen: Ein Lungenfisch auf der Jagd nach kleinen Krustentieren in seichtem Gewässer. In Sekundenschnelle wird er die Beute eines hungrigen *Coelophysis*, der seine nach hinten gebogenen Zähne benutzt, um den Fisch aufzuspießen und in kleine Stücke zu zerteilen.

sehen, so daß obere und untere Zähne wie eine Säge gegeneinander bewegt werden können. Mit dieser raffinierten Zahnanordnung macht *Coelophysis* mit dem Fisch kurzen Prozeß. Der Dinosaurier zerteilt ihn in Stücke, die er ganz verschlingt, indem er den Kopf nach hinten wirft. Innerhalb von fünf Minuten landen auf diese Weise zehn Kilogramm Fisch in seinem Magen. Anschließend macht er sich auf die Suche nach ein wenig Schatten.

> **»Die Abkömmlinge graziler, äußerst beweglicher Reptilien haben bereits eine ganze Reihe von Arten ausgebildet, wobei *Coelophysis*, ein kleiner, zweibeiniger räuberischer Fleischfresser, seinen Ahnherrn noch sehr ähnlich sieht.«**

Die meisten Tiere der *Placerias*-Herde haben aufgehört zu trinken und sitzen nun im seichten Wasser, um sich abzukühlen. Einige der Jungtiere sind in einen Wald aus alten Schachtelhalmen gedrungen, um die jungen Triebe zu fressen, die aus dem Boden sprießen.

Hinter dem Schachtelhalmhain steigt das sandige Ufer steil an. Unter einem Überhang, der von den zwiebelförmigen Wurzeln eines Bärlappgewächses gehalten wird, liegt versteckt der Zugang zum Bau eines Cynodontier-Pärchens. Zusammengerollt schlafen die etwa einen Meter langen Tiere im kühlen Innern des Baus. Sie sind zwar entfernte Verwandte von *Placerias*, doch ihre Köpfe, Schultern und Rücken sind mit dicken schwarzen, haarähnlichen Schuppen bedeckt, während ihre Schnauzen lange Barthaare zieren.

Dicht an den Bauch des Weibchens schmiegen sich drei Junge. Am Ende der letzten Trockenperiode hat das Weibchen Eier gelegt, die Jungen sind während der Regenzeit geschlüpft. Seitdem hat das Weibchen, das seinen Nachwuchs aus Milchdrüsen am Bauch säugt, den Bau nicht mehr verlassen. Die Jungen selbst sehen kaum wie Cynodontier aus. Sie sind noch immer halb blind und abgesehen von ein paar Stellen mit Pickeln auf dem Rücken, an denen ihnen Haare wachsen werden, nackt. Auch laufen können sie noch nicht, mit ihren plumpen Gliedmaßen rudern sie hilflos umher, sobald sie den Kontakt zur Mutter verlieren. Sie sind vollkommen von ihren Eltern abhängig. Eine derart intensive Bindung zwischen Eltern und Jungen ist für die Trias außergewöhnlich. Da die Cynodontier nur wenige Nachkommen haben, können sie es sich nicht leisten, auch nur ein Junges zu verlieren. Solange sich die Jungtiere im Bau aufhalten, werden die Eltern ihn aggressiv verteidigen.

Der Nachmittag neigt sich dem Ende zu. Die *Placerias*-Herde verläßt den Fluß und kehrt in das Buschland zurück. Während sich die Sonne allmählich gen Horizont senkt, läßt auch die Hitze nach.

Die Cynodontier werden zu dieser Zeit erst munter. Die nachtaktiven Tiere sind hungrig, haben sie doch den ganzen Tag in ihrem Bau geschlafen. Das

GEGENÜBERLIEGENDE SEITE Elterliche Brutpflege: Ein Cynodontier-Männchen klettert in der Nesthöhle über das Weibchen hinweg, um auf die Jagd zu gehen. In ihrem Bett aus Flechten und Araukarienblättern liegen drei Jungtiere saugend am Bauch des Muttertiers.

Männchen reckt seinen langgestreckten, dünnen Leib und kriecht zur Öffnung des Baus. Prüfend atmet es die warme Abendluft ein und macht sich dann auf die nächtliche Jagd. Die Cynodontier nehmen ihre Umwelt zwar nur schwarzweiß wahr, können dafür aber hervorragend im Dunkeln sehen. So ist es ihnen möglich, unbehelligt von natürlichen Feinden wie den Dinosauriern, die tagsüber auf Beutesuche sind, nachts auf die Jagd zu gehen und selbst kleinere Reptilien zu schlagen. In dieser Nacht dauert es nicht lange, bis das Cynodontier-Männchen mit einem kleinen Reptil in der Schnauze aus einem Farngestrüpp hervorkommt. Es trägt seine Beute in den Bau, um sie mit dem Weibchen zu teilen. Die Jungtiere ernähren sich noch ausschließlich von der Muttermilch. Doch schon in einem Monat werden sie rohes Fleisch verdauen können und beide Eltern vollauf damit beschäftigt sein, ihren Hunger zu stillen.

PELZIGE VORFAHREN

Der Schädel eines *Thrinaxodon*, eines triassischen Cynodontiers, wurde im Karoo-Becken in Südafrika gefunden. Die typischen Säugetiermerkmale, wie die differenzierten Zähne und der charakteristische Unterkiefer, sind deutlich zu erkennen.

DIE SÄUGETIERE bildeten schon früh eine eigene Gruppe. Wir können unsere Vorfahren bis in das Oberkarbon vor ca. 300 Millionen Jahren verfolgen, als sich eine Reptiliengruppe mit auffällig anders geformten Schädeln herausbildete. Diese Tiere wurden als säugetierähnliche Reptilien bezeichnet, da ihr Skelett Merkmale aufweist, die man auch bei Säugetieren findet, ihre äußere Gestalt aber noch immer Reptilien gleicht. Während des Perms wurden sie zur beherrschenden Gruppe der landlebenden Tiere. Fossilfunde aus Südafrika zeigen, daß es eine vielfältige Gruppe mit verschiedenen Raubtierarten, großen Pflanzenfressern und sogar in Erdhöhlen lebenden Tieren war. Obwohl auch sie – wie alle Tiere – durch das große Aussterben stark dezimiert wurden, blieben sie doch bis in die untere Trias hinein die am weitesten verbreiteten Reptilien. Dann wurden sie jedoch von anderen Sorten von Reptilien abgelöst, bis schließlich die Dinosaurier auftauchten und alle größeren landlebenden Tiere verdrängten.

Ironischerweise fällt mit dem Beginn der Dinosaurierherrschaft jedoch auch ein Evolutionsschritt bei den säugetierähnlichen Reptilien zusammen, die immer mehr Säugetiermerkmale entwickelten, während sich die Reptilienmerkmale zurückbildeten. Die Cynodontier betraten die Bühne und stellten ein beinahe perfektes Missing link zwischen beiden Gruppen dar.

Cynodontier hatten lange Körper und liefen mit starken seitlichen Körperbewegungen auf vier kurzen abgespreizten Beinen. Gleichzeitig verfügten sie aber auch über besonders ausgebildete säugetierähnliche Backen-, Schneide- und Eckzähne. Und im Gegensatz zu den bei den Reptilien üblichen sieben, bestand der Unterkiefer der Cynodontier aus einem einzigen Knochen, zwei der überflüssig gewordenen Knochen hatten sich aufwärts verlagert, um zarte Knöchelchen im Mittelohr zu bilden. Das bedeutendste an fossilen Schädelfunden festgestellte Merkmal aber sind winzige Löcher im Oberkiefer. Es ist davon auszugehen, daß darin Nervenstränge verliefen, die mit Schnurrhaaren verbunden waren. Dies ließe den Rückschluß zu, daß die Körper der Cynodontier mit Fell bedeckt waren, um die Temperatur zu kontrollieren. Sie waren also vermutlich Warmblüter.

Die Erde reißt auf

SEPTEMBER – DIE TROCKENZEIT

Seit fünf Monaten hat es nicht mehr geregnet, und der Wasserpegel des Flusses nimmt stetig weiter ab. Während er im Frühjahr noch nah bis an den Bau der Cynodontier reichte, fließt der Fluß jetzt in einer Entfernung von etwa 20 Metern am Eingang des Baus vorbei. Hier und dort zeugen ausgetrocknete Muschelbänke von seinem immer rascheren Zurückweichen. Das Flußbett besteht zu weiten Teilen nur noch aus getrocknetem roten Schlamm, der in der erbarmungslosen Hitze aufzureißen beginnt. Kleine Löcher deuten auf die Gegenwart von Lungenfischen hin, die sich vor einem Monat, als der Fluß auszutrocknen begann, im Schlamm vergraben haben, um die Trockenzeit in einem schlafähnlichen Zustand zu überstehen. Notfalls können sie umgeben von einer Schleimkapsel und über die Sauerstoffversorgung ihrer Luftschächte mehrere Trockenperioden überleben, vorausgesetzt, sie werden nicht von einem *Coelophysis* aufgespürt und ausgegraben.

Trotz der Trockenheit wimmelt es an den Ufern des Flusses noch von Insekten. Libellen kontrollieren ihre Jagdreviere über den Schachtelhalmen und fangen im Flug langsamere Insekten. Diese schillernd bunten Abkömmlinge der bereits seit mehr als 100 Millionen Jahre existierenden Libellen sind mit ihrer Flügelspanne von 15 Zentimetern allerdings nichts im Vergleich zu ihren riesigen Vorfahren. *Meganeura*, eine Libelle, die im Perm ausstarb, hatte eine Flügelspanne von annähernd 60 Zentimetern.

Auf einem Holzstamm unweit einer Gruppe von Schachtelhalmen hockt ein *Peteinosaurus*, ein zur Gruppe der Pterosaurier oder Flugsaurier gehörendes Tier. Pterosaurier sind zwar nicht die einzigen Reptilien, die sich die Lüfte erobert haben – im nahen Kiefernhain kann man einige Reptilien sehen, die im Gleitflug von einem Baum zum anderen segeln –, doch sie sind die ersten, die mit den Flügeln schlagen, um zu fliegen.

Der *Peteinosaurus* drückt seinen Körper flach auf den Baumstamm, während er mit raschen Kopfbewegungen die Insekten beobachtet, die sich über ihm tummeln. Ein dichtes, kurzes Haarkleid bedeckt Kopf, Schultern und Rücken. Die Greifhände, mit denen er sich am Baumstamm festklammert, enden in drei kurzen Krallen. An einem vierten, stark verlängerten Finger ist die Flügelmembran befestigt, die sich von der Spitze dieses Fingers bis hinunter zu den Hinterbeinen spannt.

Das Tier ist leicht gebaut, von den beinahe durchsichtigen Flügeln bis hin zu den papierdünnen Knochen. Die Flügelspanne von *Peteinosaurus* mißt ca. 60 Zentimeter, der gerade Schwanz 20 Zentimeter, und doch wiegt dieser Flugsaurier nur wenig mehr als 100 Gramm. Im Laufe ihrer Entwicklung haben die

GEGENÜBERLIEGENDE SEITE **Startbereit: Im Schatten einer Steineibe hängt ein *Peteinosaurus* und sucht die Umgebung nach einem unachtsamen Insekt ab, das in die Reichweite seiner nadelscharfen Zähne gelangen könnte.**

Flugsaurier allen überflüssigen Ballast abgelegt, der sie an ihrem Aufstieg in die Lüfte hätte hindern können. Sie sind so leicht, daß sie auf dem Boden ihre Flügel zusammenfalten müssen, um nicht unfreiwillig in die Luft gehoben zu werden. Das Maul der Pterosaurier ist allerdings relativ groß – das des *Peteinosaurus* zum Beispiel ist fünf Zentimeter lang. Er ernährt sich vor allem von Insekten, und Libellen sind eine ideale Beute.

Plötzlich verlagert der *Peteinosaurus* sein Gewicht auf die Hinterbeine, springt, breitet die Flügel aus und erhebt sich in die Lüfte. Seine großen Augen haben die Beute bereits erspäht, und während er immer schneller mit den Flü-

DIE EROBERUNG DER LÜFTE

MILLIONEN VON JAHREN waren Insekten die einzigen Tiere, die fliegen konnten. In der oberen Trias folgten ihnen schließlich die Flug- oder Pterosaurier in die Lüfte. Man weiß nicht, woher diese einzigartigen Kreaturen kommen, es fehlt das Missing link, über das man sie mit einer anderen Reptiliengruppe in Verbindung bringen könnte. Der älteste Fossilienfund eines Flugsauriers ist *Eudimorphodon*, ein hoch entwickelter Flieger, der in der Lage war, im Flug zu fischen. Bis vor einiger Zeit hielt man *Eudimorphodon* für einen engen Verwandten der Dinosauriern, doch inzwischen sind viele Paläontologen davon überzeugt, daß die Ursprünge dieser Tiere weiter zurückreichen, möglicherweise sogar bis ins Perm. Es läßt sich nachweisen, daß im Laufe der Zeit viele Reptilien Körpermerkmale entwickelten, die es ihnen ermöglichten, sich im Gleitflug fortzubewegen. Bei einigen Tieren sorgten verlängerte Rippen dafür, daß sie sich wie mit einem Fallschirm zwischen den Bäumen zu Boden fallen lassen konnten.

Doch bei den frühen Pterosauriern ging die Entwicklung der Flugfähigkeit noch weiter. Ihre Knochen wurden leichter, und einer der Handfinger, wahrscheinlich der vierte, begann zu wachsen. Schließlich bildete sich der fünfte Finger vollkommen zurück, so daß sich nun die Flügelmembran zwischen Körper und stark verlängertem viertem Finger spannte, während die drei übrigen Finger als kleine Krallen erhalten blieben. Schulterknochen und Brustbein wurden kräftiger, an ihnen waren die starken Flugmuskeln befestigt, so daß die Tiere nun auch in der Lage waren, sich durch Schlagen ihrer Flügel fortzubewegen. Abgesehen von Fledermäusen und Vögeln sind die Pterosaurier die ersten und einzigen Vertebraten, die aktiv zu fliegen lernten.

Der Ursprung der Pterosaurier ist rätselhaft. Ohne jedes sichtbare Bindeglied zu älteren Reptilien tauchen diese Flugsaurier mit ihren papierdünnen Knochen und den langen Flügelfingern plötzlich in den Fossilfundstellen auf.

Von diesem Zeitpunkt an änderte sich für die nächsten 165 Millionen Jahre der Körperbau dieser Gruppe in seiner Grundstruktur nicht mehr. Die Pterosaurier scheinen über den gesamten Zeitraum hinweg, vermutlich wegen ihrer speziellen Flugtechnik, eine ganz eigene Nische besetzt zu haben. Im Gegensatz zu Vögeln benötigten sie zum Fliegen alle vier Gliedmaßen, weshalb sich auch keine Arten ausbilden konnten, die schnelle Läufer waren oder Wasserbewohner waren. Andererseits schaffte ihre Körperform ideale Voraussetzungen für das Gleitfliegen, so daß sie in der Kreidezeit zu wahren Giganten der Lüfte wurden, die in der Lage waren, riesige Distanzen zu überwinden.

geln schlägt, hält er den Kopf, noch immer fest die Beute fixierend, absolut still. Nur vier Sekunden, nachdem er in der Luft ist, hat der Flugsaurier sein Opfer erlegt, das Knirschen, als er dessen Körper im Maul zerquetscht, ist laut und deutlich zu hören.

Es ist Mittag und damit in dieser Region von Pangaea die heißeste Zeit des Tages. Der Vegetation wird nahezu alle Feuchtigkeit entzogen, und selbst im Schatten finden die Tiere kaum Schutz vor der gleißenden Sonne.

Die Hitze dringt sogar bis in den Bau der Cynodontier vor. Die Eltern und ihre Jungen schlafen unruhig. Der warme Geruch der säugetierähnlichen Reptilien hat die Aufmerksamkeit von zwei *Coelophysis*-Raubsauriern erregt, die sich vorsichtig dem Eingang des Baus nähern. Das größere der beiden Tiere steckt seine lange Schnauze in den Eingang. Als es sich etwa 50 Zentimeter weit in den Tunnel vorgewagt hat, wirft sich ihm das Cynodontier-Männchen entgegen. Erschreckt heult der Jäger auf, während er das steile Ufer hinunterstolpert, weg von dem seine Nachkommen wütend verteidigenden Cynodontier, der am Eingang des Baus den Dinosauriern hinterherfaucht.

Die Räuber wissen, daß der Cynodontier keine leichte Beute ist, dafür ist er zu groß und zu stark. Daher wenden sie sich schließlich ab und trotten das Ufer entlang, bevor sie nach etwa 50 Metern stehenbleiben, um erneut den Eingang des Baus zu beobachten. Nach einer Weile kehrt das Cynodontier-Männchen zu seiner aufgeregten Familie in den Bau zurück, den die Dinosaurier nach wie vor nicht aus den Augen lassen.

Wasserkühlung: Über die große Oberfläche ihrer Flügelmembranen nehmen kleine Flugsaurier wie *Peteinosaurus* sehr viel Hitze auf. Regelmäßig bespritzen sie sich daher mit Wasser und nutzen die entstehende Verdunstungskälte zur Abkühlung.

Allmählich läßt die Hitze nach und als die Sonne untergeht, kommt durch den Temperaturunterschied zwischen dem höher gelegenen Buschland und dem Flußtal ein leichter Wind auf. Die Cynodontier sind aufgewacht und haben begonnen, sich gegenseitig das Fell zu putzen. Die drei Jungtiere sehen mit ihren dunklen Knopfaugen, dem leichten Fell auf dem Rücken und ihrem auf das Zerkleinern von Nahrung durch Kauen spezialisierten Gebiß ihren Eltern nun schon sehr ähnlich. Bereits seit einigen Wochen unternehmen sie immer wieder kurze Exkursionen an den Eingang und spielen vor dem Bau unter den wachsamen Blicken eines der Alttiere, während das andere auf Jagd geht. An diesem Abend verläßt das Männchen zunächst allein den Bau, um die Gefahrensituation einzuschätzen. Die beiden Dinosaurier scheinen verschwunden zu sein. Auf der anderen Flußseite zerren einige Phytosaurier am Kadaver eines *Placerias*, der

im Wasser treibt. Der Cynodontier nimmt die Witterung von Fleisch auf und macht sich auf den Weg zum Fluß, um die Lage zu erkunden.

Dem Vater folgend, klettern nun auch die drei Jungen aus dem Bau. Das erste Junge, das den Tunnel verläßt, setzt sich vor den Eingang und nimmt die für ihn ungewohnten Gerüche auf. Plötzlich stürzt sich ein *Coelophysis*, der bewegungslos zwischen den Bäumen gelauert hat, auf die Beute und schnappt zu. Die rasiermesserscharfen Zähne des Dinosauriers lassen das Junge zum ersten und auch letzten Mal in seinem Leben die Erfahrung von Schmerz machen. Es jault laut auf. Das Cynodontier-Männchen läuft das Steilufer hinauf, doch es kommt zu spät, der *Coelophysis* ist mit seiner Beute bereits entkommen und rennt das Flußufer entlang. Obwohl durch das Junge zwischen seinen Fängen behindert, erreicht er noch immer eine Geschwindigkeit von bis zu 30 Stundenkilometern, so daß der kurzbeinige Cynodontier keine Chance hat, ihn einzuholen. Bald darauf ist das Jaulen des Jungtieres nicht mehr zu hören.

Inzwischen befindet sich der Bau im Belagerungszustand. Das Cynodontier-Weibchen hat sich mit den beiden anderen Jungen nach dem Angriff des Raubsauriers zwar sofort in den Bau zurückgezogen, doch zwischen den Bäumen lauern weitere Jäger, entschlossen, sich die Beute nicht entgehen zu lassen. Als das Cynodontier-Männchen zum Bau zurückkehrt, gelingt es ihm, vier oder fünf große *Coelophysis*-Räuber auseinanderzutreiben, die sich um den Eingang zum Bau drängen. Wild fauchend und nach den Dinosauriern schnappend, kehrt es in den Bau zurück. Doch der Kampf ist aussichtslos. Nachdem es im Bau verschwunden ist, nähern sich die Raubsaurier erneut und beginnen den Eingang aufzugraben. Ein paarmal noch versuchen die Cynodontier in dieser Nacht, die Dinosaurier zu vertreiben, doch immer wieder kehren sie zurück. Am Morgen haben sie den Tunnel bereits zur Hälfte aufgegraben.

Die Reaktion der Cynodontier im Innern des Baus ist angesichts der drohenden Gefahr allein von ihrem Überlebensinstinkt bestimmt. Ohne zu zögern, tötet das Weibchen die Jungen und frißt sie auf. So befremdlich dieses Verhalten auch erscheinen mag, ist es doch nur vernünftig, daß sich die Cynodontier in dem Augenblick, in dem die Flucht mit den Jungen unmöglich wird, mit Nahrung versorgen. In extremen Gefahrensituationen wie dieser wird der elterliche Instinkt vom Überlebenstrieb verdrängt.

Am frühen Abend verlassen die ausgewachsenen Cynodontier den Bau. Die überraschten Belagerer zögern einen Moment zu lange in ihrer Reaktion. Nur ein großes Weibchen versucht den Angriff, wird jedoch durch einen kraft-

GEGENÜBERLIEGENDE SEITE **Unvermeidlicher Kampf: Die Cynodontier wissen, daß es unmöglich sein wird, die Jungen im Bau großzuziehen, nachdem sie von der *Coelophysis*-Gruppe entdeckt worden sind. Das Muttertier tötet also seine Jungen und frißt sie auf, bevor der Bau aufgegeben wird. Die Raubsaurier werden so lange am Bau graben, wie sie den frischen Geruch der Cynodontier wahrnehmen.**

voll ausgeführten Prankenschlag des Cynodontier-Männchens in die Flucht geschlagen.

Auf ihrer Flucht durch die Schachtelhalme schrecken die Cynodontier einen schlafenden *Peteinosaurus* auf. In flachem Flug gleitet der kleine Pterosaurier über den Fluß, um schließlich auf der anderen Seite aufzusteigen. Unter ihm erstreckt sich das Buschland dessen Aussehen sich seit dem Ende der Regenzeit radikal verändert hat. Von dem ehedem sattgrünen Farnteppich sind nur noch einige vereinzelte graugrüne Flecken übriggeblieben. Weite Farnflächen sind von *Placerias*-Herden verwüstet worden. In einiger Entfernung verrät eine dichte Staubwolke die Anwesenheit einer dort weidenden Herde, die den trockenen Boden nach Wurzeln durchwühlt. Das verdorrte Buschland sieht nicht so aus, als ob es noch Nahrung bieten könnte, doch viele

Farne speichern Wasser in ihren Wurzeln, und darauf sind die Tiere aus.

Aus einem nahen Cykadeenwäldchen heraus beobachtet ein *Postosuchus* die Herde. Im Schutz der großen Cykadeenblätter hat sich das offensichtlich verletzte Tier auf den Boden niedergelegt. Aus dem Maul tritt Schaum, und der unter normalen Umständen glatte braune Schuppenpanzer ist von einer Blut- und Staubkruste überzogen. Als das Tier seine Hinterbeine bewegt, wird in der kräftigen Flanke eine lange, klaffende Wunde sichtbar – eine Verletzung, die ihm nur der Eckzahn eines ausgewachsenen *Placerias* beigefügt haben kann.

Während der Trockenperiode wird die Nahrung für alle Tiere knapp – auch für den *Postosuchus*. Vom Hunger getrieben, wird dieses Männchen einen verzweifelten Angriff auf eine *Placerias*-Herde gewagt haben. Doch diese Pflanzenfresser verfügen nicht nur über Wangenhörner, die empfindliche Wunden beifügen können, auch ihre Hornschnäbel sind kräftig genug, um Knochen zersplittern zu lassen. Die Wunde in der Flanke des *Postosuchus* ist einige Tage alt und hat sich allem Anschein nach entzündet. Mit Einbruch der Dunkelheit wird die Nachtkühle dem Tier zwar ein wenig Erleichterung verschaffen, doch sein Zustand wird sich unweigerlich immer weiter verschlechtern.

Jeder *Postosuchus* hat sein eigenes, streng abgegrenztes Revier. In der Trockenperiode müssen Männchen wie Weibchen ein Areal von etlichen Quadratkilometern durchstreifen, um ausreichend Nahrung zu finden. Die Reviere der Weibchen sind zwar meist etwas kleiner als die der Männchen, werden allerdings von ihnen auch wütender verteidigt. Oft werden die Revierkämpfe mit äußerster Brutalität geführt, und nicht selten enden sie mit dem Tod eines der Rivalen. Der unerbittliche Konkurrenzkampf macht selbst vor dem ungeborenen Nachwuchs nicht halt. Wenn ein ausgewachsenes Tier, gleich welchen Geschlechts, auf ein Nest von *Postosuchus*-Eiern stößt, frißt es die Brut oder zerstört die Eier.

Ein *Postosuchus*-Weibchen, das im Flußtal gejagt hat, wagt sich in der Hoffnung auf einige Nachzügler der *Placerias*-Herde bis in das Buschland vor. Es muß auf der Hut sein, da es in das Revier eines anderen Tieres eingedrungen ist. Es nähert sich weiter der Herde und stößt dabei bis auf 50 Meter an das Cykadeenwäldchen vor, aus dem das verletzte Männchen es aufmerksam beobachtet.

LINKS **Gleichstand: Ein *Placerias*-Pärchen steht einem *Postosuchus* gegenüber. Kann der kraftvolle, schnelle Räuber das Überraschungsmoment nicht nutzen, wäre er schlecht beraten, die stämmigen Pflanzenfresser anzugreifen, denn diese können mit ihren mächtigen Eckzähnen tiefe Wunden reißen.**

Plötzlich nimmt es mit der abendlichen Brise seine Witterung auf. Es krümmt seinen Rücken und öffnet das Maul, um die Zähne zu zeigen. Das männliche Tier nimmt die Drohgebärde zwar zur Kenntnis, verläßt aber dennoch humpelnd das Cykadeenwäldchen, wobei es bellende Laute ausstößt und seinen gepanzerten Schwanz drohend hin und her schwingen läßt. Als es vor dem Weibchen steht, schleudert es ihm mit den Vorderbeinen Staub entgegen und schnappt wütend nach seinem Gegner.

Doch das Weibchen läßt sich nicht so einfach vertreiben. Es ist jünger als das verwundete Männchen und als Weibchen auch etwas größer. Hinzu kommt, daß sich das verletzte Tier nicht auf die Hinterbeine erhoben hat und das Weibchen zudem die Verletzung riechen kann. Das macht es noch mutiger. Normalerweise richtet sich *Postosuchus*, dessen Hinterbeine wesentlich länger sind als die Vorderbeine, im Kampf auf, um mit dieser Drohgebärde den eindrucksvollen, von gelben Streifen überzogenen Unterleib zur Schau zu stellen. Hoch aufgerichtet stehen sich dann die Rivalen gegenüber und schlagen heftig mit den Klauen aufeinander ein.

Das Weibchen erhebt sich drohend auf die Hinterbeine. Die tiefe Wunde in der Flanke macht es dem Männchen unmöglich, den Kampf aufzunehmen. Es krümmt den Rücken in dem Versuch, den weiblichen Eindringling einzuschüchtern, doch vergeblich. Das verletzte Tier muß zurückweichen, dreht sich schließlich um und flieht, hinkt jedoch so stark, daß das Weibchen ihm leicht folgen kann. Immer wieder schnappt es nach seinen Hinterbeinen. Im letzten Licht der Dämmerung bricht der verletzte *Postosuchus* in das dichte Unterholz oberhalb des Flußtales. Er hat sein Revier verloren und wird sich kaum wieder von seiner Verletzung erholen. Seine Tage sind gezählt.

Durstige Landschaft

NOVEMBER – ENDE DER DÜRRE

Acht Monate ist es her, seitdem die Trockenperiode begonnen hat. Das Buschland hat sich in dieser Zeit in eine glühend heiße Wüste verwandelt, die von toten Farnen übersät ist. Einzig das satte Grün der Araukarien hebt sich von diesem eintönigen Hintergrund ab. Mit ihren langen Pfahlwurzeln sind diese Pflanzen in der Lage, auch aus großer Tiefe Wasser aufzunehmen. Obwohl es auf den ersten Blick nicht so aussieht, existiert hier oben noch immer eine Fauna. In der ausgetrockneten roten Erde, zwischen den verdorrten Farnen, befinden sich zahllose kleine Löcher, in denen viele Invertebraten auch bei größter Hitze überleben können. Skorpione, Spinnentiere und Schaben bevölkern nachts auf der Suche nach Nahrung das Buschland. Sie bevorzugen Sporen, Eier – oder ihresgleichen. In dieser Jahreszeit sind sie die einzigen aktiven Bewohner. Die In-

sekten, die noch vor einiger Zeit im dichten Pflanzenbewuchs lebten, haben Eier gelegt, aus denen mit dem Einsetzen des Regens Nachwuchs schlüpfen wird.

Die größeren Tiere haben sich zu den immer knapper werdenden Wasservorkommen zurückgezogen. Unten im Tal sind vom Fluß nur noch ein paar schlammige Pfützen und Tümpel übrig geblieben. Viele der im Wasser lebenden Tiere sind mit dem letzten Wasser flußabwärts in das Sumpfgebiet geschwommen.

In den Tümpeln selbst drängen sich Phytosaurier. Ab und zu brechen Kämpfe zwischen den Reptilien aus, die sich jeden Zentimeter streitig machen. Die massigen Kiefer und langen, überstehenden Zähne deuten darauf hin, daß die meisten der Tiere Männchen sind. Viele der Weibchen scheinen flußabwärts gezogen zu sein, um das Ende der Trockenperiode in den Sümpfen abzuwarten. Die Männchen dagegen behaupten ihre Reviere und werden sie nicht verlassen. Die Atmosphäre ist bis zum äußersten gespannt.

Harte Zeiten: Mit anhaltender Trockenheit verwandeln sich weite Gebiete des Hochlandes in Wüsten. *Coelophysis* überlebt auch unter diesen Bedingungen. Ein junges Männchen stellt einem Skorpion nach, der sich in den Schädel eines *Postosuchus* geflüchtet hat.

Die Situation spitzt sich durch die Anwesenheit einer *Placerias*-Herde weiter zu. Seitdem das Buschland keine ausreichende Nahrungsgrundlage mehr bietet, ernährt sich die Herde hier am Flußbett von Schachtelhalmen und Bärlappgewächsen. Obwohl die Jungen schon nahezu einen Meter lang sind, sind sie nach wie vor gefährdet. Bei der großen Hitze, die tagsüber herrscht, ist es überlebensnotwendig, ausreichend zu trinken. Im trüben Wasser aber wimmelt es nur so vor Phytosauriern. Wieder und wieder staksen die Jungen zum Saufen durch den zähen Schlamm an die Tümpel, wo sie Gefahr laufen, im Rachen eines Phytosauriers zu enden.

Die ausgewachsenen Tiere leben weitaus weniger gefährlich. Zu dieser Jahreszeit fressen sie vor allem nachts, während sie tagsüber an den Tümpeln lagern, bis zum Bauch mit Schlamm bedeckt. Immer wieder wandern sie einfach zum Wasser, in dem es vor Phytosauriern nur so wimmelt, um sich abzukühlen.

Zu keiner anderen Jahreszeit leben derart viele Tiere auf so engem Raum zusammen – ein Umstand, der ihr Paarungsverhalten zu bestimmen scheint. Erstes Anzeichen dafür ist eine zunehmende Spannung unter den an Größe und Gewicht sehr unterschiedlichen Männchen. Die ältesten wiegen über eine Tonne und verfügen über eine Körperlänge von mehr als drei Metern. Die jüngeren Männchen stehen ihnen in ihrem Imponierverhalten in nichts nach, doch

GEISTER AUS DER TRIAS

MIT IHREM ERSCHEINEN übernahmen die Dinosaurier nicht sofort die Herrschaft über die Erde. Über Millionen von Jahren hinweg waren sie lediglich ein kleiner Bestandteil der Reptilienfauna. Die ältesten Fossilienfunde zeigen, daß sie nur etwa fünf Prozent der gesamten Tierwelt ausmachten. Für Paläontologen sind diese Funde seltene fossile Zeugen, was die Entdeckung von Edwin Colbert im Jahre 1947 auch so bemerkenswert machte. An jenem Ort mit dem treffenden Namen Ghost Ranch in New Mexico fand Colbert die Überreste eines zierlichen Fleischfressers: *Coelophysis*. Ghost Ranch erwies sich als Ort eines Massensterbens – Hunderte ineinander verschlungener und verrenkter *Coelophysis*-Skelette wurden dort gefunden. Die Fundstätte war so ergiebig, daß man große Gesteinsblöcke barg und zur Untersuchung an Museen sandte. Seitdem sind Wissenschaftler akribisch darum bemüht, das Durcheinander aus Knochen zu entwirren. *Coelophysis* gehört zu den sehr frühen Dinosauriern. Der Name *Coelophysis* bedeutet »leere Form« und verweist auf die dünnen, hohlen Knochen des Dinosauriers, der extrem leicht gewesen sein muß. Die Gesamtlänge der gefundenen Individuen reicht von 0,8 bis 3,1 Meter, so daß sich die körperlichen Veränderungen nachvollziehen lassen, denen *Coelophysis* im Laufe seines Lebens unterlag. Deutlich erkennbar ist, daß sich die ausgewachsenen Tiere in zwei Gruppen teilen – eine kräftigere und eine eher schlanke, die eine vermutlich aus Weibchen, die andere aus Männchen bestehend. Auch wenn sich dies nicht mit letzter Sicherheit beweisen läßt, gehen die Forscher doch mehrheitlich davon aus, daß die weiblichen Tiere, die die Eier legen mußten, den robusteren Knochenbau hatten.

ihre Kämpfe um einen der vorderen Plätze in der Rangfolge sind nur selten von Erfolg gekrönt. Zu diesem Imponiergehabe gehört, daß die Männchen mit weit aufgerissenem Maul die Eckzähne zeigen und mit dem Kot Duftmarken in der näheren Umgebung setzen. Aufgrund des sehr unterschiedlichen Wuchses ist ein Kampf unter gleichwertigen Gegnern eher die Ausnahme. Doch wenn es dazu kommt, fügen sie sich mit ihren Eckzähnen tiefe Wunden zu.

Die von der Natur mit kleineren Eckzähnen ausgestatteten Weibchen wählen für die Paarung Bullen aus, die ihr mit Duftmarken gekennzeichnetes Territorium verteidigen können. Sobald ein Weibchen einen passenden Bullen gefunden hat, läßt es sich von ihm in einen der Tümpel treiben, wo dann – unter den Augen der vollkommen unbeeindruckten Phytosaurier – die Paarung vollzogen wird. Nicht selten wird das Weibchen dabei vollständig unter Wasser gedrückt.

Zu dieser Zeit sammeln sich im Wald am Fluß allmählich auch kleine Dinosaurier: *Coelophysis* geht normalerweise allein oder in kleinen Gruppen auf die Jagd, gegen Ende der Trockenperiode aber sammeln sie sich in Herden von mehreren hundert Tieren, so daß erstmals deutlich wird, wie viele dieser Dinosaurier tatsächlich in dieser Region

FOLGENDE DOPPELSEITE **Gefahr am Wasser: Normalerweise streift *Coelophysis* allein umher. Gegen Ende der Trockenzeit sammeln die Tiere sich jedoch an den letzten verbleibenden Tümpeln. Die Gegenwart ganzer Meuten dieser kleinen hungrigen Carnivoren macht es anderen Lebewesen unmöglich, zum Wasser zu kommen und zu trinken.**

Einer der 28 in Ghost Ranch geborgenen Steinblöcke. Jeder von ihnen enthält ein verschlungenes Flechtwerk aus zerbrechlichen Dinosaurierskeletten. In einigen Fällen hat das Herauslösen aus dem Felsgestein die Wissenschaft Jahrzehnte sorgfältiger Arbeit gekostet.

Seit 1947 sind in den Felsen von Ghost Ranch in New Mexico Hunderte von *Coelophysis*-Skeletten gefunden worden. Ghost Ranch ist eine der weltweit ergiebigsten Dinosaurierfundstellen.

Die *Coelophysis*-Skelette wurden im Sandstein eines alten Flußbetts gefunden, der auch Fische, Süßwassermuscheln sowie kleine, Krokodilen ähnelnde Phytosaurier und Flußkrebse konserviert hat. All diese Lebewesen dürften potentielle Beutetiere von *Coelophysis* gewesen sein. Zudem findet sich im Gestein möglicherweise auch die Antwort auf die Frage, warum an dieser Stelle so viele Dinosaurier den Tod fanden. Möglicherweise starben nicht alle Tiere zum gleichen Zeitpunkt, sondern im Laufe vieler Jahre. Doch Edwin Colbert ist davon überzeugt, daß die Dinosaurier einem Massensterben zum Opfer fielen. Und auch die Ursache dafür glaubt er anhand von Spuren im Gestein ausmachen zu können, nämlich Trockenrisse sowie von Flußkrebsen gegrabene Löcher, beides Anzeichen für eine totale Austrocknung des Flußbettes. Noch dazu sind bei einigen der Dinosaurierskelette die Hälse stark nach hinten überdehnt wie es bei Leichen der Fall ist, die von der Sonne getrocknet wurden. Colbert schließt daraus, daß sich die Dinosaurier während einer Trockenperiode auf der Suche nach Wasser im Flußbett versammelt haben, wo sie starben. Bevor ihre Kadaver Aasfressern zum Opfer fielen, muß eine Flutwelle sie unter Bergen von Schlamm begraben und so ihre Skelette über Millionen von Jahren hinweg erhalten haben.

leben. Immer mehr Tiere kommen zusammen, was eine Verhaltensänderung voraussetzt, denn normalerweise ist das Verhältnis zwischen einzelnen Tieren von Rivalität und Aggression gekennzeichnet. Nun aber beginnen sie zu kooperieren, so daß die Herde gemeinsam auf Jagd gehen kann.

In der Regel jagen sie als Einzelgänger vor allem kleinere Tiere, jetzt, als Herde, halten sie nach größerer Beute Ausschau. Dieser Umstand führt zu der ungewöhnlichen Situation, daß die *Placerias*-Jungtiere relativ sicher vor ihnen sind, ein verwundetes oder erschöpftes ausgewachsenes Tier dagegen leicht Opfer der *Coelophysis*-Herden werden kann. Unter den extremen Bedingungen, die gegen Ende der Trockenperiode herrschen, ist dieses veränderte Verhalten durchaus sinnvoll. Würde jeder *Coelophysis* für sich weiterhin Jagd auf kleinere Tiere machen, entstünde eine verheerende Konkurrenzsituation, bei der sich die Tiere im Kampf um Nahrung unweigerlich gegenseitig töten müßten. Im gemeinsamen Angriff auf größere Beutetiere dagegen erschließt sich die Herde eine

Maske des Todes: Das Maul eines *Postosuchus* mit den langen spitzen Zähnen ist die wohl am meisten gefürchtete Waffe in der Trias. Doch dieses unterernährte und von Entzündungen geschwächte Männchen wird nicht mehr in der Lage sein, dem Angriff einer *Coelophysis*-Herde zu widerstehen.

neue Nahrungsquelle, die im Regelfall eine ausreichende Versorgung aller Tiere garantiert.

In der flirrenden Hitze des Nachmittags werden von einem plötzlichen Windstoß Staubwirbel über den sandigen Boden getrieben. An einer Biegung des Flußbettes weisen ausgetrocknete Muschelschalen auf eine Schwemmebene hin. Die hier grasenden *Placerias*-Herden haben den Boden festgetrampelt, über den der Wind kleine Haufen von verdorrten Farnen treibt. Mitten auf dieser Ebene verweilt ein verwundetes *Postosuchus*-Männchen. Es ist dasselbe Tier, das Wochen zuvor aus dem Buschland verjagt wurde. Es ist halb verhungert und verdurstet. Die von seiner Wunde ausgehende Entzündung, die sich inzwischen im ganzen Körper ausgebreitet hat, macht es nicht nur bewegungsunfähig, sie trübt auch sein Augenlicht.

So viel kann er allerdings noch wahrnehmen, daß direkt vor ihm ein *Coelophysis* steht. Der kleine Dinosaurier springt von einem Fuß auf den anderen und legt dabei den Kopf auf die Seite, ohne dabei das verletzte Raubtier aus den Augen zu lassen. Drohend reißt der *Postosuchus* seinen Rachen auf, doch der *Coelophysis* zeigt sich unbeeindruckt. Einer nach dem anderen treten jetzt seine Artgenossen aus dem nahen Wald hervor und nähern sich dem verletzten Tier. Bald schon umringen 40 bis 50 vor Aufregung bellende Dinosaurier den *Postosuchus* und beginnen, nach ihm zu schnappen. Sich auf die Vorderbeine stützend, versucht das massige Tier vergeblich, sich gegen seine Peiniger zur Wehr zu setzen.

Plötzlich schnellt der Kopf des *Postosuchus* vor. Seine Zähne graben sich in das Bein eines *Coelophysis*-Weibchens. Während er es mit den Klauen seiner Vorderbeine auf den Boden drückt, bricht er ihm mit einem einzigen Biß das Genick. Als er sich umwendet, um weitere Angreifer abzuwehren, schießen sofort einige der Jäger hervor, schleppen das tote Weibchen fort und beginnen es aufzufressen – die Tiere sind jetzt in einem Blutrausch.

Wegen der harten Schuppen, die Rücken und Schwanz des *Postosuchus* wie ein Panzer schützen, zeigen die Bisse seiner Gegner zunächst kaum Wirkung. Doch schließlich gelingt es ihnen, seinen weicheren Unterleib zu verletzen, und er beginnt zu bluten. Es dauert noch Stunden, bis seine Kraft ihn gänzlich verläßt, so daß er sich nicht mehr zur Wehr setzen kann. Die Jäger fallen über das sterbende Tier her, mit ihren langen, schmalen Schnauzen dringen sie zwischen den Schuppen bis tief in den Leib des *Postosuchus.* Im Laufe der nächsten Tage werden sie ihre Beute bis auf das Skelett verspeisen. Mit den messerscharfen Schneiden ihrer gekerbten Zähne sind sie in der Lage, selbst den harten Schuppenpanzer zu zerkleinern, während sie mit den Vorderzähnen die Knochen abnagen können. Der Kadaver des *Postosuchus* wird die gesamte Herde mindestens zwei Wochen lang mit Nahrung versorgen.

Ausgedörrte Wüste

JANUAR – DER REGEN BLEIBT AUS

In einem derart fein ausbalancierten Ökosystem bedeutet selbst eine kurze Verzögerung der Regenfälle eine schwere Prüfung für die hier lebenden Tiere. Die Trockenheit hält nunmehr seit neun Monaten an und hätte vor zwei Wochen zu Ende gehen müssen, aber noch immer gibt es keinerlei Anzeichen für Regen. Es ist sechs Wochen her, daß der alte *Postosuchus* gestorben ist; seine Knochen sind mittlerweile von der Sonne weiß gebleicht. Das Buschland liegt verlassen, nur noch einige in der Erde lebende Insekten- und Spinnenarten halten sich hier auf. Im Tal gibt es kein Wasser mehr, der Fluß ist verschwunden. Die Wasserlöcher sind ausgetrocknet, der weiche kühlende Schlamm ist jetzt weitestgehend hart wie Stein. In den Löchern liegen die verwesenden Kadaver zahlreicher Phytosaurier, vorwiegend große Männchen, die in ihren Revieren selbst dann noch ausharrten, als das Wasser schon vollständig verdunstet war. Um der Trockenheit zu entkommen, haben sich einige Phytosaurier in den noch verbliebenen Schlamm der Flußufer eingegraben. Es sind überwiegend Weibchen, die die Eier des nächsten Jahres in sich tragen. In ihren Erdlöchern können sie die Hitze schlafend einige Wochen überstehen, aber es ist nur eine vorübergehende Zuflucht, früher oder später werden auch sie Nahrung und Wasser benötigen.

Die Phytosaurier sind nicht die einzigen Tiere, die massenhaft sterben. Es gibt auch keine *Placerias*-Herde mehr in dieser Gegend. Einige Tiere der Herde haben sich auf den langen Weg zu den im Norden gelegenen Küstensümpfen gemacht, aber die Trockenheit hat auch unter ihnen ihren Tribut gefordert. Überall im ausgedörrten Flußbett liegen ihre Kadaver, die großen Schädel mit den Hornschnäbeln von der Sonne gebleicht. *Placerias* ist zwar ein Überlebenskünstler des trockenen Farnbuschlandes, aber auch diese Tiere sind angewiesen auf den Monsunregen. Eine Millionen Jahre dauernde Evolution hat dazu geführt, daß sich diese Tiere einer Umgebung angepaßt haben, in der jedes Jahr zur selben Zeit die Regenfälle einsetzen. Doch wegen globaler Klimaveränderungen ist auf den pünktlichen Beginn der Regenzeit kein Verlaß mehr. Und selbst eine kurze Verzögerung kann die riesigen Herden einer ganzen Region auslöschen.

In einem der *Postosuchus*-Schädel hat ein Skorpionweibchen seine Eier abgelegt. Es wacht an einer der leeren Augenhöhlen, um sie vor Räubern zu schützen. Als ein Schatten auf

KANNIBALISCHE DINOS

In der Ghost-Ranch-Fundstelle in Arizona wurden zwar Hunderte von *Coelophysis*-Skeletten freigelegt, aber zwei davon erregten ganz besondere Aufmerksamkeit. Ihre Bauchhöhlen waren gefüllt mit einer Ansammlung von Knochen, die von kleineren *Coelophysis*-Individuen stammten. Zunächst nahm man an, daß es sich dabei um Embryos handelte. Dagegen sprach allerdings, daß die Knochen alle durcheinander lagen und zudem offensichtlich zu Tieren gehörten, die für einen noch nicht geborenen Saurier zu groß und zu stark ausgebildet waren. Mittlerweile herrscht allgemeine Übereinstimmung, daß es sich bei diesen Knochen um die letzte Mahlzeit der erwachsenen *Coelophysis*-Exemplare gehandelt haben muß.

Auch unter heute lebenden Tieren ist Kannibalismus nicht ungewöhnlich: Er konnte bei 138 verschiedenen Spezies nachgewiesen werden. Übernehmen männliche Löwen ein Rudel, fressen sie alle Junge auf; Komodowarane betrachten sowohl Eier wie frisch geschlüpfte Artgenossen als jagdbare Beute, und viele kleine Säugetiere bringen ihre Jungen in Streßsituationen um.

Bei den innerhalb der Bauchhöhle dieses *Coelophysis* sichtbaren winzigen Knochen handelt es sich ganz offensichtlich um die Überreste eines jungen *Coelophysis*, der einem größeren Artgenossen zum Opfer fiel.

Der Ghost-Ranch-Fund ist kein Beweis dafür, daß Dinosaurier regelmäßig ihre eigenen Artgenossen fraßen. Der Fund könnte aber ein weiterer Hinweis darauf sein, daß für das Massensterben der *Coelophysis* eine anhaltende Trockenheit verantwortlich gewesen sein könnte. Erwachsene Krokodile fressen ihre kleineren Artgenossen ohne weiteres auf, weshalb junge Krokodile in sicherer Entfernung von ihren Eltern heranwachsen. In Notzeiten jedoch – wie z. B. bei einer Trockenheit – müssen Krokodile jeden Alters und jeder Größe auf eng begrenzten Flächen miteinander leben. Dann ist Kannibalismus durchaus an der Tagesordnung. Dies könnte auch in Ghost-Ranch passiert sein, als die lokale *Coelophysis*-Population unter der in der Trias herrschenden Trockenheit litt.

den Skorpion fällt, richtet er drohend seinen mächtigen Stachel auf. Das Tier, das sich ihm nähert, ist ein *Coelophysis*, der auf der Suche nach Nahrung ist.

Der Dinosaurier schlägt nach dem Skorpion, der sich jedoch in den Schädel zurückziehen kann. Als der *Coelophysis* mit der Schnauze weiter vordringt, schlägt ihm eine Wolke beißender Säure entgegen. Er zuckt zurück und reibt sich das Maul, seine Nüstern brennen unter dem Einfluß des ätzenden Sekrets, das der Skorpion zu seiner Verteidigung ausgestoßen hat. Irritiert schnaubt der *Coelophysis*, wendet seine Aufmerksamkeit aber sofort wieder dem Schädel zu und dringt mit der Schnauze tiefer hinein, um der widerspenstigen Beute doch noch habhaft zu werden. Der Skorpion beantwortet seine Bemühungen mit einer erneuten Säurewolke. Offenbar hat dieser Dinosaurier noch nie Bekanntschaft mit einem Skorpion gemacht, sonst würde er wahrscheinlich seiner Wege ziehen. Statt dessen unternimmt er einen erneuten Versuch. Als es ihm schließlich gelingt, sein Opfer aus dem Schädel zu ziehen, knackt er es mit den Zähnen auf. Doch der Nährstoffgehalt eines Skorpions ist kaum der Mühe wert.

Blutiges Geschäft: Ein erwachsener *Coelophysis*, der einem jungen Artgenossen den Garaus macht. Wenn diese Dinosaurier sich an den schwindenden Wasserlöchern sammeln, ist Kannibalismus an der Tagesordnung.

Auf die *Coelophysis*-Population hat die Dürre kaum Einfluß. Gestorbene Phytosaurier und verendete Tiere der *Placerias*-Herden verschaffen ihnen ausreichend Nahrung, auch Lungenfische spüren sie auf und graben sie aus. Aber es ist nicht allein das reichhaltige Nahrungsangebot, das sie so zahlreich überleben läßt. *Coelophysis* hat sich hervorragend an lange Trockenperioden angepaßt. Die überwiegende Mehrzahl der hier lebenden Tiere benötigt zum Überleben viel Wasser, unter anderem, um giftige Stoffwechselprodukte wie Ammoniak ausscheiden zu können. In Trockenzeiten große Mengen an Wasser als Urin auszuscheiden, bedeutet jedoch Verschwendung. *Coelophysis* hatte – wie alle Dinosaurier – die Fähigkeit entwickelt, sich der Stoffwechselabfälle in Form von Harnsäure zu entledigen, zu dessen Ausscheidung er kaum Wasser benötigte – in der Wüste ein erheblicher Vorteil.

Ein weiterer trockener Tag bricht an, und noch immer deutet nichts auf Regen hin. Eine kleine *Coelophysis*-Herde zieht das alte Flußbett hinunter und zerstreut sich zur Jagd. Zwei von ihnen geraten um einen zerstückelten Tausendfüßer in Streit. Ein Stück weiter unten am Flußbett hat sich ein einzelner, noch nicht ausgewachsener *Coelophysis* unter einer Cykadee verborgen. Die Herde kommt näher. Der junge Saurier erkennt die Gefahr, in der er schwebt. Sogar in weniger harten Zeiten werden ausgewachsene Tiere zu Kannibalen an kleineren Artgenossen. Plötzlich gerät der junge Dinosaurier in Panik und flieht. Sofort setzen ihm zwei der großen Räuber nach, einer erwischt ihn am Schwanz und schleudert ihn durch die Luft. Als er zu Boden fällt, versucht er sofort wieder auf die Beine zu kommen, doch vergebens, in seinen Nacken graben sich bereits die scharfen Zähne seines Artgenossen. Kaum hängt der Körper des jungen *Coelophysis* leblos im Maul des Älteren, als schon der zweite Saurier danach schnappt und daran zerrt. Nun ist es an dem erfolgreichen Jäger, den Schutz des Buschlandes zu suchen, um seine Beute nicht an die restliche Herde zu verlieren, die bereits zu seiner Verfolgung angesetzt hat. Er wird seine Beute energisch verteidigen müssen.

Unter normalen Umständen hätten sich die *Coelophysis*-Herden um diese Jahreszeit mit der kurz vor den Regenfällen einsetzenden Paarungszeit bereits aufgelöst. Doch es sind zunächst allein die Weibchen, die mehr und mehr ein Einzelgängerdasein führen, während die Männchen in großen Gruppen zusammenbleiben. Ein paar Weibchen haben sich bereits erfolgreich gepaart, sie werden aber auf das Einsetzen der Regenfälle warten, ehe sie ihre Eier legen. Weibchen, die sich nicht paaren konnten, sind nicht selten den Angriffen von Horden der Männchen ausgesetzt, bei denen sie schwere Verletzungen davontragen können. Die einzige Erklärung für dieses merkwürdige Verhalten ist wohl die, daß auf diese Weise schwächere Tiere ausgesondert werden.

Endlich Wasser

FEBRUAR – ENDE DER DÜRRE

306 Tage nach dem letzten Regen schlägt mit einem Mal der Wind um. Er kommt nun aus südlicher Richtung. Nach und nach wird die Luft feuchter und große graue Wolken ziehen über das Hochland von Mogollon. Schon bald verdecken sie die Sonne, und am Horizont durchschneiden Blitze die graue Luft. Der Wind wird stärker, die Böen erreichen Geschwindigkeiten von bis zu 150 Stundenkilometern. Er reißt an den trockenen Pflanzen und wirbelt riesige Staubwolken auf. Große Regentropfen kündigen einen sintflutartigen Regenfall an, und binnen Minuten beginnen sich die ausgetrockneten Bach- und Flußläufe zu füllen. Eine halbe Stunde nach dem Einsetzen des Regens schießt eine Woge aus Schlamm, Geröll und Wasser das Flußbett hinunter. Nur wenigen *Coelophysis*-Exemplaren gelingt es zu entkommen – Hunderte werden stromabwärts gespült und unter Tonnen von Schwemmsand in den tiefer gelegenen Sümpfen begraben.

Auch einige Phytosaurier werden vom Schwemmsand begraben. Aber die meisten Tiere, die die Trockenzeit überlebt haben, konnten bei den ersten Regentropfen ihre Zufluchtsorte verlassen, und da sie gute Schwimmer sind, überleben sie die Flut.

An einer steilen Böschung über dem Fluß hat das Cynodontier-Paar einen neuen Bau errichtet, der lediglich über eine weit aus dem Boden ragende Wurzel zu erreichen ist. Und wenn auch das Wasser des anschwellenden Flusses schließlich bis an seinen Eingang reicht, liegt der Bau selbst doch so hoch, daß keine Gefahr besteht. Die hier in großen Mengen vorkommenden Coelurosaurier haben die Cynodontier noch nicht entdeckt, so daß sie ungestört erneut brüten können. Das Weibchen trägt bereits in seinem Körper drei winzige Eier. Als der Regen drei Tage später aufhört, kann das Männchen endlich wieder zur Jagd aufbrechen.

Nach einer Viertelstunde kehrt er mit einem schlanken Reptil im Maul zum Bau zurück. Es ist ein junger *Coelophysis*, zu Beginn der Regenzeit die vermutlich häufigste Beute. Er und seine Partnerin werden viele dieser kleinen Kreaturen benötigen, um ihren Hunger zu stillen. Daher bricht der Cynodontier bereits nach kurzer Zeit wieder zur Jagd auf.

In den nächsten Wochen füllt sich das Flußtal mit Leben. Schachtelhalme und Farne, deren Wurzeln tief in der roten Erde überlebt haben, beginnen zu wachsen. Insekten und Krustentiere haben im frischen Wasser für Nachwuchs und damit für ein reichliches Angebot an Nahrung gesorgt,

das auch die Fische aus den tiefer gelegenen Sümpfen stromaufwärts gelockt hat. Allein die *Placerias*-Herden haben ihren Weg nicht in der gewohnten Anzahl zurückgefunden. Eine kleinere hat sich zwar wieder im Buschland niedergelassen, doch im Vergleich zum Vorjahr ist ihre Population empfindlich geschrumpft. Gleichzeitig hat ein anderer Pflanzenfresser die frei gewordene Nische besetzt und sich kräftig vermehrt.

»*Plateosaurus* kann Baumäste abweiden, die selbst große Tierarten bisher nicht erreichen konnten. Und aufgrund seiner Verdauungsorgane kann er sich auch die härtesten Pflanzenbestandteile einverleiben.«

Im Flußtal kündigt das unüberhörbare Geräusch zersplitternder Zweige die Ankunft einer *Plateosaurus*-Herde an. Es ist kaum zu glauben, daß diese Tiere mit *Coelophysis* verwandt sind. Sie haben lange Schwänze und können sowohl auf allen vieren als auch aufrecht auf den Hinterbeinen gehen. Aber damit erschöpft sich auch schon die Ähnlichkeit zwischen ihnen und *Coelophysis*. Ein ausgewachsener *Plateosaurus* kann bis zu neun Meter lang werden und über zwei Tonnen wiegen. Zu diesem Zeitpunkt ist *Plateosaurus* das größte landlebende Tier überhaupt.

Der Schädel, getragen von einem langen Hals, ist im Vergleich zum Körper sehr klein. Die Zähne sind wie bei einer Säge eingekerbt und damit bestens geeignet, selbst die härtesten Pflanzen zu zerkleinern. Größe und Reichweite von *Plateosaurus* machen das Abweiden fast aller Gewächse möglich, von niedrig wachsenden Farnen bis hin zu Baumzweigen, die sich in vier Metern Höhe befinden. Mit ihren kräftigen Greifhänden können die Tiere sich außerdem Zweige zum Maul führen. Ihre Körpergröße verleiht ihnen aber auch noch einen weiteren Vorteil – sie verfügen über größere Verdauungsorgane, und das Futter bleibt länger als bei anderen Tieren in den Verdauungsorganen, wodurch mehr Nährstoffe verwertet werden können.

Plateosaurus hat sich perfekt an die Vegetation Pangaeas angepaßt. In der Trias sind die Koniferengewächse zur vorherrschenden Baum- und Buschart des Kontinents geworden. Die Blätter sind hart und häufig giftig, und viele Baumarten wachsen zu hoch, um von Reptilien wie *Placerias* abgeweidet zu werden.

Diesen veränderten Bedingungen trägt die Entwicklung der Dinosaurier Rechnung. *Plateosaurus* kann Baumäste abweiden, die selbst große Tierarten bisher nicht erreicht haben. Und aufgrund seiner Verdauungsorgane kann er sich auch die härtesten Pflanzenbestandteile einverleiben. Sogar ganze Bäume von mehr als vier Metern Länge sind nicht vor ihm sicher. Wenn ein *Plateosaurus* Hunger auf Blätter hat, die sich außerhalb seiner Reichweite befinden, bringt er einfach den ganzen Baum zu Fall, um an sein Ziel zu gelangen.

Ungefähr 20 ausgewachsene bzw. fast ausgewachsene Tiere umfaßt die Herde, deren zerstörerisches Vorgehen im Wald viele der hier lebenden Tiere auf-

GEGENÜBERLIEGENDE SEITE **Titanen der Trias: Zwei ausgewachsene *Plateosaurus*-Exemplare »planieren« sich einen Weg durch einen Araukarienhain. Die sanftmütigen Herbivoren sind die größten an Land lebenden Tiere dieser Zeit. Mit über zwei Tonnen Gewicht macht ihre bloße Größe einen Angriff auf sie unmöglich.**

schreckt. Eine *Coelophysis*-Gruppe flieht das Ufer entlang, als ein ausgewachsenes *Plateosaurus*-Weibchen durch das Unterholz bricht. Seine Körpergröße und die langen Klauen an den Vorderarmen schützen es vor einem *Coelophysis*-Angriff. Selbst eine ganze *Coelophysis*-Herde würde kaum eine Bedrohung für einen *Plateosaurus* darstellen. Das Weibchen durchquert den Fluß, und der Rest der Herde folgt ihm. Die empfindlichen Nasen haben den Geruch von Cykadeenfrüchten aufgenommen, und die Saurier sind Experten darin, diese nährstoffreichen Früchte aus den Baumkronen zu pflücken, ehe sie herabfallen, womit sie am Boden grasende Tiere, ganz besonders *Placerias*, um ihre jährliche Ernte bringen.

In der Abenddämmerung sind am Flußufer außer Phytosauriern nur noch *Plateosaurus* und der ein oder andere mißtrauische *Coelophysis* anzutreffen – eine Situation, die repräsentativ ist für ganz Pangaea: Die Dinosaurier sind auf dem besten Wege, das Leben auf dem Land zu dominieren. Ihre Anzahl und Artenvielfalt haben in den letzten vier bis fünf Millionen Jahren beständig zugenommen. Und die Dinosaurier werden immer größer. Ihre leichten Knochen sowie der aufrechte Gang schaffen ideale Voraussetzungen für ein Leben an Land. Diese Entwicklung wird sich weiter fortsetzen und ihnen einen enormen Vorteil in den wilden Landschaften der Trias verschaffen.

Die Ordnung einer neuen Welt: Ein *Postosuchus* findet seinen Meister, als ein riesiger *Plateosaurus* ihn vom Fluß vertreibt. *Plateosaurus*-Herden sind im Hochland zunehmend häufiger anzutreffen, ebenso wie zahlreiche andere Dinosaurierarten.

VOR 155 MILLIONEN JAHREN

Die Zeit der Titanen

2

VOR 155 MILLIONEN JAHREN. Wir befinden uns im ausgehenden Jura, die Dinosaurier sind seit etwa 70 Millionen Jahren die dominierenden Lebenswesen. Der riesige Kontinent Pangaea wird bald vom Tethys-Meer in zwei Landmassen gespalten werden – Laurasia im Norden und Gondwana im Süden. Während das Klima in den Äquatorregionen noch immer sehr trocken und durch Jahreszeiten bestimmt ist, sind die beiden Kontinente zu den Polen hin bedeutend feuchter. So konnten große Koniferenwälder entstehen, die sich über Tausende von Kilometern erstrecken. Diese Wälder werden von einer unendlichen Vielzahl kleiner Dinosaurier und Pterosaurier bevölkert. Dazu sind neue Insektenarten getreten sowie verschiedene Amphibien, darunter Frösche und Salamander. Die Säugetiere tragen inzwischen ein dichtes Fell und gebären lebende Junge. Noch aber existieren nur relativ wenige Arten, die überdies in der Mehrzahl Insektenfresser sind.

Leben in der Ebene: Eine *Diplodocus*-Herde zieht an einem *Stegosaurus*-Bullen vorbei. Der Araukarienhain ist durch das zerstörerische Freßverhalten zahlreicher Sauropodenherden stark gelichtet.

Doch nicht alle feuchten Landstriche des Juras sind von Wäldern bedeckt. In manchen Gegenden sind weite Regionen mit niedrig bewachsenem Buschland entstanden. Urheber für dieses Phänomen ist eine Gruppe von Pflanzenfressern, die den Jura nachhaltig beeinflußt. Es sind die verschiedenen Arten der größten je existierenden Dinosaurier – die größten bis zu 70 Tonnen schwer und 45 Meter lang –, die alle zur Gruppe der Sauropoden gehören. In Herden von 30 und mehr Tieren durchstreifen sie die Ebenen von Laurasia und Gondwana und zerstören die Vegetation – was sie nicht fressen, trampeln sie nieder. Zum ersten Mal in der langen Geschichte der Erde üben Tiere einen derartig nachhaltigen Einfluß auf die Umwelt aus.

Ein lebendes Pflanzenfossil: *Ginkgo biloba* ist der einzige Nachfahre einer Baumgruppe, die während des Mesozoikums ihre Blüte erlebte.

DER TRIUMPH DER DINOSAURIER

AM ÜBERGANG VON der Trias zum Jura fand ein Massensterben von erheblichen Ausmaßen statt. Wir wissen immer noch nicht genau, was das Aussterben so vieler landlebender und mariner Spezies verursacht hat, aber viele Paläontologen sind der Meinung, daß genau in diesem Vorgang der Schlüssel für die Evolution der Dinosaurier liegt. Obwohl die Dinosaurier bereits in der ausgehenden Trias eine erstaunliche Artenvielfalt entwickelt hatten, wurden sie doch erst im frühen Jura zu den dominierenden landlebenden Tieren. Nach dem Massensterben der Trias waren – nach allem, was wir heute von der Katastrophe wissen – Klima, Landmassen und Vegetation einem erheblichen Wandel unterworfen, die Dinosaurier aber verloren ihre dominante Stellung nicht.

Der Jura stellt eine Zeit des Übergangs dar. Zu Beginn dieses Erdzeitalters war das globale Klima noch überwiegend von Trockenheit bestimmt, und Prosauropoden waren die dominanten Pflanzenfresser. Allmählich wurde das Klima auf der Erde, vor allem in den höheren Breiten, jedoch zunehmend feuchter, und die großen Sauropoden setzten sich durch. Sauropoden waren vierbeinige Herbivoren mit langen Hälsen und Schwänzen, und ganz offensichtlich verfügten sie über die notwendigen Eigenschaften, um sich den Bedingungen des späteren Juras anzupassen. Obwohl Pangaea allmählich auseinanderbrach, gab es noch immer riesige Landmassen, und die Tier- und Pflanzenvergesellschaftungen der Erde ähnelten einander recht stark. Dennoch tauchten in dieser Zeit die ersten Anzeichen regionaler Unterschiede auf – in China entwickelten sich einzigartige Tiere, und die Floren des Südens und des Nordens begannen ein unterschiedliches Aussehen anzunehmen.

Unter den zunehmend feuchter werdenden Klimabedingungen dominierten vorrangig Farne und Koniferen die Habitate. Dichte Wälder

Die Evolution der Amphibien beginnt vor beinahe 400 Millionen Jahren. Frösche, wie dieser Hamilton-Frosch aus Neuseeland, und Salamander stellen bereits recht weit entwickelte Formen dar, die sich erst im Mesozoikum herausbildeten.

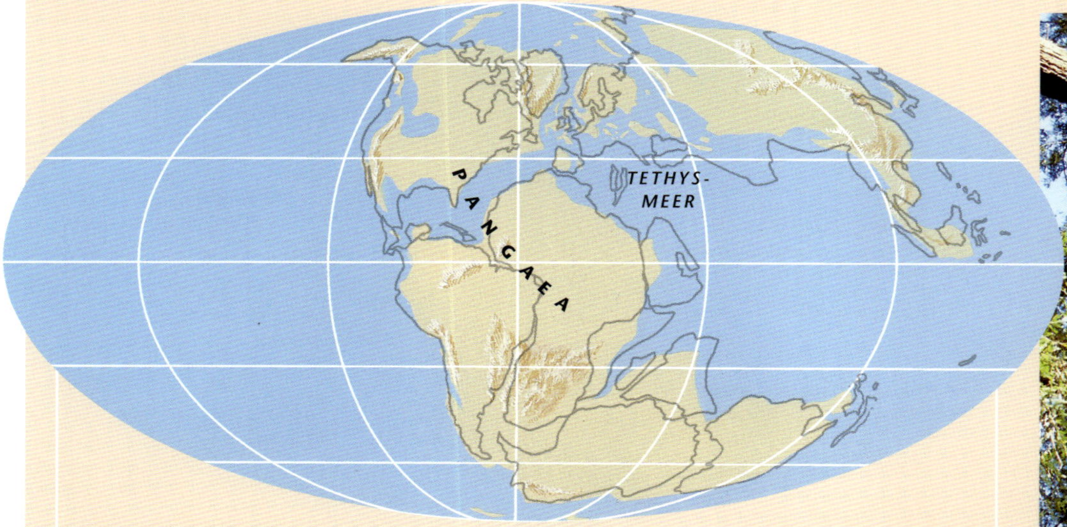

Fast den ganzen Jura hindurch erstreckte sich der riesige Kontinent Pangaea als geschlossene Landmasse von Pol zu Pol. Doch gegen Ende des Erdzeitalters tauchten die ersten größeren Risse auf, die eine Teilung des Kontinents zur Folge hatten. Nordamerika driftete von Afrika weg nach Nordwesten. Ursache dafür sind Bewegungen im Erdinnern, die noch immer wirksam sind und dafür sorgen, daß der Atlantik breiter wird. An der Westküste von Pangaea drangen, bedingt durch die Kontinentalbewegungen, die Wasser des Tethys-Meeres ins Landesinnere vor und teilten die riesige Landmasse schließlich in eine Nord- und eine Südhälfte. Dennoch zeigte die sich weltweit auf den voneinander isolierten Kontinenten entwickelnde Flora und Fauna noch immer erstaunliche Ähnlichkeiten. Die Ausbildung spezifischer Arten für einzelne Regionen fand erst in der Kreidezeit statt.

entstanden. In den höheren Breiten auf der nördlichen Halbkugel wuchsen Mammutbäume und Gingkos, im Süden Steineiben. Die Äquatorregionen blieben weiterhin trocken und jahreszeitlich bestimmt. Die Bennettiteen brachten eine große Vielzahl von Arten hervor, entwickelten sich aber niemals zu Bäumen, sondern fanden weite Verbreitung als niedrig wachsende Büsche. Die Pflanzen der vermutlich auffälligsten Bennettiteengruppe, der *Cycadeoidea*-Gruppe, waren kleinwüchsig und faßförmig. Um die Spitze des Stammes trugen die Pflanzen blütengleiche Strukturen zur Insektenpollination. Diese Gruppe verschwand in der späten Kreidezeit, als Blütenpflanzen die Erde zu beherrschen begannen.

Der Jura erlebte die Entstehung vieler Tiergruppen, die auch heute noch existieren. Unter den Insekten entstanden zuerst die drei größten Ordnungen – Käfer, Wespen und Fliegen. Aber auch Frösche, Salamander, Molche und Eidechsen können bis in diese Zeit zurückverfolgt werden. Die säugetierähnlichen Cynodontier überlebten bis in den frühen Jura, wurden dann aber von echten Säugetieren abgelöst, die sich als kleine Pelztiere von Insekten ernährten. Das Massensterben am Ende der Trias hatte alle Phytosaurier ausgelöscht, an ihre Stelle traten verschiedene Krokodile, die nicht nur in Süßwasserlebensräumen, sondern auch zu Lande und im Meer erfolgreich waren. Von allen diesen neuen Gruppen war vielleicht die der Vögel die herausragendste. *Archaeopteryx*, der älteste bekannte Vogel, taucht im ausgehenden Jura auf und verfügt bereits über Federn und Flügel (s. S. 188).

Unterdessen hatten die Pterosaurier den Himmel erobert – eine Gruppe, die zahlreiche bizarre Spezies hervorbrachte. Auf dem Land hatten sich auch die Dinosaurier weiterentwikkelt und waren erheblich größer geworden. Die Abkömmlinge von *Coelophysis* wurden zu mächtigen Raubtieren, aber es war auch eine neue Gruppe von Carnivoren entstanden, die die Räuber der Kreidezeit dominieren sollte. Aus diesen sogenannten Tetanuren gingen nicht nur die Vögel und der gigantische *Allosaurus* hervor, sondern später auch die Panzerdinosaurier und schließlich der allmächtige *Tyrannosaurus*. Die Raubtiere mußten immer größter und kräftiger werden, weil auch ihre potentiellen Opfer keine leichte Beute mehr waren. Im Jura entwickelten sich nicht nur die Panzerdinosaurier, sondern auch die Stegosaurier, die zu ihrer Verteidigung eine Vielfalt todbringender Stacheln einsetzen konnten. Und dann natürlich die Sauropoden, deren Schutz darin bestand, daß sie zu Giganten heranwuchsen.

Obwohl sich alle Sauropoden in ihrer äußeren Gestalt ähnelten, gab es geringfügige Unterschiede zwischen den einzelnen Gattungen. *Brachiosaurus*, *Diplodocus*, *Apatosaurus* und *Camarasaurus* hatten jeweils eigene Formen des Weidens entwickelt und scheinen nebeneinander in den Steppen des Juras gelebt zu haben. Ihr Einfluß auf die Umwelt wird enorm gewesen sein – ähnlich wie die Elefanten heute dürften sie die Vegetation ganzer Regionen weitgehend beeinflußt haben.

In den Meeren gediehen riesige Reptilien. Die Artenvielfalt der Ichthyosaurier ging nach und nach in dem Maße zurück, wie die Plesiosaurier erfolgreich waren.

Insekten wie diese Riesenflorfliege paßten sich dem Leben unter räuberischen Flugsauriern und Vögeln an. Die Augenpunkte könnten dazu gedient haben, Angreifer zu verwirren.

Die dominanten Bäume jener Zeit waren Koniferen. Zu ihnen gehören die Mammutbäume, die ähnlich den hier abgebildeten kalifornischen Redwoods so groß wurden, daß selbst die gigantischen Sauropoden dagegen klein wirken mußten.

Dieser versteinerte Koniferenzapfen ist nahezu identisch mit denen moderner Arten. Die Zapfen vieler Koniferenarten reifen vor allem an den oberen Ästen – möglicherweise eine evolutionäre Anpassung, um den Dinosauriern das Abweiden der Früchte unmöglich zu machen.

Kinder des Waldes

DAS ERSTE JAHR – IM WALD

Auf den ausgedehnten Ebenen im Westen von Laurasia wird die aufgehende Sonne vom morgendlichen Bellen und Grunzen eines Chors von Dinosauriern begrüßt. Einst befand sich hier das Sundance-Meer, ein seichtes Gewässer, das sich Hunderte von Kilometern weit nach Norden erstreckte, inzwischen aber ausgetrocknet ist. Jetzt bedecken niedriges Buschwerk, Farne und Bennettiteen die Ebene. Hier und dort, vor allem entlang der nur in der Regenzeit Wasser führenden Flüsse, durchbrechen kleine, wie Inseln wirkende Wäldchen aus Frauenhaar, Koniferen und Cycadeen die Monotonie der Landschaft.

ALS GRÖSSE ENTSCHEIDEND WAR

AUSSAGEKRÄFTIGE FOSSILIENFUNDE für die meisten Zeitabschnitte des Juras gibt es nur wenige. Erst das Ende dieser Periode ist durch einige hervorragende Fundstätten in den Vereinigten Staaten, Tansania und China gut dokumentiert. Der Großteil der in diesem Kapitel beschriebenen Tiere wurde in der Morrison-Formation in den USA gefunden (s. S. 108), eine der am besten erforschten Fundregionen der Welt. Die Vielfalt der hier gefundenen Fossilien spiegelt ziemlich genau den Artenreichtum des Juras wider. Die pflanzenfressenden Dinosaurier wurden von riesigen Sauropoden dominiert. Untergeordnet gab es verschiedene gepanzerte *Stegosaurus*-Arten. Neben kleineren Fleischfressern hatte sich angesichts der überreichen Beute auch eine Gruppe riesenhafter Raubtiere entwickelt. Die meisten Dinosaurierarten lebten aufgrund ihrer Körpergröße in den offenen Ebenen.

Im ausgehenden Jura herrschten im Westen des heutigen Nordamerika weite, offene Ebenen vor, die durch das Zurückweichen des Sundance-Meeres entstanden waren. Das Kordilleren-Hochland, wurde später durch die Rocky Mountains verdrängt.

DIPLODOCUS

Der längste Vertreter der Sauropoden, im Vergleich zu einigen anderen Arten jedoch ein Leichtgewicht. Der außergewöhnliche, peitschenartige Schwanz machte einen gut Teil seiner Länge aus. Lebte in Herden von 20 und mehr Tieren zusammen, die nur aus erwachsenen und fast erwachsenen Tieren bestanden. Große, schwere Schuppen schützten den Rücken, über den außerdem eine lange Reihe von Stacheln verlief.

NACHWEIS: Fünf Skelette ohne Schädel und einige Schädel mit Skelettfragmenten. Vier verschiedene Spezies wurden anhand der Funde in der Morrison-Formation in Wyoming und Colorado beschrieben.

GRÖSSE: Länge bis zu 30 Metern, Gewicht annähernd 20 Tonnen. 5 Meter Hüfthöhe. Allerdings sind auch Knochen gefunden worden, die sogar auf eine Gesamtgröße von 45 Metern und ein Gewicht von 30 Tonnen schließen lassen. Diese Größenverhältnisse wurden für die Beschreibungen der älteren Tiere in diesem Kapitel zugrunde gelegt.

NAHRUNG: Vermutlich Pflanzen, die mit den stiftförmigen Zähnen abgestreift werden konnte. *Diplodocus* bevorzugte überwiegend niedrig wachsende Pflanzen, daher müssen Farne einen Großteil der Nahrung ausgemacht haben.

ZEIT: Vor 155–145 Millionen Jahren.

BRACHIOSAURUS

Der eigentliche Gigant unter den Sauropoden, nicht so sehr wegen seiner durchaus beeindruckenden Länge oder Höhe, sondern allein wegen der puren Masse. Wie eine Giraffe war er in der Lage, hoch wachsende Pflanzenbestandteile zu erreichen, die Anordnung und Form der Zähne erlaubte ein effektives Abweiden.

NACHWEIS: Zwei Teilskelette aus der Morrison-Formation in Utah und Colorado, die bekannteste Art konnte anhand von Teilskeletten in den Tendaguru-Schichten in Tansania identifiziert werden.

GRÖSSE: Ca. 23 Meter lang, wogen die Tiere bis zu 70 Tonnen und konnten in einer Höhe von bis zu 13 Metern weiden. Schulterhöhe 6 Meter.

NAHRUNG: Wie *Diplodocus* vermutlich nicht sehr wählerisch, die Hauptnahrungsgrundlage dürfte jedoch aus den Nadeln und Früchten von Koniferen bestanden haben.

ZEIT: Vor 160–150 Millionen Jahren.

Auf dem niedrig bewachsenen Buschland sind Herden von Sauropoden zu erkennen, langhalsige Dinosaurier, die seit Millionen von Jahren das Landschaftsbild des Juras dominieren. Obwohl die Mitglieder der verschiedenen Sauropodenfamilien einander ähneln, unterscheiden sie sich in ihren Ernährungsgewohnheiten erheblich voneinander, so daß auf den Ebenen viele verschiedene Arten nebeneinander existieren können, ohne sich die Nahrungsquellen gegenseitig streitig zu machen. Begleitet werden die Herden von großen, kräftigen Raubtieren wie dem *Allosaurus*, die sich darauf spezialisiert haben, schwachen und verletzten Sauropoden aufzulauern.

Hier, in der offenen Weite des Buschlandes, ist die Überlegenheit dieser

STEGOSAURUS

Einzelgängerischer großer Pflanzenfresser mit charakteristischen Knochenplatten, die den Rükken schützten und sich bei der Zurschaustellung rot verfärbten. Das Tier verteidigte sich mit aus dem Schwanzende wachsenden, furcht gebietenden Stacheln.
NACHWEIS: Zahlreiche Funde dreier verschiedener Arten, darunter vollständig erhaltene Skelette sowie die von Jungtieren in der Morrison-Formation.
GRÖSSE: Bis zu 13 Meter lang, Gewicht etwa 7 Tonnen. Die Hüfthöhe betrug einschließlich der Knochenplatten ca. 7 Meter.
NAHRUNG: Graste niedrig wachsende Pflanzen, der kräftige Schnabel war geeignet auch die widerstandsfähigsten Gewächse anzugehen.
ZEIT: Vor 160–145 Millionen.

ALLOSAURUS

Der Löwe des Juras, größter Fleischfresser, der in der Morrison-Formation gefunden wurde. Ein geschickter Jäger mit langen, Enterhaken ähnelnden Krallen, dessen Beute vermutlich vor allem aus Sauropoden bestand.
NACHWEIS: Mehr als 60 vollständig und teilweise erhaltene Skelette wurden von Wyoming bis nach New Mexico in der Morrison-Formation gefunden.
GRÖSSE: Bis zu 12 Meter lang, Gewicht ca. 3 Tonnen.
NAHRUNG: Fleisch – in großen Mengen.
ZEIT: Vor 150–145 Millionen Jahren.

ORNITHOLESTES

Ein kleiner Fleischfresser mit langen Greifhänden, kleinem Kopf und konisch geformten Zähnen, der sich von kleineren Tieren und Aas ernährte. *Ornitholestes* war besonders in dicht gewachsener Vegetation ein äußerst geschickter Jäger.
NACHWEIS: Ein Schädel und das dazugehörige Skelett wurden in der Morrison-Formation Wyomings gefunden.
GRÖSSE: Ca. 2 Meter lang und 40 Kilogramm schwer.
NAHRUNG: Kleine Säugetiere, Eidechsen und Insekten, gelegentlich auch Aas.
ZEIT: Vor 155–145 Millionen Jahren.

ANUROGNATHUS

Winziger Pterosaurier mit kurzem Kopf und nadelförmigen Zähnen, mit denen er Insekten fing. Wenngleich er zur Gruppe der langschwänzigen Pterosaurier gehörte, verfügte er nur über einen vergleichsweise kurzen Schwanz, der ihm zu größerer Beweglichkeit verhalf, um nach Beute zu jagen.
NACHWEIS: Lediglich ein Skelett wurde in den Solnhofener Plattenbalken in Bayern gefunden. Im vorliegenden Kapitel wurde er im amerikanischer Westen angesiedelt.
GRÖSSE: Bei einer Flügelspanne von 50 Zentimetern maß der Körper nur 9 Zentimeter. Das Gewicht kann kaum mehr als ein paar Gramm betragen haben.
NAHRUNG: Insekten. Libellen dürften allerdings zu groß für ihn gewesen sein
ZEIT: Vor 155–145 Millionen Jahren.

Giganten unter den Dinosauriern deutlich zu erkennen. Doch es gibt auch Lebensräume, in denen sie weniger erfolgreich sind. Am Rande der Ebene, dort, wo das Land ansteigt und die Ausläufer der Kordilleren beginnen, geht das Buschland in dichte Wälder aus Frauenhaar und Koniferen über, in denen nicht nur Insekten, Säugetiere und Amphibien ideale Lebensbedingungen vorfinden, sondern auch kleinere, pflanzenfressende Dinosaurierarten. Selten länger als zwei Meter, ernähren sich diese flinken Bipeden vor allem von jungen Sprößlingen im Unterholz. Große Raubtiere sind hier kaum anzutreffen – die dichte Vegetation schränkt ihre Bewegungsfreiheit zu sehr ein. In den Wäldern überlebt, wer schnell und beweglich ist, Stärke spielt hier nur eine untergeordnete Rolle.

Am Waldrand fällt das Licht der aufgehenden Sonne auf einen eleganten *Ornitholestes*, der seine Morgentoilette erledigt. *Ornitholestes* ist eher klein, mißt inklusive des extrem langen Schwanzes nur etwa zweieinhalb Meter. Das immer hungrige Raubtier mit seinem vergleichsweise kleinen Kopf und den konisch

Kaltblütiger Killer: *Ornitholestes* – hier ein sich zur Schau stellendes Weibchen – ist ein in den Wäldern der Kordilleren häufig anzutreffendes Raubtier. Obwohl nur etwa zwei Meter lang, ernähren sie sich nicht nur von Säugetieren und Eidechsen, sondern stellen auch eine Bedrohung für junge Dinosaurier dar.

geformten Zähnen jagt zumeist kleine Eidechsen und Säugetiere, die unter den Farnen im Innern des Waldes leben. Auffällig sind vor allem die farbenprächtigen Schuppen, die seinen Körper zieren. Vom Hinterkopf bis auf die Schultern herab sind sie so lang, daß *Ornitholestes* sie aufstellen kann. Mit diesem Imponiergehabe versucht er nicht nur, größere Raubtiere zu beeindrucken, sondern sich auch während der Paarungszeit vor potentiellen Partnerinnen zur Schau zu stellen.

Auf dem umgestürzten Stamm eines großen Baumes stehend, zieht er prüfend die Morgenluft durch seine Nase ein. Ein Lichtstrahl fällt durch das 70 Meter über ihm schwebende Blätterdach und läßt seinen leuchtend blauen Kopfschmuck weithin erkennen. Der Waldrand birgt Gefahren – die größeren, auf der Ebene lebenden Raubtiere könnten den *Ornitholestes* hier leicht entdecken. Und trotzdem hat sich der Saurier aus den höher gelegenen Wäldern herunter gewagt, er wittert reiche Beute. Er läuft den Stamm entlang und zieht sich in den Schatten zurück. Dann wartet er, die äußerst beweglichen Arme mit ihren langen Greifkrallen an den Körper gelegt.

Der Waldboden ist hier nahezu unbewachsen. Vor sechs Monaten hat der nahe gelegene Fluß die Waldränder unter Wasser gesetzt und dabei Tonnen von Schwemmsand abgelagert. Die ausgewachsenen Mammutbäume haben dies unbeschadet überstanden, weil sie schnell Wurzeln durch die erstickende Schlammschicht aufwärts getrieben haben. Aber es wird noch geraume Zeit dauern, bis die das Unterholz bildenden Pflanzen sich erholt haben werden. Aufmerksam beobachtet der *Ornitholestes* die scheinbar leblose Umgebung.

Plötzlich beginnt sich die dünne Schicht aus Baumnadeln, die sich über den Schwemmsand gelegt hat, zu bewegen. Zunächst auf nur eine einzige kleine Stelle beschränkt, ist diese Bewegung schon bald an verschiedenen Punkten zu beobachten. Unmengen kleiner Tiere scheinen sich aus dem Boden graben zu wollen. Schließlich werden die Nadeln beiseite geschoben, und ein an einem langen, dünnen Hals sitzender Kopf schiebt sich hervor, um seinen ersten Atemzug zu tun. Darauf hat der *Ornitholestes* gewartet. Er springt vom Baumstamm und schießt auf das unglückliche kleine Tier zu. Seine Klauen schließen sich um den Kopf des Opfers und ziehen es mit einem Ruck aus dem Erdboden.

Es ist ein gerade aus seinem Ei geschlüpfter *Diplodocus*, das Junge des größten und elegantesten Vertreters der Sauropoden. Obwohl Hals und Schwanz bei den Neugeborenen noch vergleichsweise kurz sind, bringt es das Junge bereits auf eine Länge von einem Meter. An dem grün und braun gefleckten Körper klebt noch Eimembran, doch der Kampf ums Überleben ist bereits verloren. Es hat keine Chance gegen den *Ornitholestes*, der es mit einem einzigen, raschen Biß in den Nacken tötet.

Der Tod des Jungen ist Teil einer Strategie, die das Überleben dieser Art sichert. Während sich das Raubtier daran macht, das Sauropodenjunge zu verschlingen, beginnen sich überall auf der Lichtung weitere frisch geschlüpfte *Diplodocus*-Junge aus der Erde zu schieben. Bald kriechen annähernd 100 Junge über den Waldboden – nicht einmal ein Dutzend Beutejäger könnte so viele Tiere fressen. Und obwohl der Geruch der Jungen auch noch andere Fleischfresser anziehen wird, ist durch das gleichzeitige Schlüpfen entlang des Waldrandes gewährleistet, daß sie sich immer in der Überzahl befinden. Annähernd 2000 *Diplodocus*-Junge schlüpfen an einem einzigen Tag, von denen etwa ein Viertel Raubtieren zum Opfer fallen wird.

Es ist drei Monate her, daß eine *Diplodocus*-Herde hier Eier abgelegt hat. *Diplodocus* ist zwar vor allem ein Bewohner der offenen Ebenen, Nester aber legen die Tiere auf Lichtungen am Waldrand an. Der kurz zuvor über die Ufer getretene Fluß hatte für ideale Bodenbedingungen gesorgt. Jedes ausgewachsene Weibchen hatte sich eine Lichtung gesucht und etwa 100 große, mit einer festen

Schale versehene Eier gelegt, diese dann aber ihrem Schicksal überlassen, um sich wieder der Herde anzuschließen.

Sauropoden wachsen so lange in ihren Eiern heran, bis ganz einfach kein Platz mehr ist. Hals und Schwanz sind S-förmig gebogen, um mit dem vorhandenen Raum auszukommen. Nach dem Schlüpfen müssen sie sich durch eine ein Meter dicke Sandschicht graben, um das Tageslicht zu erreichen. Schon an dieser ersten Hürde auf dem Weg in die Freiheit scheitern viele der Jungen. Wenn die Erdschicht, in die die Eier gelegt worden sind, derart austrocknet, daß ein Durchkommen durch den steinharten Boden unmöglich ist, kann zuweilen ein ganzes Gelege vernichtet werden. Die Wahl des Eiablageplatzes durch die Mutter ist daher von entscheidender Bedeutung. Sobald sich die Jungen ausgegraben haben, müssen sie sich sofort in Sicherheit bringen. Mit ihren kurzen Beinen können sie nicht sehr schnell laufen, und auf den offenen Lichtungen sind sie eine leichte Beute für Raubtiere. Daher suchen sie, sobald sie die Erdoberfläche erreicht haben, nach Deckung, wobei sie stets bergauf zu laufen ver-

Lebensanfang voller Gefahren: Wenn es ihnen endlich gelungen ist, aus dem vom Muttertier vor der Eiablage gegrabenen Loch ans Tageslicht zu kriechen, sind die frisch geschlüpften *Diplodocus*-Jungen erschöpft. Auf der Lichtung kauernd, versuchen sie wieder zu Kräften zu kommen und sind dabei großen Gefahren, z. B. in Form von *Ornitholestes*, ausgesetzt. Überall lauern die Raubsaurier, wollen sie sich derart leichte Beute doch nicht entgehen lassen.

suchen. Dieses instinktive Verhalten führt dazu, daß sie den dichter bewachsenen Teilen des Waldes zustreben. In ihren Mägen befindet sich zudem ausreichend Dottervorrat, wodurch gewährleistet ist, daß sie mehrere Tage unterwegs sein können, ohne sich mit der Nahrungssuche aufhalten zu müssen. Dabei dringen sie tiefer und tiefer in die Hochwälder vor. Dort finden sie im dichten Unterholz genügend frische Pflanzentriebe und können sich unter dem schützenden Dach der Farndickichte vor Räubern verbergen.

Ihre ersten drei Lebensjahre verbringen die Sauropodenjungen im Schutz des dichten Hochwaldes. In dieser Zeit wachsen sie erstaunlich schnell heran. Nach Ablauf des ersten Jahres hat sich ihre Größe verdreifacht, und sie wiegen bereits nahezu eine halbe Tonne. Damit sind sie schon sehr bald größer als die meisten anderen Lebewesen des Waldes und vor Angriffen durch Räuber wie *Ornitholestes* sicher.

Fressen für die Zukunft: ***Diplodocus*-Jungtiere wachsen in einem erstaunlichen Tempo und nehmen innerhalb ihres ersten Lebensjahres ungefähr eine halbe Tonne an Gewicht zu. Schon bald nach dem Schlüpfen beginnen die Jungen mit der unermüdlichen Suche nach Nahrung.**

Auf der mit Flußsand bedeckten Lichtung ist es jetzt später Vormittag, und zwei weitere *Ornitholestes*-Exemplare sind aufgetaucht. Mehr als ein oder zwei Sauropodenjungen können sie nicht fressen. Trotzdem töten sie weiter die frisch geschlüpften Jungsaurier und lassen deren Kadaver auf der Lichtung liegen. Sie werden nicht imstande sein, all die Kadaver aufzufressen, und daher ist auch kaum zu erklären, warum das Töten weitergeht. Vielleicht ist es eine Jagdübung oder eine Art Spiel.

Am anderen Ende der Lichtung befreit sich ein weibliches Sauropodenjunges aus der Enge seines Eis und klettert ans Tageslicht. Einen Moment lang bleibt es reglos sitzen, um sich von der Anstrengung zu erholen, die gefleckte Haut mit Baumnadeln und Schwemmsand bedeckt. Mit seiner wesentlich dunkleren Hautfärbung hebt sich dieses Junge deutlich von den anderen ab. Plötzlich, wie auf ein geheimes Signal hin, beginnt es, in Richtung der Bäume zu laufen. Ein *Ornitholestes* blickt von dem Tier auf, das er gerade getötet hat, streckt seine Klauen aus und läuft ihm nach. Gerade als er das junge Weibchen erreicht hat, tauchen vor ihm zwei weitere Sauropoden auf. Der *Ornitholestes* bleibt stehen, wendet sich halb um, schlägt mit den Klauen nach einem von den beiden und tötet ihn. Das alles dauert zwar nur Sekunden, läßt dem Weibchen aber dennoch genügend Zeit, um die Lichtung zu verlassen und sich in den Schutz der ersten Farne zu flüchten, die die Grenze der überfluteten Region markieren.

Seinem Instinkt folgend, läuft das junge Weibchen bergauf, der Dunkelheit entgegen. Es ist, vom Boden aus gemessen, nur etwa 30 Zentimeter groß, so daß die riesigen Wedel der Königsfarne sich schon bald wie ein dichtes Dach über seinem Kopf schließen. Dann nimmt es einen Geruch wahr, der ihm schon auf der Lichtung begegnet ist – Raubtiergeruch. Es ist ein weiterer *Ornitholestes*, der auf der Suche nach Beute das Farndickicht durchstreift. Zwar kann er sein Opfer wittern, aufgrund des dichten Blattwerks aber nicht sehen. Deshalb bleibt er jetzt stehen, um Ausschau nach sich vielleicht bewegenden Farnwedeln zu halten, die das Junge verraten könnten.

Im Schutz der Farne reagiert das Sauropodenweibchen auf das Raubtier vollkommen anders als auf der offenen Lichtung. Sobald es den *Ornitholestes* gewittert hat, kauert es sich auf den Boden und verharrt dort reglos, Hals und Kopf flach an die Erde gedrückt. Die gefleckte Rückenhaut verleiht ihm vor dem Hintergrund von Moos und abgestorbenen Farnwedeln eine perfekte Tarnung. Auch dieses Verhalten ist angeboren – schließlich gibt es keine Eltern, die ihm derartige Überlebensstrategien vermitteln könnten. Aber es funktioniert. Obwohl *Ornitholestes* ein Waldjäger ist, der sich sowohl auf seinen Geruchs- wie auch den Sehsinn verlassen kann, und das Sauropodenjunge noch immer den charakteristischen Geruch der Eihaut an sich trägt, entdeckt er es nicht. Die Umgebung des Waldes ist ideal, um das Überleben einer derart schutzlosen Kreatur zu sichern. Auch nachdem der *Ornitholestes* wieder verschwunden ist, bleibt das junge Weibchen noch ein paar Minuten reglos liegen, bevor es die schützende Deckung aufgibt, um tiefer in den Wald einzudringen.

»Nach Ablauf des ersten Jahres hat sich die Größe eines *Diplodocus* verdreifacht, und er wiegt nahezu eine halbe Tonne.«

Der Hochlandwald von Laurasia ist die Kinderstube der riesigen Sauropodenherden des Flachlandes. Solange sie noch klein sind, leben die Jungen im dichten Untergehölz des Waldes. Hier finden sie ein reiches Nahrungsangebot, von Lebermoos über Bärlapp, Moosen und Pilzen bis hin zu verschiedenen kleineren Farnarten. Auch einige größere Pflanzen, wie der Königsfarn, tragen mit ihren nährstoffreichen Stengeln zum Wachstum der Jungen bei. Während das junge Weibchen weiter in den Wald vordringt, verringert sich der Dottervorrat in seinem Magen allmählich, so daß es schließlich darauf angewiesen ist, sich von diesen Pflanzen zu ernähren. Von jetzt an wird sich fast alles im Leben des Sauropoden ums Fressen drehen.

Abwesende Eltern

DAS ERSTE JAHR – IN DER EBENE

Während das Jungtier im Wald die ersten Überlebenskämpfe meistern muß, hat sich seine Mutter bereits fast 100 Kilometer von ihm entfernt. Sie gehört einer *Diplodocus*-Herde an, die unter der heißen Sonne des Juras zu einem Cycadeenhain gezogen ist, um dort nach Nahrung zu suchen. Unter allen Sauropoden ist *Diplodocus* vielleicht das eleganteste Tier. Selbst die alten Tiere wiegen nur etwa 25 Tonnen und damit halb soviel wie die wesentlich massigeren Brachiosaurier, werden aber doppelt so lang wie diese, nämlich 40 bis 45 Meter. Diese außerordentlichen Körpermaße verdanken sie nicht zuletzt einem extrem langen und beweglichen Schwanz, dessen drei bis vier Meter messendes Endstück einer dünnen Peitsche gleicht.

Außerdem zeichnet sich *Diplodocus* dadurch aus, daß er eine ganze Palette von Tönen hervorbringen kann. Mit diesen Tönen können die Tiere beim Fressen – die Köpfe tief in die Farne gesteckt – miteinander kommunizieren. Der eigenartigste dieser Töne wird von den Tieren einer Herde eher gefühlt als gehört. Es handelt sich dabei um ein sehr tiefes Brummen, dessen Schwingungen sich auf den Boden übertragen und auf diese Weise über die Füße wahrgenommen werden. Offenbar wird so der Zusammenhalt der Mitglieder einer Herde sichergestellt. Ihnen scheint zu genügen, wenn sie das Brummen der anderen spüren, sie müssen ihre Artgenossen nicht unbedingt optisch wahrnehmen. Die

Frequenz dieses Tons ist zu niedrig, als daß andere Tiere ihn hören könnten. In unmittelbarer Nähe der Herde jedoch bringt er den Boden und Pflanzen zum Vibrieren.

Das tiefste und lauteste Brummen geben die Weibchen ab, die die *Diplodocus*-Herden dominieren. Sie sind nicht nur größer als die Männchen, sondern werden meist auch älter. Eine kaum überraschende Tatsache, ist doch in einer Welt voller Raubtiere oft allein die Größe entscheidend. Zu der an diesem Tag in dem Cycadeenwäldchen grasenden Herde gehört ein riesiges altes Weibchen. Wesentlich größer als alle anderen Tiere der Herde, muß es mindestens 100 Jahre alt sein. Viele der Stacheln auf seinem Rücken sind beschädigt, und die Flanken ziert ein Muster aus Narben, die ihm Generationen von Raubtieren zugefügt haben. Doch jetzt, im hohen Alter, macht allein seine Größe das Tier nahezu unbesiegbar. Abgesehen von seltenen männlichen Alleingängern, lebt *Diplodocus* in Herden, um sich gemeinsam schützen zu können. Große, alte Weibchen sind ein Gewinn für jede Herde, bedeuten sie doch Sicherheit für die kleineren Tiere. Diese Herde besteht aus knapp 40 Sauropoden, von denen die meisten zwischen sechs und 15 Jahre alt sind; ganz junge Tiere allerdings sucht man vergeblich. Wenn die Herde in Bewegung ist, folgen die kleineren Tiere für gewöhnlich den größeren Weibchen. Wahrscheinlich um Schutz zu suchen, gehen sie manchmal sogar direkt unter ihren langen Schwänzen.

Rastlose Fresser: Die Leittiere einer *Diplodocus*-Herde nähern sich einem Cycadeenhain. Durch das Abweiden des zarten Grüns der Bäume werden die riesigen Pflanzenfresser den gesamten Baumbestand zerstören.

DIE WANDLUNG DES DIPLODOCUS

DAS POPULÄRE BILD von *Diplodocus* zeigt uns ein Tier, das seinen langen, schlangengleichen Schwanz über den Boden hinter sich herzieht. Die Haut ist wie die eines Elefanten glatt und nur mit kleinen Runzeln überzogen, der Hals aufwärts geschwungen, so daß der Dinosaurier in der Lage ist, Bäume abzuweiden. Neuere Funde haben dieses Bild grundlegend geändert. Heute ist man der Ansicht, daß starke, über den Rücken verlaufende Bänder den langen Körper – ähnlich wie bei einer Hängebrücke – in der Waagerechten gehalten haben. Die Gelenke zwischen den einzelnen Halswirbeln waren nicht sehr beweglich, so daß *Diplodocus* seinen Kopf lediglich in langen Kurven herumschwingen lassen konnte. Dies verschaffte ihm zwar einen großen Radius, machte aber eine seitliche Drehung des Halses um mehr als 90 Grad unmöglich. Am Ende des langen Halses saß ein zum Grasen abwärts gerichteter Kopf.

Der Schwanz strebte in die Höhe und weist – wie in den 80er Jahren des 20. Jahrhunderts formuliert wurde – eine verblüffende Ähnlichkeit mit einer Kutscherpeitsche auf. Im Ansatz sehr muskulös und zugleich flexibel, lief der Schwanz sich verjüngend in einer langen dünnen Spitze aus. Etwa 40 bis 50 kleine Wirbel setzten sich über einige Meter ohne erkennbare Funktion fort. Die letzten beiden Meter maßen lediglich 32 Millimeter im Durchmesser und wogen etwa 4 Kilogramm. Anhand von Computerstudien wurde folgendes deutlich: Durch die Muskeln des Schwanzansatzes ausgelöste Bewegungen setzten sich bis in das Schwanzende fort und ließen es mit Überschallgeschwindigkeit durch die Luft zucken. Dabei wurde vermutlich ein knallender Laut erzeugt, ähnlich dem einer Peitsche, jedoch etwa 2000mal so laut. Paläopathologische Untersuchungen der Schwanzbasis haben gezeigt, daß dort durch wiederholte Bewegungen Abnutzungsschäden aufgetreten sind. Es erscheint unwahrscheinlich, daß der Sauropode seinen Schwanz verwendete, um damit Raubtiere zu schlagen. Vermutlich haben die Tiere ihn für Drohgebärden, bei Paarungsritualen oder zur Kommunikation eingesetzt.

Neuere Erkenntnisse geben auch Aufschluß über die Haut von *Diplodocus*. Schwache Spuren im Gestein rund um die am besten erhaltenen Skelette lassen vermuten, daß der Rücken mit Hautstacheln bedeckt war. Im Gegensatz zu den anderen gepanzerten Dinosauriern waren diese nicht aus Knochen, sondern sahen eher wie der Kamm auf dem Rücken des heutigen Leguans aus. Die flachen Schuppen auf dem Rücken von *Diplodocus* bestanden aus etwa zehn Zentimeter hohen Höckern, und entlang der Mittellinie des Rückens verliefen bis zu 18 Zentimeter lange Stacheln.

Über Jahre hinweg zeigte das im Natural History Museum in London ausgestellte Skelett eines *Diplodocus* ein Tier, das seinen Schwanz auf dem Boden nach sich zieht. Erst vor kurzem wurde die Rekonstruktion korrigiert, so daß der Schwanz waagerecht über dem Boden schwebt.

Der extrem langgezogene Körper des *Diplodocus* spannte sich wie eine Hängebrücke über Vorder- und Hinterbeine. Die Dornfortsätze an den Wirbeln dienten zur »Aufhängung« des Körpers, und kräftige, über den Rücken verlaufende Bänder sorgten für die Entlastung von Nacken und Schwanz.

Das alte Weibchen hat die Herde zu dem Cycadeenwäldchen geführt, wo die Tiere jetzt grasen. Neben dem niedrigfrequenten Brummen produzieren die Tiere noch eine Reihe anderer Geräusche – Grunzlaute, die um so tiefer ausfallen, je größer der *Diplodocus* ist, sowie ein beständiges Zischen und Knallen, das sie mit ihren Schwänzen erzeugen.

Diplodocus verfügt über die Fähigkeit, seinen einer Peitsche ähnelnden Schwanz als hoch entwickeltes Kommunikationsinstrument zu verwenden, während der Kopf des Tieres 30 Meter entfernt mit der Nahrungsaufnahme beschäftigt ist. Vom Schwanzansatz gesteuert, kann das Schwanzende derart in Schwingungen versetzt werden, daß es wie eine Peitsche durch die Luft knallt. Wenn mehrere Mitglieder einer Herde diese Kommunikationsform anwenden, entsteht ein nicht unbeträchtlicher Lärm, der auch wie eine Abschreckungsmaßnahme gegen vermeintliche Feinde wirkt: Das aggressive Geräusch ihrer durch die Luft peitschenden Schwänze vertreibt viele ihrer Gegner. Darüber hinaus kommunizieren die Tiere einer Herde miteinander, indem sie sich gegenseitig mit den Schwänzen berühren. Offenbar beruhigt es die Tiere, wenn sie die Schwänze anderer Herdenmitglieder auf ihren Rücken spüren. Nur so ist zu erklären, daß ein *Diplodocus*, der sich isoliert fühlt, zunächst seinen Schwanz durch die Luft knallen läßt oder ein Grunzen ausstößt, um Aufmerksamkeit zu erregen, bevor er sich die Mühe macht, den Kopf zu heben und damit die Nahrungsaufnahme zu unterbrechen.

Unterlegt wird das Grunzen, Brummen, Zischen und Knallen von einem weiteren Geräusch, dem Gurgeln und Mahlen der äußerst aktiven Mägen der Tiere. Sauropoden verfügen über einen Verdauungsapparat, der den Lebensbedingungen auf ideale Weise angepaßt ist. Das riesige Organ erlaubt ihnen, selbst die unverdaulichsten Pflanzen zu sich zu nehmen und deren Nährstoffe zu verwerten. Im Magen eines *Diplodocus* findet mehr als eine Tonne pflanzlicher Nahrung Platz. Dazu kommen einige Kilogramm Steine, die benötigt werden, um die Nahrung hin und her zu wälzen und zu zermahlen. Die Verdauungstätigkeit ist deutlich zu hören und trägt zu den eigenartigen Geräuschen bei, die eine *Diplodocus*-Herde begleiten.

Das helle Grün junger Blätter hat die Herde zu dem Cycadeenhain gelockt. Für die meisten Pflanzenfresser stellen Cycadeen ein wenig verlockendes Nahrungsangebot dar. Ihre harte Rinde umgibt sie wie eine Rüstung, die Blätter sind dick und dornig. Überdies produzieren die Pflanzen verschiedene Gifte, um sich so unverdaulich zu machen, wie es geht. Die jungen Blätter allerdings sind weich und damit für Pflanzenfresser wesentlich attraktiver. Sie wachsen aus der Krone der Pflanze und werden von einem äußeren Ring älterer Blätter geschützt. Mit seinem langen Hals ist *Diplodocus* in der Lage, selbst an diese hoch

Verbotene Früchte: Kaum eine andere Pflanze schützt sich und ihre Früchte derart perfekt gegen weidende Tiere wie die Cycadee. Doch selbst Stacheln, eine extrem dicke Haut und Gift vermögen einen entschlossenen Sauropoden nicht von ihrem Genuß abzuhalten.

wachsenden jungen Blätter zu gelangen und sie von oben abzufressen. Die Dornen der älteren Blätter bleiben wirkungslos, befinden sich die empfindlichen Nüstern von *Diplodocus* doch in sicherer Entfernung auf dem Kopf. Die Cycadeen sind dazu übergegangen, das Blattgrün sehr schnell auszutreiben, um für Pflanzenfresser nicht allzu lange attraktiv zu sein. Zumindest bei diesem Wäldchen hat diese Strategie allerdings nichts gefruchtet, die *Diplodocus*-Herde hat sich daran gemacht, die jungen Blätter genüßlich zu verzehren.

Unersättlich auf der Suche nach immer mehr Nahrung, trampeln sie zwischen den Bäumen hin und her und wirbeln dabei ganze Wolken von Insekten auf. Im dichten Unterholz aus Farnen leben Kleinzikaden, Schildkäfer, Pflanzenwespen und verschiedene Fransenflügler, die nun von der Herde vorübergehend vertrieben werden. Doch darauf hat ein kleiner Begleiter der *Diplodocus*-Herde gewartet. Auf dem Rücken der riesigen Pflanzenfresser hocken kleine Flugsaurier, häufig bis zu ein Dutzend Exemplare. *Anurognathus*, ein gieriger Insektenfresser, hat eine Flügelspanne von etwa 50 Zentimetern und ein kleines, dicht mit spitzen Zähnen besetztes Maul, das nicht länger als zwei Zentimeter ist. Sauropoden sind für die Flugsaurier nützliche Transportmittel wie Jagdbasis zugleich. Von ihren Rücken aus stürzen sie sich auf die Insekten, die ihre gigantischen Reisegefährten aufwirbeln.

Anurognathus verbringt sein ganzes Leben auf dem Rücken von Sauropoden, lediglich zum Eierlegen verläßt er ihn. Zwischen den Rückenstacheln von *Diplodocus* wachsen die kleinen Flugsaurier auf, fressen, paaren sich und tragen ihre Kämpfe aus. Im Umfeld einer Sauropodenherde kann man ganze Schwärme dieser winzigen blaugrünen Tiere sehen, die von Rücken zu Rücken fliegen. Grasen die Sauropoden zwischen niedrig wachsenden Farnen, sitzen die Pterosaurier aufgereiht wie auf einer Perlenschnur auf den Hälsen ihrer Gastgeber, beständig um die besten Plätze in der Nähe des Kopfes streitend. Neben Insekten frißt *Anurognathus* auch die abgestorbenen Hautschuppen von *Diplodocus* sowie Parasiten, außerdem saugt er das Blut aus den Wunden der großen Tiere. Die Pflanzenfresser scheinen, abgesehen davon, daß sie von lästigen Parasiten befreit werden, keinen weiteren Vorteil aus dieser Beziehung zu ziehen. Im Gegenteil, Verletzungen heilen unter dem Einfluß der Flugsaurier sogar schlechter –

die Rücken der meisten ausgewachsenen Sauropoden sind mit dem Kot der kleinen Flugsaurier bedeckt. Doch die riesigen Pflanzenfresser scheint dies genausowenig zu stören wie die Tatsache, daß sich die Flugsaurier mit ihren kleinen scharfen Krallen in der dicken Haut ihres Rückens festhaken.

Im Laufe des Nachmittags arbeitet sich die *Diplodocus*-Herde immer weiter in das Wäldchen vor und zerstört auf diese Weise innerhalb von vier Stunden über einen Hektar Cycadeen. Mit Einbruch der Dämmerung verlassen die Raubtiere ihre schattigen Plätze, an die sie sich zum Schutz vor der Hitze tagsüber verkrochen hatten. Es ist ein täglich wiederkehrendes Ritual, auf das die Sauropoden vorbereitet sind. Die größeren Tiere grasen immer an den Außenrändern der Herde und bilden auf diese Weise einen ausgezeichneten Schutzring gegen potentielle Angreifer. Es gibt hier eine Reihe von Raubtieren, die groß genug sind, um einen jungen *Diplodocus* zu erlegen, doch keines würde sich an ein ausgewachsenes Tier heranwagen.

An diesem Abend jedoch zeigt sich kein größeres Raubtier. Statt dessen mischt sich eine kleine *Coelurus*-Meute unter die weidenden Riesen. Diese etwa zwei Meter langen Tiere sind, vor allem als Gruppe, äußerst geschickte Jäger, die sich vorwiegend von kleinen Reptilien ernähren. Eine ernsthafte Bedrohung für *Diplodocus* stellen sie wegen ihrer Körpergröße folglich nicht dar. Vielmehr dürften sie Jagd auf *Anurognathus* oder andere Insekten- und Pflanzenfresser machen, die sich in der Nähe der Sauropodenherde aufhalten. Während diese behenden kleinen Tiere immer tiefer in das Wäldchen eindringen, nimmt ein *Diplodocus*-Jungtier plötzlich den Raubtiergeruch wahr und stößt ein langgezogenes, tiefes Warngeheul aus. Andere Mitglieder der Herde stimmen ein und beginnen, aufgeregt mit ihren Schwänzen zu schlagen. Innerhalb von Sekunden verwandelt sich das Wäldchen für die kleinen Dinosaurier in eine gefährliche Falle. Sie versuchen zu fliehen, geraten dabei aber dem riesigen *Diplodocus*-Weibchen in die Quere, das sich in Verteidigungsstellung begeben hat und Hals und Schwanz hin und her schwingen läßt. Ein *Coelurus* wird von dem schwingenden Hals eines *Diplodocus* erfaßt und gegen einen Baumstamm geschleudert. Er ist auf der Stelle tot. Unter dem anhaltenden Rufen der *Diplodocus*-Herde ziehen sich die anderen

Ein eigenartiger Reisegefährte: *Anurognathus*, eine winzige Pterosaurierart, verbringt die meiste Zeit seines Lebens auf dem Rücken von *Diplodocus* und ernährt sich dabei von Insekten, die der Dinosaurier anzieht oder beim Grasen aufstört.

Mitglieder der *Coelurus*-Meute in das dichte Unterholz zurück. Erst als es Nacht wird, beruhigt sich die Sauropodenherde allmählich wieder. Einige Tiere schlafen im Stehen, während sich andere im Licht des Mondes weiterhin an den Cycadeen gütlich tun. Die Nacht birgt genauso viele Gefahren wie der Tag, weshalb immer einige Tiere wach bleiben. Das Geräusch von splitterndem Holz und dem abreißenden Blattwerk ist auch in der Dunkelheit noch deutlich zu hören.

Als der Morgen graut, hat die *Diplodocus*-Herde nahezu die Hälfte der Cycadeen vernichtet. Kaum haben die Tiere die genießbaren Blätter eines Baumes verschlungen, widmen sie sich dem nächsten Cycadeenstamm und trampeln dabei nicht selten die bereits abgeweideten Bäume nieder. Einige dieser Bäume

DINOSAURIERDUNG

Zu den ungewöhnlichen Hinterlassenschaften der Dinosaurier zählen auch die sogenannten Koprolithen – versteinerter Dung. Derartige Spuren sind weit mehr als amüsante Kuriositäten, hält man sich vor Augen, welche Rückschlüsse ein Zoologe beispielsweise aus dem Gewölle einer Eule ziehen kann. Es ist zwar davon auszugehen, daß Dinosaurier eine Menge Kot produzierten, es ist aber kaum erstaunlich, daß nur wenig davon als Fossil die Zeiten überdauert hat. Zum einen setzte der Zersetzungsprozeß ein, sobald der Dung zu Boden gefallen war, zum anderen wurde der Kot nicht selten zertreten, weggewaschen, trocknete aus oder wurde sogar verspeist. Nichtsdestotrotz wurden überall auf der Erde Koprolithen gefunden. In Yorkshire in England wurde eine ganze Reihe kleiner Kotkügelchen entdeckt, von denen jedes etwa einen Zentimeter Durchmesser hatte und zerkaute Bennettiteenblätter enthielt. Daß sie von einem Dinosaurier stammen dürften, ergibt sich schon aus ihrer Menge.

In Montana haben Paläontologen in der Nähe einer Ansammlung großer Herbivoren (*Maiasaura*) aus der Kreidezeit Massen von Koprolithen gefunden, die Reste von Koniferenholz enthielten. Man kann daraus schließen, daß diese Dinosaurier sehr harte Nahrung zu sich nehmen konnten. Aber noch interessanter sind die kurzen Dungreihen, die sich in einer nahen Sedimentschicht fanden. Sie wurden von Dungkäfern hinterlassen, die vermutlich Teile des Kots fortgeschafft hatten, um ihn zusammen mit ihren Eiern in unterirdischen Gängen zu verscharren. Schlüpften die Jungkäfer aus den Eiern, fanden sie sofort ausreichend Nahrung vor. In den Steppen Afrikas verfahren Dungkäfer noch heute auf die gleiche Art und Weise. Dort haben sie eine äußerst wichtige Funktion inne, da sie den jedes Jahr in großen Mengen anfallenden Kot weiterverwerten. Die Koprolithen aus Montana sind der Beweis dafür, daß Dungkäfer diese essentielle Aufgabe schon für Dinosaurierherden übernahmen.

Mit Fragen wie diesen beschäftigen sich inzwischen darauf spezialisierte Paläontologen, die die nähere Umgebung fossiler Funde genau untersuchen, während man es früher dabei bewenden ließ, nur die Knochen auszugraben.

Pillendreher sind ein wesentlicher Bestandteil des afrikanischen Ökosystems und sorgen für die Beseitigung von Tonnen von Kot, den die Säugetiere produzieren. Es deutet einiges darauf hin, daß ähnliche Käfer bereits im Zeitalter der Dinosaurier existierten.

Versteinerter Kot – sogenannte Koprolithen – gibt Aufschluß über die Ernährungsgewohnheiten der Dinosaurier. Das hier abgebildete Fossil wurde in Montana gefunden und stammt wahrscheinlich von *Maiasaura*.

sind Jahrzehnte, ja sogar Jahrhunderte alt, und es ist kaum anzunehmen, daß sich das Wäldchen in absehbarer Zeit von der Zerstörung durch die Sauropoden erholen wird. Das für die Sauropoden typische Weideverhalten hat das Aussehen ganzer Regionen nachhaltig beeinflußt. Das fortwährende Abweiden der jungen Pflanzentriebe verhindert das Wachstum dichter Wälder mit einem alten Baumbestand und fördert die Verbreitung schnell nachwachsender, niedriger Pflanzenarten. In einigen Landstrichen kann man die verheerende Wirkung dieses aggressiven Weideverhaltens bereits erkennen. Dies gilt vor allem für das Gebiet rings um die im Osten des Waldes gelegenen Salzseen. Dort haben intensives Abweiden sowie Trockenheit zur Erosion der oberen Erdschicht und damit zur Entstehung von Wanderdünen geführt. Pflanzen können hier kaum noch heimisch werden. Diese Regionen sind durch die Sauropoden in wahre Wüsten verwandelt worden.

Doch die Anwesenheit der Sauropodenherden hat nicht nur negative Folgen für die Landschaft. Ihr Verhalten wirkt sich zwar einerseits zerstörerisch auf die Vegetation aus, andererseits sorgen sie für eine intensive Düngung: Innerhalb eines Jahres produzieren sie Tonnen von nährstoffreichem Kot, der nicht nur den Pflanzen zugute kommt, sondern auch zahlreichen Insektenarten. So gibt es einen Käfer, der sich ausschließlich vom Kot der Sauropoden ernährt.

Drei Tage benötigt die Herde, bis die Zerstörung des Cycadeenwaldes vollendet ist. Angeführt von dem alten Weibchen, zieht sie weiter. Gleich hinter dem langsam dahinschreitenden Leittier folgen zwei Männchen und ein junges Weibchen. Die drei Jungtiere tragen spielerische Rangkämpfe aus. Trotz der scheinbar engen Verbindung zwischen diesen Tieren, ist es unwahrscheinlich, daß das alte Weibchen und die drei kleineren Sauropoden direkt miteinander verwandt sind. Vielmehr handelt es sich um eine Zweckgemeinschaft. Im Alter von fünf bis sechs Jahren schließen sich die Jungtiere, die nun zu groß geworden sind für das Leben im dichten Wald, den Herden an, um dort Schutz bei den ausgewachsenen Tieren zu suchen. Da sie noch unterschiedliche Pflanzen bevorzugen, kommt es nur selten zu Kämpfen zwischen Jung- und Alttieren. Die Aufnahme von Jungtieren sieht jedoch nur selbstlos aus: In den Ebenen lauern zahlreiche Feinde, die sich als Beute vor allem die kleineren, verletzlicheren Herdentiere auswählen – anders gesagt, die älteren Weibchen benutzen die Jungtiere im Zweifelsfall als »Raubtierfutter«.

Landschaftsgestalter: Riesige Sauropoden wie *Diplodocus* benötigen derart viel Nahrung, daß im Jura in weiten Gegenden kaum mehr größere Bäume zu finden sind – die weidenden Herden verhindern, daß sie zur vollen Größe heranwachsen.

Wachsende Mühen

DAS DRITTE JAHR – IM WALD

Tief im Wald ist ein riesiger Mammutbaum umgestürzt und hat im Fallen mehrere kleinere Bäume mit sich gerissen. Auf die so entstandene große Lichtung fällt ungehindert das Sonnenlicht. Niedrig wachsende Farne bedecken den Boden der Lichtung, in der Luft schwirren Insekten. Zwischen den Farnwedeln grasen etwa 20 *Diplodocus*-Junge. Schon kurz nach dem Schlüpfen haben sie sich im Innern des Waldes zu kleinen Gruppen zusammengefunden. Auch dieser Zusammenschluß basiert nicht auf verwandtschaftlichen Verbindungen, sondern dient vor allem dem Schutz der Tiere, steigt doch mit der Anzahl der Tiere die Wahrscheinlichkeit, das Herannahen von Raubtieren früh genug wahrzunehmen. Die Anzahl der in diesen Gruppen lebenden Tiere unterliegt starken Schwankungen. Wenn das Nahrungsangebot reichhaltig ist, können sich mehrere Kleingruppen zusammenschließen und die Bodenvegetation eines ganzen

Kopf runter: Ein junger *Diplodocus* streift die Blätter von einem frisch sprießenden Schachtelhalm. In großen Mengen säumen diese Pflanzen im Wald die Flußufer, sie gehören zur bevorzugten Nahrung junger Herbivoren.

Waldstückes abweiden. Eine einzelne Kleingruppe dagegen wird häufig von Raubtieren stark dezimiert.

Das Verhältnis von männlichen und weiblichen Jungen in der Gruppe ist annähernd ausgeglichen, doch schon jetzt ist deutlich zu erkennen, daß die Weibchen größer sind. In dieser Gruppe befindet sich auch jenes Tier mit der auffällig dunklen Hautfarbe wieder. Es ist jetzt, im Alter von drei Jahren, zehnmal so lang wie bei seiner Geburt und wiegt fast drei Tonnen. Damit ist es sehr groß für sein Alter, ein Hinweis darauf, daß es sich im Wald recht wohl fühlt. Schwanz und Hals sind beträchtlich gewachsen, während die Beine im Vergleich dünn wirken. Ansätze der kleinen Hornschuppen, die später den ganzen Rücken bedecken werden, sind bereits zu erkennen, und auch die Stacheln, die bei den ausgewachsenen Tieren über das ganze Rückgrat laufen, beginnen sich zu entwickeln.

Auch die Ernährungsgewohnheiten des Jungtiers haben sich mittlerweile geändert. Es knabbert nicht mehr nur an einzelnen jungen Sprößlingen, sondern frißt jetzt größere Mengen. Dabei kommt ihm der in den letzten Jahren stark gewachsene lange Hals ebenso zugute wie die stiftförmigen, auf den vorderen Teil der Kiefer begrenzten Zähne, mit denen das Blattgrün der dicht über dem Boden wachsenden Farnwedel beim Grasen »abgestreift« werden kann. Gelegentlich richtet sich das Tier auch auf die Hinterbeine auf, stützt sich mit dem Schwanz auf dem Boden ab und reckt seinen Hals, um Blätter von Bäumen abzufressen. Auf diese Weise kann es Nahrung in bis zu sechs Metern Höhe erreichen. Koniferen verschmäht es, vielleicht wegen des Geschmacks, möglicherweise aber auch, weil seine Zähne mit den holzigen Ästen noch nicht fertig werden. Ohnehin verlieren ältere Koniferen häufig die unteren Zweige, so daß diese Bäume den Dinosauriern nur wenig Nahrung bieten. Junge Frauenhaarfarne dagegen sind mit ihrem reichen Blattgrün trotz des hohen Giftgehaltes eine bevorzugte Speise der Jungtiere. Immer häufiger sucht das dunkelhäutige Weibchen mit seiner Gruppe Lichtungen auf. Die jungen Dinosaurier sind inzwischen so groß, daß sie sich zwischen dicht stehenden Bäumen kaum noch bewegen können. Einige der für ausgewachsene Tiere so charakteristischen Geräusche haben sie inzwischen erlernt und können sich damit bereits verständigen. Allerdings fehlt ihnen noch immer das Körpervolumen, um das tiefe Brummen zu erzeugen.

Die Jungtiergruppe wirbelt Staub und Sporen auf, während sie langsam und methodisch die Farne auf der gesamten Lichtung abweidet. Etliche *Anurognathus*-Exemplare fliegen von einem Rücken zum nächsten, um die Waldinsekten zu fressen, die von den Dinosauriern aufgestört werden. Einige von ihnen können den Mund buchstäblich nicht voll genug bekommen. Es sind vor allem

Jungtiere, manche mit Flügelspannen von nicht mehr als 30 Zentimetern, die erst seit ein paar Wochen bei der Herde leben. Doch ihre Zahl erhöht sich mit jedem Tag. Wie die Dinosaurier schlüpfen auch sie am Waldrand. Während einige dann in die Ebenen fliegen, verbringen andere die ersten Lebenswochen damit, auf den Waldlichtungen nach *Diplodocus*-Jungtieren zu suchen. In der Regel übersteigt die Zahl der Flugsaurier die der jungen Dinosaurier beträchtlich, so daß es zu einem harten Konkurrenzkampf zwischen den Flugsauriern kommt. Hat sich ein *Anurognathus* schließlich einen Platz auf dem Rücken eines Tieres gesichert, wird er diesen auch dann nicht aufgeben, wenn der *Diplodocus* den Wald verläßt und in die Ebenen zieht. Gleichwohl ist die Verbindung zwischen den Tieren nicht so eng, daß ein *Anurognathus* seinen Gastgeber nicht auch wechseln würde.

Rollentausch: *Diplodocus*-Jungtiere wachsen in den ersten drei Jahren derart schnell, daß der ehedem todbringende Räuber *Ornitholestes* für sie keine Bedrohung mehr darstellt.

Grasend gelangt das dunkelhäutige Weibchen an den Rand der Lichtung, wo es einen *Ornitholestes* aufstört. Dieses Tier hätte noch vor drei Jahren eine tödliche Gefahr dargestellt, doch mittlerweile hat sich das Verhältnis umgekehrt. Der Pflanzenfresser wirkt riesig im Vergleich zu dem schlanken Raubtier, das unter normalen Umständen die Lichtung gemieden hätte. Doch bei dem *Ornitholestes* handelt es sich um ein Weibchen, das hier seine Eier vergraben hat und nun das Gelege verteidigt. Um zu verhindern, daß die grasenden Dinosaurier seine Brut zerstören, schnappt es nach dem *Diplodocus*-Weibchen und richtet seine langen Schuppen auf. Was ihm an Größe mangelt, versucht das kleine Raubtier durch ein betont aggressives Verhalten wettzumachen. Der überraschte Pflanzenfresser erhebt sich auf die Hinterbeine, um den Kopf vor einem Angriff zu schützen. Zu voller Größe aufgerichtet, betrachtet er das kleine Wesen zu seinen Füßen. Der *Ornitholestes* hat Glück. Der *Diplodocus* hat sich kaum auf seine Hinterbeine aufgerichtet, als seine Artgenossen die Lichtung zu verlassen beginnen. Das Raubtier weicht ein wenig zurück, woraufhin sich das Weibchen abwendet und wieder der Herde anschließt.

Unermüdlich fressend folgen die jungen Sauropoden dem Lauf eines Baches, der sich an dieser Stelle über einen steilen Abhang in ein Tal ergießt, um dort in einen größeren Fluß zu münden. Immer weiter bewegt sich die Dinosaurierherde bergab, während sie die Schachtelhalme am Bachufer abweidet. In nur ein oder zwei Kilometer Entfernung endet der Wald. Von hier nimmt der Fluß seinen gewundenen Lauf durch eine Sumpfregion. Aus einem Schachtel-

halmdickicht erhebt sich dort der massige Körper eines *Stegosaurus.* Mit seinem dunkelbraunen Rumpf und den über den Rücken laufenden helleren Knochenplatten ist er eindeutig den Bewohnern der Ebene zuzuordnen. Dafür spricht auch die Größe: Er ist zwölf Meter lang und wiegt sieben Tonnen.

Sein Geruch signalisiert der Gruppe, daß er ein Pflanzenfresser ist, also kaum eine Gefahr für sie darstellt. Allerdings mangelt es ihnen an Erfahrungen mit diesem Tier, sonst wüßten sie, daß ein *Stegosaurus* sehr aggressiv werden kann. Bei genauerem Hinsehen wird deutlich, warum andere Tiere einen Bogen um *Stegosaurus* machen. Hals und Rücken sind durch schwere, aufrecht stehende Knochenplatten geschützt, die wie riesige Pfeilspitzen aussehen. Eine gefährliche Waffe stellt der relativ kurze, muskulöse Schwanz dar: An der Spitze sitzen vier, jeweils einen Meter lange Stacheln, die der *Stegosaurus* sehr gezielt einzusetzen vermag. Seine Gliedmaßen sind zwar nicht für schnelles Laufen ausgelegt,

Markante Formen: *Stegosaurus* hat wie dieser herrliche Bulle eine äußerst dicke Haut. Reihen runder Hautverknöcherungen, die sich zu einer undurchdringlichen Fläche zusammenschließen, schützen den Nacken.

erlauben es aber, den massigen Körper sehr behende zu drehen und den Schwanz mit seinen tödlichen Dornen gegenüber jedem sich überraschend nähernden Gegner einzusetzen.

Dem Flußlauf folgend, treten die *Diplodocus*-Jungtiere nun in die sumpfige Ebene hinaus, doch der *Stegosaurus* schenkt ihnen kaum Beachtung. Er ist zu sehr damit beschäftigt, einen harten Bennettiteenstamm zu zerlegen. Außerdem ist er daran gewöhnt, in der Gesellschaft von Sauropoden zu grasen. Aber schon bald nehmen seine empfindlichen Nüstern einen Geruch wahr, der Gefahr signalisiert. Seitdem die *Diplodocus*-Gruppe in das Flußtal hinabgestiegen ist, hat sie, ohne es zu merken, die Aufmerksamkeit eines gefährlichen Raubtieres auf sich gezogen: Seit einer Stunde wird sie von einem beinahe ausge-

DIE KNOCHENPLATTEN DES STEGOSAURUS

IM JAHRE 1877 beschrieb Charles Marsh einen äußerst bizarren Knochenfund, der in Colorado gemacht worden war. Es handelte sich um das Skelett eines großen, vierbeinigen Pflanzenfressers mit schmalem Kopf, einer Reihe von Knochenplatten, die über seinen Rücken verliefen, und vier langen Stacheln am Schwanz. Marsh gab ihm den Namen *Stegosaurus*.

Stegosaurus war der größte Vertreter einer Gruppe gepanzerter Herbivoren, die sich während des Juras über ein Gebiet verbreiteten, das von den heutigen Vereinigten Staaten bis nach China reichte. Alle Mitglieder dieser Gruppe hatten mit Stacheln bewehrte Schwänze, aber kein Tier scheint derart große Knochenplatten gehabt zu haben wie das von Marsh gefundene Tier. Von vornherein stand fest, daß der Schwanz eine mächtige Verteidigungswaffe gewesen sein muß, die Funktion der Platten dagegen gab Rätsel auf. Zuerst nahm man an, daß sie der Panzerung dienten. Aber sie befanden sich viel zu hoch auf dem Rücken, um wirksamen Schutz zu bieten. Eine genauere Analyse ergab dann, daß sie aus dünnen, mit einem Netz von Blutgefäßen durchzogenen Knochen bestanden – aus einem Material also, das nicht zu Verteidigungszwecken dienen konnte. Dies gab Anlaß zu der Theorie, daß die Platten ähnlich den Ohren eines Elefanten der Regulierung der Körpertemperatur gedient haben müssen. An kalten Morgen könnte *Stegosaurus* sie zur Sonne ausgerichtet haben, um sie aufzuheizen. Das durch die Knochenplatten zirkulierende Blut hätte dann zu einer Erwärmung der Körpertemperatur geführt. In der heißeren Tageszeit hätte eine zwischen den Platten hindurchgehende Brise für Abkühlung gesorgt.

Eine weitere, unlängst veröffentlichte Theorie zur Funktion der Platten stammt von dem Paläontologen Ken Carpenter. Er geht davon aus, daß Stegosaurier die Blutzufuhr in ihren Platten regulieren konnten, so daß sie in bestimmten Situationen rot anliefen, beispielsweise als Signal in der Paarungszeit.

Verteidigungswaffe, Instrument zur Regulierung der Körpertemperatur oder Paarungssignalanlage? Die Erklärungen für die Funktion der Rückenplatten von *Stegosaurus* sind vielfältig, doch man geht heute mehrheitlich davon aus, daß die Platten der Zurschaustellung dienten.

Ein in der Morrison-Formation gefundener *Stegosaurus*. Deutlich zu erkennen sind Halspanzerung, Rückenplatten und Schwanzstacheln.

wachsenen *Allosaurus*-Bullen verfolgt. Er ist etwa neun Meter lang und imstande, ein Sauropodenjungtier zu töten. Einen Angriff auf die Gruppe hat er bisher nicht gewagt, da er fürchten mußte, daß die Tiere in Panik geraten. Vor allem im Wald, wo die Bäume so dicht stehen, daß sie den Rückzug behindern, könnte die kopflos fliehende Gruppe ihn verletzen oder sogar niedertrampeln. Auf dem offenen Gelände des Marschlandes dagegen wird er mutiger und wagt sich immer näher an seine Beute heran.

Allosaurus ist zu jener Zeit der gefährlichste Fleischfresser in den Ebenen und stellt, ob allein oder in der Gruppe jagend, eine beständige Bedrohung für die *Diplodocus*-Herden dar. Er ist das größte Raubtier, das die Evolution bis dahin hervorgebracht hat. Obwohl er außerordentlich schnell laufen kann, lauert er seiner Beute bevorzugt aus dem Hinterhalt auf, statt sie durch Verfolgung zur Strecke zu bringen. Die Vorderarme sind mit drei krallenbewehrten Fingern versehen, die er wie Greifhaken einsetzt, um geschlagene Tiere festzuhalten, während er ihnen mit den scharfen Zähnen tödliche Wunden zufügt. Kräftige Beutetiere wie *Diplodocus* greift *Allosaurus* mehrfach an, wobei er jedesmal bemüht ist, seinem Opfer die Zähne ins Fleisch zu schlagen, um es zu schwächen.

Doch dieser *Allosaurus* hat Pech gehabt – der *Stegosaurus* hat ihn gewittert und bereitet sich auf eine Auseinandersetzung vor. Dazu stößt er zunächst ein Bellen aus und stampft mit den Vorderfüßen auf den Boden, während er zugleich seinen gefährlichen Schwanz in Bewegung setzt. Dann erst beginnt er nach dem Angreifer zu suchen. Da sein Geruchssinn besser ausgeprägt ist als sein Sehsinn, kann diese Suche eine ganze Weile dauern. Doch in diesem Fall hat er schon nach kurzer Zeit den *Allosaurus* entdeckt, der, ohne sich um Deckung zu bemühen, die *Diplodocus*-Jungtiere verfolgt. Sofort nehmen die Knochenplatten des *Stegosaurus* eine tiefrote Farbe an, und er richtet seinen Körper so aus, daß der *Allosaurus* seine imposante Erscheinung in voller Breite sehen kann.

Das Gefahr verkündende Verhalten des *Stegosaurus* versetzt die *Diplodocus*-Jungtiere in Panik, und mit hin und her schlagenden Schwänzen laufen sie auseinander. Der Räuber weiß aus Er-

Patt: Ein ausgewachsener *Allosaurus* stellt sich einem 7 Tonnen schweren *Stegosaurus* entgegen. Mit einem Raubtier konfrontiert, setzt *Stegosaurus* alle ihm zur Verfügung stehenden Verteidigungsmechanismen ein – lautes, aggressives Bellen, Zurschaustellung der Hornplatten und Hin- und Herschwingen der tödlichen Schwanzstacheln. Selbst ein hungriger *Allosaurus* wird einen solchen Gegner kaum angreifen.

fahrung, daß es gefährlich wäre, eines der Tiere anzugreifen, während ein kampfbereiter *Stegosaurus* in der Nähe ist. Einen großen Bogen um die Sümpfe machend, trollt er sich flußabwärts davon.

Noch eine ganze Weile verharrt der *Stegosaurus* in verteidigungsbereiter Haltung. Erst als sich der Geruch des *Allosaurus* verliert, nehmen die Schuppen des Pflanzenfressers wieder ihre ursprüngliche Farbe an. Die Sauropoden dagegen haben sich schneller wieder beruhigt – kaum daß *Stegosaurus* aufgehört hat zu bellen, beginnen sie schon wieder zu fressen. In der Ebene sieht man diese beiden Tierarten häufig Seite an Seite grasen. Die Erklärung für diese Zweckgemeinschaft liegt auf der Hand: Einerseits machen sie sich gegenseitig die Nahrung nicht streitig, andererseits verfügen sie über sich ergänzende, unterschiedlich stark ausgeprägte Wahrnehmungsorgane, so daß sie gemeinsam wesentlich eher sich nähernde Feinde entdecken.

Die jungen Sauropoden ziehen immer tiefer in das Sumpfgebiet. Auch wenn sie in Zukunft hin und wieder in den Wald zurückkehren werden, mit der Eroberung des Sumpfgebietes haben sie einen entscheidenden Schritt für das Leben in der Ebene vollzogen.

Ein neues Zuhause

DAS VIERTE JAHR – AM WALDRAND

Die Jungtierherde ist inzwischen beträchtlich geschrumpft – Angriffe von umherstreifenden Räubern haben ihre Anzahl um ein Drittel reduziert. Zumeist grasen sie jetzt an den Waldrändern, wodurch sie den Angriffen von größeren Raubtieren ausgesetzt sind, ohne sich jedoch in den Schutz einer Herde ausgewachsener Tiere begeben zu können. Daß sie sich noch nicht auf den Weg in die offene Ebene gemacht haben, um sich ihren ausgewachsenen Artgenossen anzuschließen, ist wahrscheinlich darauf zurückzuführen, daß nach einer ungewöhnlich langen Trockenzeit die Vegetation dort stark gelitten hat.

Ein Gewitter im Süden hat im Kordilleren-Hochland einen Brand entfacht. Feuer sind in dieser Gegend nicht ungewöhnlich, doch schon bald wird deutlich, daß sich dieses Feuer zu einem Flächenbrand von gigantischen Ausmaßen entwickeln wird. Bei der vorherrschenden Trockenheit treiben warme Südwinde die Flammen rasch nach Norden. In den Koniferenwäldern entsteht ein Feuersturm, und innerhalb weniger Stunden sind durch Funkenflug Tausende von weiteren Brandherden entstanden. Schon bald hat sich ein 100 Kilometer breiter Waldstreifen in ein flammendes Inferno verwandelt, dem das Unterholz vollständig zum Opfer fällt. Große Feuerzungen jagen hinauf bis zu den Baumkronen, ganze Bäume stehen wie lodernde Fackeln in Flammen.

Lange bevor das Feuer sie erreicht hat, haben Tausende Dinosaurier den Rauch bereits gewittert. Und trotzdem werden viele von ihnen im Feuer umkommen, weil sie entweder in die falsche Richtung fliehen oder den sich rasch ausbreitenden Flammen nicht schnell genug entkommen können. Nur wenige Sauropodenjunge werden überleben, um anschließend für Raubtiere eine um so leichtere Beute zu sein. Ein Feuer diesen Ausmaßes ereignet sich nur alle paar hundert Jahre und kann durchaus ganze Generationen von Tieren auslöschen.

> **»Brachiosaurier fressen mit ihren scharfen, meißelähnlichen Zähnen Zapfen, Früchte und frisches Blattgrün in einer Höhe ab, die andere Sauropoden nicht erreichen.«**

Als die Feuersbrunst den Waldrand erreicht, greift sie auch auf das Buschland über. Doch wegen der vorangegangenen Trockenheit ist der Bewuchs hier nur sehr spärlich, so daß diese kleinen Feuer mangels Nahrung bald wieder ersticken. Die Jungtiere haben den Brandgeruch schon früh gewittert, so daß ausreichend Zeit blieb, in die offene Ebene zu fliehen. Ihnen folgt ein *Brachiosaurus*-Paar. Selbst für die Verhältnisse des Juras sind diese Dinosaurier wahre Giganten. Obwohl nur 22 Meter lang, weisen die Tiere das enorme Gewicht von über 70 Tonnen auf, also mehr als zweimal soviel wie das anderer Sauropoden. Aufrecht stehend und mit lang gerecktem Hals erreichen sie eine Größe von bis zu 13 Metern. Sie haben sich darauf spezialisiert, Bäume abzuweiden, wobei sie eine vollkommen andere Technik entwickelt haben als *Diplodocus*. Sie fressen mit ihren scharfen, meißelähnlichen Zähnen Zapfen, Früchte und frisches Blattgrün in einer Höhe ab, die andere Sauropoden nicht erreichen. Mit Vorliebe grasen sie entlang der Waldränder, wo sie es auf Baumfrüchte und die jungen Blätter der Baumkronen abgesehen haben. Obwohl auch Brachiosaurier schon allein aufgrund ihrer Größe beträchtliche Schäden in den Wäldern anrichten können, »fällen« sie nicht wie die *Diplodocus* ganze Bäume. Ihr Körperbau gestattet es ihnen, auf bequeme Weise das von ihnen bevorzugte Futter in den Baumwipfeln zu erreichen.

Während das *Brachiosaurus*-Paar sich von dem brennenden Wald zurückzieht, laufen die *Diplodocus*-Jungtiere auseinander, um ihnen nicht in die Quere zu geraten. Majestätisch stolzierend machen sich die Brachiosaurier auf den Weg zu einem kleinen Araukarienhain etwa zwei Kilometer vom Wald entfernt. Nicht nur in ihrem Gang unterscheiden sich diese Tiere von *Diplodocus*. Sie leben meist allein oder in kleinen Gruppen, die sie allerdings nicht bilden, um sich gegenseitig zu schützen – bei ihren Körpermaßen brauchen sie selbst das größte Raubtier nicht zu fürchten. Trotz der enormen Größe sind die Brachiosaurier seltsam leise Tiere. Ihre Schwänze lassen sie nur durch die Luft peit-

FOLGENDE DOPPELSEITE **Erntefest: Ein *Brachiosaurus*-Pärchen sucht in den Kronen von Araukarien nach den nahrhaften Zapfen. Die Bäume können zwar um einiges größer werden als die Sauropoden, doch selbst dann sind sie vor den riesigen Tieren nicht sicher, denn diese können die Stämme, wenn nötig, einfach fällen, wie links im Bild sichtbar.**

schen, wenn sie mit einem Artgenossen kommunizieren wollen. Die einzigen Laute, die sie ausstoßen, sind Brunftschreie, um potentielle Partner anzulocken.

Der Boden bebt unter den Schritten der mit eigentümlicher Gelassenheit davonziehenden Tiere. Die *Diplodocus*-Jungtiere hingegen sind durch das Feuer in Panik geraten und fliehen wesentlich weiter als die Brachiosaurier. Als die Nacht hereinbricht, machen sie schließlich an einem seichten Fluß Halt, um zu trinken. Am Horizont kündet ein orangefarbener Feuerschein von der Vernichtung ihres bisherigen Lebensraums. Der Wald wird sich wieder erholen, viele der größeren Bäume werden das Feuer trotz der enormen Hitzeentwicklung überleben. Aber das frische Unterholz, die Nahrungsgrundlage der *Diplodocus*-

DIE GIGANTEN UNTER DEN DINOSAURIERN

SELBST GEMESSEN AN DEN Maßstäben der Dinosaurier, waren die Sauropoden wahrhaft gigantisch. Die meisten anderen großen Herbivoren, wie z. B. *Triceratops* und *Iguanodon*, mögen so viel wie zwei oder drei Elefanten gewogen haben. Ein *Brachiosaurus* aber brachte ein Gewicht von etwa 15 bis 20 Elefanten auf die Waage. Mit ihren langen Hälsen und Schwänzen waren sie offenkundig höchst erfolgreich. Sauropoden entwickelten sich im frühen Jura, dominierten den späteren Jura und lebten in einer als Titanosauriden bezeichneten Gruppe bis zum Untergang der Dinosaurier fort. Auch die Paläontologen wissen nicht mit letzter Sicherheit, wie groß die Sauropoden tatsächlich werden konnten. Man hat Skelettfragmente und Knochenteile gefunden, die auf gigantische Lebewesen schließen lassen, über deren Aussehen wir bisher nur Mutmaßungen anstellen können. Diese Funde konkurrieren darum, jeweils die Überreste des größten je lebenden Dinosauriers zu sein, dem man so bezeichnende Namen gab wie *Ultrasaurus* und *Seismosaurus*. Wie dem auch sei, möglich ist, daß Sauropoden kein abgeschlossenes Größenwachstum hatten, so daß es sich bei den Funden auch einfach nur um Knochen alter Exemplare einer bereits bekannten Spezies handeln könnte.

Das vollständige Skelett von *Diplodocus* läßt darauf schließen, daß er etwa 25 Meter lang gewesen ist. Allerdings deutet der Fund eines Schulterblatt- und eines Halswirbelknochens, die von einem ähnlichen Tier stammen, dem man den Namen *Supersaurus* gegeben hat, auf ein Lebewesen von über 36 Metern Länge hin. Funde von Rückenwirbeln in Südamerika lassen ahnen, daß die Titanosauriden auch nicht gerade zierlich waren. Sie hatten einen größeren Körperumfang als ihre Vorfahren, so daß ein Exemplar der Gattung *Argentinosaurus* zwar etwas kürzer als ein ausgewachsener *Diplodocus* gewesen sein, aber dennoch das erstaunliche Gewicht von 100 Tonnen gehabt haben könnte.

Doch auch *Argentinosaurus* war noch nicht der größte Dinosaurier, der je gelebt hat. Im Jahre 1878 beschrieb Edward Cope das 1,5 Meter lange Teilstück eines Halswirbelknochens aus den Juraschichten in Green Park, Colorado. Der vollständige Knochen muß eine Länge von etwa 2,6 Metern gehabt haben. Unglücklicherweise können Copes Angaben nicht überprüft werden, da der Knochen verlorenging. Cope nannte seinen Fund *Amphicoelias fragillimus*. Möglicherweise war der Saurier mit einer Hüfthöhe von 9 Metern beinahe 60 Meter lang und wog an die 150 Tonnen. Damit wäre er länger und fast genauso schwer wie ein Blauwal gewesen.

Bei allen diesen Funden drängt sich unvermeidlich die Frage auf: »Warum diese Größe?« Für marine Lebewesen wie die Wale spielt das Gewicht eine weitaus geringere Rolle als für an Land lebende Tiere, und so lange es genug Krill gibt, ist auch die Ernährungsfrage nicht von Bedeutung. Sauropoden dagegen mußten über Beine und ein Knochengerüst verfügen, die diese enormen Fleischmassen tragen konnten; außerdem mußten sie sich mit dem weniger nahrhaften Pflanzenfutter begnügen, das sie an Land vorfanden.

Der Schädel von *Diplodocus* war im Vergleich zum Körper klein, die Kiefer, angesichts der aufzunehmenden Mengen von Nahrung, erstaunlich schwach ausgebildet. Andererseits gewährleistete die Anordnung der Zähne ein Abstreifen der Blätter.

Das riesige *Brachiosaurus*-Skelett des Museums für Naturkunde der Humboldt-Universität in Berlin dürfte zu einem Tier gehört haben, das annähernd 70 Tonnen wog. Man geht davon aus, daß einige Sauropoden noch wesentlich größer wurden.

Jungtiere, wird erst in ein oder zwei Jahren nachgewachsen sein. Die beste Chance zum Überleben liegt jetzt darin, sich einer Herde erwachsener Tiere in der Ebene anzuschließen.

Als der Morgen graut, ist das Feuer weiter nach Norden gewandert. Über den glimmenden Überresten des Waldes hängt eine dichte schwarze Rauchwolke. Die Jungtiere haben die Nacht am Flußufer verbracht, und als die Sonne aufgeht, beginnen sie die jungen Schachtelhalme abzuweiden. Brandgeruch liegt in der Luft, in den sich der Gestank von verkohlten Kadavern mischt. Er hat im Laufe der Nacht immer mehr Raubtiere angelockt, die auf der Suche nach Aas sind.

Vielleicht werden niemals genug Informationen vorliegen, um dieses Rätsel vollständig zu lösen. Natürlich verschafft Größe viele Vorteile – die riesigen Pflanzenfresser waren keine leicht anzugreifende Beute, überdies waren sie mit ihrem enorm großen Verdauungsapparat in der Lage, alle nur erdenklichen Pflanzensorten zu verdauen. Die meisten Wissenschaftler stimmen darin überein, daß Sauropoden ihre Nahrung fermentiert haben – sie verfügten nicht über geeignete Kauwerkzeuge zum Zerkleinern. Es läßt sich zwar nicht mit letzter Sicherheit sagen, wie groß der Magen eines Sauropoden tatsächlich war, aber man kann davon ausgehen, daß die größeren Tiere eine halbe Tonne pflanzlicher Nahrung darin aufbewahren konnten, die mittels Magensteinen zermahlen wurde. Dies legen die auffällig glatt geschliffenen Steine nahe, die verschiedentlich zusammen mit Sauropodenfossilien gefunden wurden. Möglicherweise ist aber auch die Größe der Sauropoden einfach darauf zurückzuführen, daß sie die ersten Tiere waren, die aufgrund ihres Körperbaus überhaupt ein so enormes Körpergewicht tragen konnten.

Und doch geben alle diese Überlegungen und Theorien keine Antwort auf die Frage, warum diese Tiere so groß *wurden*. Denn sie gehen alle von Tieren aus, die bereits groß *waren*. Es ist anzunehmen, daß Sauropoden ursprünglich kleiner waren, erst nach und nach haben sich lange Hälse, lange Schwänze und die massigen Körper herausgebildet. Diese Entwicklung muß den Tieren deutlich erkennbare Vorteile verschafft haben, und zwar in bezug auf die Umwelt, in der sie lebten. Ein Aspekt betrifft das Nahrungsangebot: Die Pflanzenwelt des Juras war vermutlich vielfältig, und um eine möglichst große Anzahl verschiedener, auch zäher und unterschiedlich hoch wachsender Pflanzen abweiden zu können, war es erforderlich, den Körper genau diesen Bedingungen anzupassen. Zudem verschaffte ein längerer Hals einem ansonsten nicht sehr beweglichen Tier eine größere Reichweite, so daß der Energieeinsatz bei der Suche nach geeignetem Futter niedrig gehalten werden konnte.

Glatt geschliffene Steine, die mit Sauropodenknochen gefunden wurden, lassen vermuten, daß die Tiere – wie heute noch einige Vogelarten – Steine schluckten, um zähes Pflanzenmaterial besser zu verdauen.

Von der anderen Seite des Flusses beobachtet ein einzelner *Allosaurus* die Jungtierherde. Das riesige Tier ist zwölf Meter lang, wiegt drei Tonnen und ist damit vollkommen ausgewachsen – der König der offenen Ebene. Die knöchernen roten Höcker auf dem Kopf sind deutlich sichtbar, als das Tier sich umwendet, um seine Beute zu fixieren. Daß die jungen Sauropoden eine relativ große Gruppe bilden, senkt die Gefahr nicht, in der sie sich befinden. Die offene Landschaft bietet keinerlei Deckung, und die Tiere sind viel zu langsam, um einem angreifenden *Allosaurus* zu entkommen. Mit ausgestreckten Krallen beobachtet der Räuber die Jungtiere, die zunehmend unruhig werden und weiter flußaufwärts ziehen. Doch dort stellen sich ihnen zwei weitere, kleinere Allosaurier in den Weg, so daß die Sauropoden erneut die Flucht ergreifen und den Fluß durchqueren. Als sie das andere Ufer erreichen, stürzt sich der große *Allosaurus* auf das Leittier der Herde. Die Pterosaurier auf seinem Rücken stieben in alle Richtungen auseinander. Trotz des mächtigen Schlages, den das Leittier erhalten hat, kann es sich auf den Beinen halten. Im nächsten Moment aber gräbt der *Allosaurus* die Zähne in den Leib seines Opfers. Die Beine des *Diplodocus* erzittern, und eine Staubwolke aufwirbelnd, stürzt er zu Boden. Der nächste Biß des *Allosaurus*, der sich in dem Rücken seiner Beute festgekrallt hat, zielt auf den Nacken. Noch einmal gelingt es dem *Diplodocus*, sich aufzurichten und, den Angreifer mit sich schleppend, ein paar Schritte am Flußufer entlang zu laufen. Doch der *Allosaurus* hat sich in sein Opfer verbissen und mit seinen kräftigen Kiefern gelingt es ihm, das Rückenmark zu verletzen – das Todesurteil für den *Diplodocus*.

Das Raubtier tritt zurück und beobachtet aus sicherer Entfernung, wie sich sein Opfer im Todeskampf windet. Allosaurier sind kräftige Tiere, ihre eigentliche Stärke liegt allerdings darin, daß sie schnell und äußerst beweglich sind. Verglichen mit dem massigen Körper eines Sauropoden, verfügen sie über einen relativ leichten Knochenbau. Ein Schlag oder der Tritt selbst von einem sterbenden *Diplodocus* kann ihnen schwere Verletzungen zufügen.

Inzwischen haben die beiden kleineren Allosaurier ein weiteres Jungtier der Gruppe angegriffen, das sich als letztes noch im Wasser befand. Der *Diplodocus* stößt eine Reihe von Alarmschreien aus, und es gelingt ihm tatsächlich, einen seiner Angreifer durch einen Schwanzschlag zu vertreiben. Doch der zweite Allosaurier hat sich bereits in eine seiner Flanken verbissen. Nun taucht noch ein dritter Räuber auf, durchquert den Fluß und greift von der anderen Seite her an. Es währt nicht lange, und der *Diplodocus* geht in einem Sprühnebel aus Wasser und Blut zu Boden.

Die überlebenden Tiere der Gruppe fliehen. Hinter sich am Flußufer lassen sie nicht nur ihre toten Artgenossen zurück, sondern auch eine aufgeregte, heimatlos gewordene Schar kleiner Flugsaurier. Die Sauropoden können nicht sehr schnell laufen, die säulengleichen Beine sind dazu geeignet, ein tonnenschweres Gewicht zu tragen, ermöglichen aber keine schnelle Flucht. Doch sie haben Glück, die Allosaurier sind so sehr mit den am Flußufer liegenden, tonnenschweren Kadavern beschäftigt, daß sie die schwerfällig fliehenden Tiere nicht weiter verfolgen. Der Geruch von Blut und die Warnrufe der Sauropoden haben weitere Raubtiere angelockt, doch auch sie interessieren sich im Moment nur für die Kadaver. Schon bald wimmelt es am Fluß nur so von Raubtieren unterschiedlicher Art und verschiedenen Alters, die sich um die Kadaver streiten. Doch der große *Allosaurus* und seine Artgenossen fressen zuerst. Sind sie satt, folgen die in der Hierarchie unter ihnen stehenden Raubtiergruppen. Den kleinsten Räubern bleibt kaum mehr als die Knochen.

Das dunkelhäutige *Diplodocus*-Weibchen gehört zu den Tieren, die den Angriff überlebt haben. Doch während der Flucht verliert es den Kontakt zur Gruppe und sieht sich plötzlich auf sich selbst gestellt. Ganz in der Nähe grast eine kleine Gruppe *Stegosaurus*-Weibchen, der es sich nun nähert – vielleicht in Erinnerung daran, daß diese Pflanzenfresser einen wirksamen Schutz vor *Allosaurus* bieten. In einiger Entfernung von ihnen bleibt das Weibchen stehen und beginnt nach Nahrung zu suchen. Ohne großen Erfolg, da die Stegosaurier in einem Gestrüpp mit Wacholderbüschen grasen, einer Pflanze, die nicht gerade zur Lieblingsnahrung von *Diplodocus* zählt. Der Kopf des Weibchens schwingt von einer Seite zur anderen, während es nach weichen Farnwedeln sucht. Zum ersten Mal in seinem Leben ist es allein, ohne die Sicherheit vermittelnde Gegenwart der Artgenossen.

Einige Tage lang folgt das Weibchen den Stegosauriern, die kaum Notiz von ihm nehmen. Schließlich verspürt es unter seinen Füßen ein leichtes Vibrieren. Auf den Blättern der Pflanzen, die es gerade abweidet, tanzt

Leichte Beute: Ein junger *Diplodocus* hat ohne den Schutz einer Herde gegen einen ausgewachsenen *Allosaurus* keine Chance. Hier reißt ein *Allosaurus*-Weibchen am Waldrand ein etwa einjähriges Tier. Es wird den Kadaver fast vollständig allein verschlingen und wenig Bereitschaft zeigen, seine Beute mit Rivalen zu teilen.

Staub. Das Tier erhebt sich auf die Hinterbeine und sucht den Horizont ab. In nördlicher Richtung, etwa einen Kilometer entfernt, entdeckt es eine *Diplodocus*-Herde mit ausgewachsenen Tieren. Der Anblick ihrer massigen Körper, gepaart mit dem Vibrieren des Bodens, das das junge Weibchen deutlich wahrnimmt, zieht das Jungtier instinktiv zu der Herde hin. Je näher es ihr kommt, desto mehr Geräusche hört es, auf die es mit einer Reihe tiefer Schreie antwortet. Immer drängender werden seine Rufe, als ob es eine Antwort erwartet. Doch zu dieser Herde gehören offenbar schon viele Jungtiere, und ausgewachsene Tiere sind nicht immer bereit, in solchen Fällen noch einen weiteren Artgenossen aufzunehmen.

Und doch – nach ein paar Minuten ängstlichen Rufens verläßt schließlich ein großer Bulle die Herde, hebt den Schwanz und läßt ihn heftig durch die Luft sausen. Das dunkle Weibchen antwortet auf das Signal des ausgewachsenen Tieres und folgt ihm zurück zur Herde. Nachdem es vier Jahre lang für sich selbst gesorgt hat, ist es nun in eine Herde ausgewachsener Tiere aufgenommen worden – seine Überlebenschancen sind damit erheblich gestiegen.

Besucher der Hochebene: Ein *Stegosaurus* grast im Hochland der Äquatorregion Laurasias. Regenfälle haben junges Grün sprießen lassen, das viele größere Pflanzenfresser aus den Ebenen herauflockt.

FUSS-SPUREN IM SAND

UM RÜCKSCHLÜSSE AUF das Verhalten der Dinosaurier ziehen zu können, bedient sich die Paläontologie der Untersuchung von Spurenfossilien. In manchen Fällen haben sich Gelege, Tierbehausungen, Dung, Zahnabdrücke etc. durch außerordentlich günstige Umstände im Gestein erhalten, so daß sie noch nach Millionen von Jahren wie eingefrorene Verhaltensmuster untersucht werden können.

Die vermutlich aussagefähigsten Dinosaurierspuren sind ihre Fußabdrücke, die eine enorme Fülle von Informationen bereit halten. So haben Fußspuren den letzten Beweis dafür geliefert, daß Dinosaurier eine sehr aufrechte Körperhaltung hatten und die Beine nicht seitlich abspreizten. Aus einzelnen Spuren lassen sich Rückschlüsse auf Schrittlänge, Größe, Geschwindigkeit und Haltung ziehen; Spurengruppen vermitteln Erkenntnisse über Herdenstrukturen, Wanderungsbewegungen, über das Verhalten unterschiedlicher Spezies zueinander und sogar über Wachstumsraten. An zwei verschiedenen Ausgrabungsstätten entdeckte Sauropodenfußabdrücke deuten auf Gruppen von 20 und mehr Tieren hin, bei denen im einen Fall die großen Tiere an den Außenrändern der Herde gingen, im anderen die kleineren Tiere am Ende der Herde folgten. Die Spuren von ganz jungen Sauropoden sind äußerst selten und noch niemals zusammen mit Fußabdrücken von ausgewachsenen Tieren gefunden worden.

Im Jahre 1940 beschrieb Roland T. Bird seine Entdeckung einer Reihe von Spuren am Paluxy River in Texas. Er hielt sie für Zeugnisse eines Raubtierangriffs auf einen Sauropoden. Seine Interpretation stieß damals auf wenig Zustimmung, doch mittlerweile haben Paläontologen die Spuren erneut untersucht und Birds Schlußfolgerungen bestätigt. Parallel zum Flußbett verlaufen die Spuren eines großen Herbivoren und dicht dahinter die eines Carnivoren – ganz offensichtlich hat das Raubtier den Pflanzenfresser verfolgt. Selbst ein Ausweichmanöver des Opfers läßt sich anhand der Spuren nachzeichnen, sowie die Tatsache, daß der Fleischfresser zweimal auf seinem rechten Fuß aufsprang, während der Sauropode ins Straucheln geriet und dabei einen Fuß nachzog. Augenscheinlich war dies der Moment, in dem der Räuber seine Beute schlug. Wenn dem so ist, dann war die Angriffsmethode dieses Raubtiers den Taktiken heute lebender Säugetiere sehr ähnlich. Trotz der interessanten Informationen, die uns derartige Spuren über das Verhalten der Tiere geben, ist es beinahe unmöglich, anhand des Fußabdrucks die genaue Spezies zu identifizieren.

Die versteinerten Fußspuren einer Sauropodenherde wurden durch die Erosion in einem Flußtal in Colorado freigelegt. Im Licht der tief stehenden Sonne wirken sie so plastisch, als sei die Herde erst gestern hier vorübergezogen.

In Utah gefundene Spuren von fleischfressenden Dinosauriern beweisen, daß sie einen Fuß vor den anderen setzten – ein weiterer Beleg für ihre aufrechte Körperhaltung.

Neue Generation

ZWÖLFTES JAHR – DIE EBENEN

Die ganze Nacht hat es geregnet, dichter Nebel hängt im Morgengrauen über den Niederungen und kriecht langsam die Hänge des Hochlandes hinauf. Über der Nebeldecke jedoch, die sich wie ein weißes Meer in die Landschaft ergießt, fällt das erste Sonnenlicht auf das satte Grün des Waldes. Als die Sonne höher steigt, lichtet sich der Nebel und die charakteristischen Merkmale der Ebene werden sichtbar: Frauenhaarwäldchen, Cycadeenhaine und die runden Rücken einer *Diplodocus*-Herde. Der Tau auf ihren Flanken glänzt im Schein der Sonne. Ein *Anurognathus* hinter dem anderen stehen auf ihren Rücken, aufgereiht, um sich nach der kalten Nacht in der Sonne zu wärmen und die ersten Insekten zu jagen.

Fast alle Tiere der Herde grasen. Nach mehreren, für die Jahreszeit untypisch heftigen Regenfällen ist die Vegetation auf der Ebene saftig und grün. Ein großes, dunkelhäutiges Weibchen hebt den Kopf, um sich umzusehen.

Gleich hinter den Nüstern sitzen zwei Flugsaurier, die sich paaren. Offenbar haben sie mit ihren kleinen Krallen einen empfindlichen Punkt getroffen, denn das *Diplodocus*-Weibchen schüttelt irritiert den Kopf und versprüht dabei Millionen kleiner Tautropfen. Es ist jetzt zwölf Jahre alt und damit fast ausgewachsen. Obwohl es in den letzten Jahren nicht mehr so schnell gewachsen ist wie unmittelbar nach der Geburt, hat sich seine Körperlänge seit der Ankunft bei der Herde doch immerhin noch einmal verdoppelt. Schon lange benötigt es keinen erwachsenen Beschützer mehr, unter dessen Schwanz es Sicherheit suchen müßte. Das Weibchen ist jetzt etwa so groß wie die größten Männchen. Über den Rükken, entlang der Wirbelsäule, zieht sich ein Band zackiger Stacheln, zwischen denen sich eine ganze Schar kleiner Flugsaurier eingenistet hat, die ihren Kot auf der Haut des Tieres zurücklassen. Und etwa 28 Meter weiter liebkost der Schwanz des Weibchens zwei andere Mitglieder der Herde.

Als sich schließlich auch die letzten Nebelschwaden aufgelöst haben, stellt die Herde das Fressen ein und wandert zu einem breiten, seichten Flußlauf, um

Riesen-Prahlerei: Drei *Diplodocus*-Bullen wetteifern um die Aufmerksamkeit eines Weibchens (ganz rechts im Bild). Das Stampfen mit dem Fuß, das Peitschen mit dem Schwanz, Bellen und schließlich die Kämpfe der Bullen untereinander sind allerdings keine Garantie dafür, daß das Weibchen einen von ihnen für die Paarung auswählen wird.

EINE HEISSBLÜTIGE DEBATTE

NEBEN DEM STREIT um die Herkunft der Vögel (s. S. 188) ist keine andere wissenschaftliche Auseinandersetzung in der Paläontologie heftiger geführt worden als die um die Frage, ob die Dinosaurier Warm- oder Kaltblüter waren. Die Vehemenz der Debatte rührt daher, daß die Antwort ganz wesentlich unser Verständnis von diesen Tieren prägt, und daß der Forschungsgegenstand so ungemein kompliziert ist. Zudem sind Warm- und Kaltblütigkeit nicht so einfach und klar voneinander zu trennen. Einige kaltblütige Eidechsen können höhere Körpertemperaturen aufrechterhalten als warmblütige Säugetiere. Wir wissen, daß Dinosaurier aus Lebewesen hervorgingen, die – ähnlich wie Krokodile – keine eigene Wärme erzeugen konnten, und trotzdem sind die Vögel ihre Nachkommen, die über hohe Körpertemperaturen verfügen.

Über lange Zeit ging man von folgender Theorie aus: Alle heutigen Reptilien sind Kaltblüter, Dinosaurier waren Reptilien, also müssen auch sie kaltblütig gewesen sein. Doch in den 70er Jahren des 20. Jahrhunderts stellten Wissenschaftler wie Bob Bakker diese Theorie in Frage, um zugleich Argumente für die Warmblütigkeit der Dinosaurier anzuführen. Die eleganten, aufrechten Skelette der Dinosaurier seien auf Geschwindigkeit und Beweglichkeit ausgelegt gewesen, wiesen also auf eine größere Nähe zu den Vögeln als zu den Krokodilen hin. Außerdem sprächen das enorm schnelle Wachstum der Dinosaurier sowie das zahlenmäßige Verhältnis von Herbivoren zu Carnivoren, das dem von heutigen Säugetierpopulationen ähnelt, dafür, daß Dinosaurier warmblütig gewesen seien. Andere Paläontologen hielten dem entgegen, daß die größten Sauropoden nicht in der Lage gewesen wären, die von ihnen erzeugte Körpertemperatur abzugeben, wenn sie Warmblüter gewesen wären. Zudem sei ihr Gehirnvolumen wie das der Reptilien durchweg sehr gering gewesen. Und schließlich gebe es keinerlei Beweis dafür, daß sie über eine geeignete isolierende Schicht verfügten, um Wärme im Körper zu halten. Doch der Schluß, den man aus dieser Debatte ziehen mußte, war ein vollkommen anderer: Es schien, daß die Anforderungen an den Stoffwechsel eines Riesensauropoden sich so völlig von denen eines kleinen Carnivoren unterschieden, daß beide Argumentationen falsch wären.

Drei Jahrzehnte intensiver Untersuchungen der Wachstumsringe in Knochen, der Nasenhöhlen, der Sauerstoffisotope sowie einer Reihe von Ergebnissen aus anderen Forschungsfeldern haben mittlerweile zu einem – wenn auch nicht von allen Wissenschaftlern akzeptierten – Konsens geführt. Die gegenwärtige Sicht der Dinge ist, daß Dinosaurier vermutlich weder warm- noch kaltblütig waren, sondern über verschiedene ihre Körpertemperatur regulierende Stoffwechselmechanismen verfügten, die bei heutigen Tieren nicht mehr existieren. Sie halten wahrscheinlich ein in vier Kammern unterteiltes Herz, das einen effizienten Blutkreislauf und einen äußerst aktiven Stoffwechsel gewährleistete.

Eine Frage hinsichtlich der kleinen Fleischfresser bleibt allerdings noch offen. Ein warmblütiges Tier ihrer Größe – die meisten Experten gehen davon aus, daß sie etwa so groß wie ein Truthahn waren – hätte ohne wärmeisolierende Schicht eine kalte Nacht nicht überleben können – es wäre an Unterkühlung gestorben. Einige in China gemachte Fossilienfunde von Theropoden mit Federn oder haarartigen Fedrn haben die Diskussion neuerdings angeregt.

Früher glaubte man, daß man an den wechselwarmen Krokodilen modellhaft den Stoffwechsel der Dinosaurier studieren könne. Heute geht man eher davon aus, daß Dinosaurier eine Palette von verschiedenen Möglichkeiten hatten, ihre Körpertemperatur zu halten, und daß der Stoffwechsel der kleinen Carnivoren sehr viel mit den Vögelngemeinsam hatte.

zu trinken und die Wasserpflanzen abzuweiden. Eine kleine *Coelurus*-Gruppe läuft bei ihrer Ankunft auseinander. Die Sauropoden lassen ihre langen Hälse weit über das Wasser schwingen, was die kleinen darauf befindlichen Flugsaurier nutzen, um Insekten an der Wasseroberfläche zu jagen. Aber nicht nur die winzigen Pterosaurier stellen vom Rücken der Sauropoden aus ihrer Beute nach, sondern auch viele Raubinsekten. Seejungfern und Libellen haben sich auf den Flanken der Pflanzenfresser niedergelassen und sorgen für bunte Farbtupfer auf ihrer grau gefleckten Haut. Ein *Anurognathus* entdeckt ein räuberisches *Goldauge*, das auf dem Stachelkamm landet. Langsam nähert sich der Flugsaurier dem großen Insekt und fixiert es mit seinen roten Knopfaugen. Als er sich ihm bis auf etwa 30 Zentimeter genähert hat, breitet er die Flügel aus und stürzt sich auf sein Opfer. Doch schon hat das *Goldauge* seine eigenen Flügel entfaltet, auf denen jeweils ein großes rotes Auge zu sehen ist. Irritiert bleibt der Pterosaurier stehen, und bevor er einen neuen Angriff starten kann, hat sich das Insekt bereits vom Rücken des *Diplodocus* erhoben und ist in Richtung eines Schachtelhalms davongeflogen. Das Verhalten des *Goldauges* ist kein Einzelfall – immer mehr Insekten haben inzwischen die Fähigkeit entwickelt, sich den räuberischen Attacken von Flugsauriern zu entziehen.

»Die Bullen versuchen, die Aufmerksamkeit der Weibchen auf sich zu lenken – sie lassen ihre Schwänze durch die Luft peitschen und erheben sich auf die Hinterbeine, um kurz darauf krachend wieder auf den Vorderbeinen zu landen.«

Schon seit einigen Tagen wächst die Spannung in der Herde, und immer häufiger lassen die Tiere ihre Schwänze durch die Luft peitschen. Grund für ihre Unruhe ist das reichhaltige Nahrungsangebot, das durch die jüngsten Regenfälle in Hülle und Fülle zur Verfügung steht. Die Tiere haben ungewöhnlich viel gefressen, so daß die riesigen Mägen prall gefüllt sind – eine, wenn nicht die wichtigste Voraussetzung dafür, daß die Sauropoden mit der Paarung beginnen.

Erstes Anzeichen für die Vorbereitung auf die Paarung ist das sichtbare Aufbrechen der fest gefügten Herdenstruktur. Während die Weibchen weiterhin beieinander bleiben, sondern sich die Männchen einzeln ab und suchen eine gewisse Distanz zur Herde. In diesem Jahr wird sich das dunkle Weibchen zum ersten Mal paaren – erst jetzt ist es groß und kräftig genug, um das Gewicht eines ausgewachsenen Bullen auf dem Rücken tragen zu können. Für die jüngeren Tiere kann die Paarungszeit gefährlich werden. Mit der vorübergehenden Auflösung der Herde sind sie sich selbst überlassen und daher Angriffen von Raubtieren schutzlos ausgeliefert.

Sobald sich die Bullen von der Herde entfernt haben, versuchen sie die Aufmerksamkeit der Weibchen auf sich zu lenken – sie lassen ihre Schwänze durch

GEGENÜBERLIEGENDE SEITE **Ein *Diplodocus* wärmt sich im ersten Licht des Tages. Nur ausgewachsene Bullen wandern ohne den Schutz der Herde, haben aber aufgrund ihrer Körpergröße selbst von *Allosaurus* kaum etwas zu befürchten.**

die Luft peitschen und erheben sich auf die Hinterbeine, um kurz darauf krachend wieder auf den Vorderbeinen zu landen. Die dadurch verursachten Erschütterungen sind noch viele Kilometer entfernt zu spüren und locken nicht selten zwischen verschiedenen Herden hin und her wandernde Bullen an. Wenn sich die Bullen zu nahe kommen und nicht genug Platz haben, um sich zur Schau zu stellen, kann es zu Auseinandersetzungen kommen. Ein Kampf zwischen zwei ausgewachsenen, jeweils gut 15 Tonnen wiegenden Bullen ist ein furchterregender Anblick. Mit den Schwänzen auf den Boden schlagend und wütend schnaubend, stellen sich beide Kontrahenten nebeneinander auf, um mit ihrem ganzen Gewicht den Gegner aus dem Weg zu drücken. Bei dieser Form der Kraftprobe ist die Größe entscheidend. Ein kleiner Bulle, der sich an einem größeren Gegner messen will, kann schwere Verletzungen – gebrochene Rippen oder sogar zerschmetterte Gliedmaßen – davontragen. Sind die Gegner allerdings gleichwertig, werden sie schon bald beginnen, sich gegenseitig Schläge mit ihren langen Hälsen zu versetzen. Auch dies ist gefährlich, doch der Lohn der Paarung, der dem Sieger winkt, scheint die Mühen wert zu sein. Nur selten gibt es mehr Bullen als Weibchen, doch viele der Weibchen paaren sich nicht jedes Jahr. Offensichtlich können die *Diplodocus*-Weibchen nach der Paarung den Samen eines Männchens ein Jahr und sogar noch länger konservieren, so daß sie in der Lage sind, auch in Abwesenheit ihrer männlichen Artgenossen befruchtete Eier zu legen. Angesichts des gefährlichen Lebens, das die Bullen führen – sie müssen um die Weibchen kämpfen, sind überdies noch kleiner als sie und daher eher Angriffen von Raubtieren ausgesetzt – ist dies eine äußerst sinnvolle Einrichtung der Natur, um die Art zu erhalten. Andererseits ist unter evolutionären Gesichtspunkten der Überlebenskampf eines Bullen nur dann erfolgreich, wenn er sich auch fortpflanzen kann. Deshalb ist während der kurzen Zeit der Paarung die Rivalität unter den Bullen immens.

Die Art und Weise, wie ein Bulle seinen Schwanz zur Schau stellt, kann Aufschluß über dessen Alter und Gesundheitszustand geben. Alte *Diplodocus*-Männchen leiden häufig unter schmerzhafter Arthritis und Wirbelversteifungen, die zu einer Beeinträchtigung der Beweglichkeit des Schwanzes führen. Folglich versuchen die jüngeren Männchen, ihre mangelnde Größe durch um so heftigeres Schwanzpeitschen wettzumachen.

Die Nacht bricht herein, doch noch immer verharren die Weibchen am Flußufer. Immer wieder stellen sich einzelne Männchen im Verlauf der lauen Nacht zur Schau, obwohl nicht davon auszugehen ist, daß sich die Weibchen in der Dunkelheit paaren werden. Bei Tagesanbruch geht das größte Weibchen auf die ermüdeten männlichen Tiere zu, andere folgen ihm. Nur etwa die Hälfte der Weibchen scheint zur Paarung bereit zu sein. Doch angesichts ihrer Fä-

higkeit, Samen zu konservieren, kann dennoch davon ausgegangen werden, daß alle weiblichen Tiere der Herde dieses Jahr Eier legen werden.

Sobald Bewegung in die Gruppe der Weibchen kommt, beginnen die männlichen Tiere erneut mit ihrer ritualisierten Selbstdarstellung. Das dunkle Weibchen sucht sich einen Bullen aus, der etwa genauso groß ist wie sie. Als sie neben ihm steht, stellt er sein Schwanzpeitschen und das Stampfen mit den Vorderfüßen ein. Sie schreitet die ganze Länge seines Körpers ab und streift dabei mit ihrem Schwanz über seinen Kopf, den Hals und den Rücken. Er erwidert diese Geste, und so gehen sie mehrere Male aneinander vorbei. Schließlich signali-

DIE MORRISON-FORMATION

DIESES KAPITEL BASIERT auf in der Morrison-Formation gemachten Funden, einer riesigen und höchst ergiebigen Fossilienlagerstätte, die sich im Westen der Vereinigten Staaten über 1,5 Millionen Quadratkilometer erstreckt. Sie verläuft von New Mexico im Süden bis hinauf nach Kanada, von Idaho im Westen bis nach Nebraska. Seit den ersten Knochenfunden im Jahr 1877 wurden bis heute Tonnen von Material ausgegraben. *Diplodocus, Apatosaurus (Brontosaurus), Brachiosaurus, Stegosaurus* und *Allosaurus* wurden in der Morrison-Formation entdeckt, dazu unzählige Krokodile, Säugetiere, Eidechsen, Fische und vieles mehr. Die Funde ermöglichen einen sehr detaillierten Einblick in den oberen Jura Nordamerikas. Die Lagerstätte ist derart reich an gut erhaltenen, leicht zugänglichen Knochen, daß die beiden ersten Paläontologen, die hier tätig wurden, die Erzrivalen Edward Cope und Charles Marsh, miteinander in einen Wettstreit traten, wer die meisten Fossilien bergen konnte. Später nutzten das American Museum of Natural History und dann auch das Carnegie Museum die Morrison-Formation als Hauptquelle für ihre umfangreichen Sammlungen.

Die Morrison-Formation ist in den oberen Jura zu datieren (vor 155–148 Millionen Jahren) und umfaßt eine Tiefebene, die nach dem Rückzug des Sundance-Meeres entstand. An den nördlichen Rändern, im heutigen Montana, muß das feuchte Klima eine morastige Landschaft geschaffen haben, da es dort Kohlevorkommen gibt. Im heutigen Colorado befanden sich Schwemmebenen mit häufig ihren Lauf ändernden Flüssen und jahreszeitlich bedingten Seen. In diesen Gegenden konnten die reichsten Funde gemacht werden, da regelmäßig wiederkehrende Regenzeiten für die Überflutung der tiefliegenden Landschaft sorgten und Tierknochen in großer Zahl im Schlamm begruben. Im Dinosaur National Monument läßt sich dies auf eindrucksvolle Weise nachvollziehen. In einer riesigen Felswand werden dort 1500 Knochen in ihrer ursprünglichen Lage ausgestellt. Im Westen, in den höher gelegenen Regionen von Utah und Arizona, gab es einen reichen Bestand an Mammutbäumen, während die Beschaffenheit der Formation in Arizona darauf schließen läßt, daß eine Wüste ihre südliche Grenze bildete.

Viele der in der Morrison-Formation gefundenen Dinosaurierfossilien sind außerordentlich gut erhalten, weil sie einst von den Flüssen hier abgelagert wurden.

Die Morrison-Formation, eine einzigartige Fundgrube für Versteinerungen aus dem Jura, erstreckt sich von Kanada bis fast an die mexikanische Grenze. Seit 1877 sind dort Tonnen von Fossilien geborgen worden.

siert das Weibchen seine Empfängnisbereitschaft, indem es Kopf und Hals auf den Boden senkt. Der Bulle stellt sich hinter sie und steigt, sich mit der Schwanzwurzel auf dem Boden abstützend, auf die Hinterbeine. Dann setzt er die Vorderbeine zu beiden Seiten der Wirbelsäule auf ihrem Rücken auf, wobei er seine Krallen in die Hornplatten gräbt, um Halt zu finden. Sauropodenmännchen verfügen über einen langen, äußerst muskulösen Penis, der es ihnen erlaubt, unter dem Körper des Weibchens in dessen Kloake einzudringen. Die Paarung selbst dauert nur wenige Minuten. Danach kehrt das Weibchen zum Flußufer zurück, während sich der Bulle erneut zur Schau stellt. Es ist durchaus möglich, daß sich ein Weibchen mit mehreren Bullen paart, und jeder Bulle wird versuchen, so viele Weibchen wie möglich zu begatten.

In den nächsten beiden Monaten bleibt die Herde in Bewegung, wobei die Tiere beständig fressen. Allmählich nähern sie sich dem Hochland und damit dem Wald, der sich von dem verheerenden Feuer, das acht Jahre zuvor dort gewütet hat, zu erholen beginnt. Als sich die grasende Herde dem Waldrand nähert, sondert sich das dunkelhäutige Weibchen ab und wandert auf die Bäume zu. In seinem Körper trägt es annähernd 100 große, runde Eier. Es folgt seinem Instinkt und dringt durch die kleineren Bäume am Waldrand tiefer in den Wald ein, wo es selbst nach so vielen Jahren noch immer den Geruch von verbranntem Holz wahrnehmen kann – jenen Geruch, der es vor so langer Zeit von hier vertrieben hat. In den Stämmen einiger großer Mammutbäume glimmen noch immer Schwelbrände, die den Baum von innen aushöhlen, während er weiter wächst. Auf der Suche nach einer Lichtung dringt das Weibchen weiter in den Wald vor. Bereits nach kurzer Zeit erreicht es eine Stelle, an der nur wenige Farne wachsen und der Boden mit einer dichten Schicht von Koniferennadeln bedeckt ist. Prüfend scharrt das Weibchen mit den Füßen im Boden, bevor es ihn auch mit der Zunge testet. Sobald das Weibchen glaubt, eine gute Stelle für sein Gelege gefunden zu haben, beginnt es, ein kreisrundes, etwa ein Meter tiefes Loch zu graben. Mit den Vorderkrallen hebt es große Mengen Humus und weichen Sand aus, bevor es sich umdreht, den Unterleib über das Loch senkt und die Eier legt. Dabei hat es den Kopf wie in Trance nach oben gestreckt, bewegt sich aber jedes Mal, wenn es ein Ei gelegt hat, ein Stück weiter, um sicherzustellen, daß die Eier nicht aufeinanderliegen.

Vorsichtig füllt es nach dem Ablegen aller Eier das Loch wieder mit Erde auf und stampft den Boden mit einer Behutsamkeit fest, die man einem Tier dieser Größe kaum zutrauen würde. Dann kehrt es zur Herde zurück und überläßt seinen Nachwuchs dem Schicksal. Erreicht das Weibchen ein hohes Alter, kann es diesen Vorgang bis zu 50mal wiederholen, also insgesamt etwa 5000 Eier legen.

VOR 149 MILLIONEN JAHREN

Eine grausame See

3

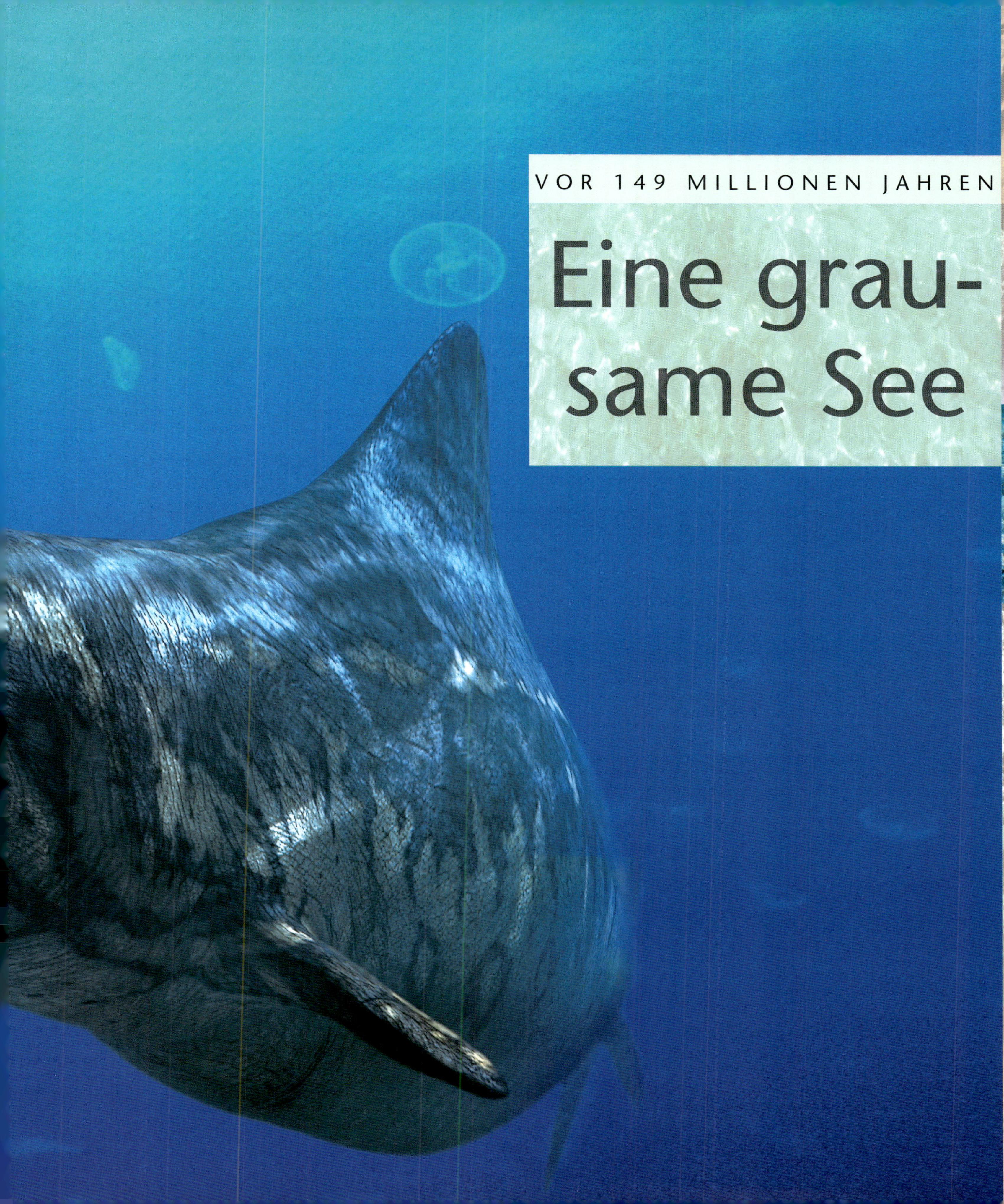

VOR 149 MILLIONEN JAHREN. Während der alte Kontinent Pangaea mit ungeheuren Bewegungen der Erdkruste auseinanderzudriften beginnt, formt das stetige Ansteigen des Meeresspiegels die Küstenlinien des Juras. Tausende Quadratkilometer tiefer gelegener Landstriche sind überflutet, so daß sich riesige flache, sogenannte epikontinentale Meere gebildet haben. Diese Gewässer sind Schauplatz einer Revolution des marinen Lebens.

Korallenriffe bedecken den Meeresgrund, während über ihnen unzählige spiralförmige Ammoniten im planktonreichen Wasser ideale Lebensbedingungen vorfinden. Tintenfische und Haie, die bereits seit Millionen von Jahren die Meere bevölkern, müssen sich darauf einstellen, daß ihre Beute schneller geworden ist. Die Fische sind geschickte Schwimmer, die ihren Verfolgern oft genug entkommen, um eine Fülle von verschiedenen neuen Arten auszubilden.

Sonnendurchflutete Gewässer: Durch das seichte Wasser eines jurassischen Meeres gleitet ein 5 Meter langer *Ophthalmosaurus* mitten in einen Schwarm Quallen. Das Licht der Sonne dringt in diesen Gewässern bis auf den Meeresboden.

Angesichts eines solchen Reichtums an potentieller Beute haben sich viele landlebende Tiere an das Leben im Wasser angepaßt. Die Reptilien, schon vorher unumschränkte Herrscher auf dem Land und in der Luft, haben als gefährlichste Raubtiere der Meere ihre Vormachtstellung in der Welt des Mesozoikums noch weiter gefestigt. Diese Killer der Meere sind zwar nicht mit den Dinosauriern verwandt, an Größe stehen sie ihnen aber in nichts nach. Sie haben eine Vielzahl von Formen entwickelt: die schlanken, Fischen ähnelnden Ichthyosaurier, marine Krokodile und Plesiosaurier. Die größten dieser Meeresräuber aber sind die Pliosaurier – Tiere wie der *Liopleurodon*, der mit einer Länge von 15 Metern einer der größten Fleischfresser ist.

Korallen und Schwämme, deren Ursprung im Präkambrium liegt, wurden durch das große Artensterben im Perm stark dezimiert.

ZEITALTER SONNENDURCHFLUTETER GEWÄSSER

DIE MEERE SPIELTEN IM JURA eine noch größere Rolle als heute. Trotz des Auseinanderbrechens von Pangaea bedeckte der Panthalassa-Ozean noch mehr als die Hälfte der Erdoberfläche. Die Höhe des Meeresspiegels variierte, lag aber zeitweise etwa 100 Meter über dem heutigen Niveau. Riesige Gebiete tiefliegenden Landes waren überflutet und bildeten warme, sonnendurchflutete Gewässer. Diese sogenannten epikontinentalen Meere bedeckten zeitweise bis zu einem Viertel des Festlandes. An Stellen mit nur geringfügigen Strömungen war das Wasser sauerstoffarm. Doch in den meisten Gewässern wimmelte es nur so von Leben.

Die Korallen, die sich seit der Trias erholt hatten, bildeten nun riesige Riffe. Die meisten Korallen benötigen zu ihrem Wachstum Licht und sterben durch Sedimentablagerungen ab. In den riesigen flachen Meeren fanden sie ideale Lebensbedingungen vor und verbreiteten sich rasch. Riffe aus Schwämmen und Bakterien blühten bis zu einer Tiefe von 90 Metern. Zu den zahlreichen Lebewesen, die auf harten Untergründen in diesen Gewässern Kolonien bildeten, zählten Seelilien, Seefedern und Moostierchen. In Regionen mit schlammigem Grund waren Bivalven heimisch, Muscheln und Austern formten ausgedehnte Bänke. Der Artenreichtum dieser Weichtiere führte zur Entwicklung neuer Räuber, die in der Lage waren, deren Schalen zu öffnen, um an das Innere zu gelangen. Die Schnecken bohrten die Muschelschalen auf, Seesterne zogen sie auseinander und Hummer legten sich Scheren zu, mit denen sie die Schalen knackten.

In den oberen Wasserschichten durchliefen die Fische die sogenannte »mesozoische marine Revolution«, die vor allem aus der Verbreitung einer neuen Gruppe, der modernen Knochenfische (Teleostei), bestand. Im unteren Jura hatten noch vor allem Knorpelfische wie die Haie und primitive Knochenfische mit dicken Schmelzschuppen vorgeherrscht, Vorfahren von Stör und Knochenhecht. Die bedeutendste Veränderung, die demgegenüber die Teleostier aufweisen, besteht in dem mit zusätzlichen Gelenken versehenen Kiefer, der wie eine Röhre vorgeschoben und wieder eingezogen werden kann – an Goldfischen läßt sich dieses Phänomen gut beobachten. Diese Entwicklung war Voraussetzung für ein neuartiges Freßverhalten, bei dem die Nahrung gleichsam eingesogen wird. Die daraus resultierende Überlegen-

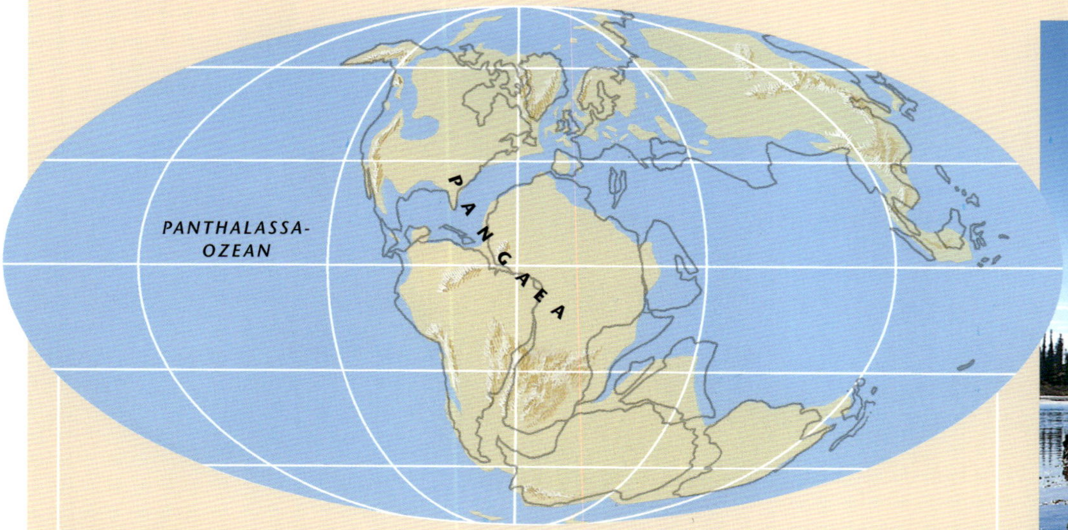

Mit dem Auseinanderbrechen von Pangaea ging eine rasche Veränderung der alten Küstenlinien einher. Ursache dafür waren nicht allein die Verschiebungen der Landmassen, sondern auch ein Anstieg des Meeresspiegels. Weite Regionen Europas und Asiens, die heute über dem Meeresspiegel liegen, waren zu jener Zeit überflutet. Das heutige Sibirien und China waren Inselkontinente, während Europa aus einer Reihe kleiner Inseln bestand, die zum Teil nur wenig aus dem Wasser ragten. In der Äquatorregion herrschten warme Meeresströmungen vor, die großen Landmassen drifteten weiter auseinander und auf die Pole zu. Der größte Teil der Ozeane befand sich also in tropischen oder subtropischen Zonen, und da es keine Eiskappen an den Polen gab, war die Bewegungsfreiheit der meeres- und landlebenden Tiere unbeschränkt. Durch die Ozeane streiften große Fische und Reptilien ungehindert rund um den Globus.

heit der Teleostier sorgte dafür, daß sie sich gegenüber primitiveren Knochenfischen im oberen Jura und in der unteren Kreide durchsetzten. Die meisten modernen, heute noch lebenden Knochenfische – wie Hecht, Aal, Hering, Kabeljau, Thunfisch oder Seepferdchen – gehören zur Gruppe der Teleostier. Für die wesentlich größeren und kräftigeren Haie dagegen stellten die Teleostier keine Bedrohung dar, so daß sie sich in Koexistenz mit ihnen weiterentwickeln konnten. In Anpassung an die schneller werdenden Beutetiere bildeten sie im Laufe der Zeit moderne, wendigere Arten aus.

Ein wichtiger Bestandteil der marinen Ökosysteme waren die Cephalopoda oder Kopffüßer, eine Weichtiergruppe, zu der auch die heute lebenden Tintenfische und Kraken gehören. Die im Jura zahlenmäßig stärksten Vertreter der Kopffüßer waren Ammoniten und Belemniten. Das spiralförmig gewundene, in Kammern unterteilte Gehäuse der Ammoniten schützte nicht nur den weichen Körper der Tiere, sondern regulierte auch den Auftrieb. Das Tier selbst saß in der letzten, größten Kammer seines Gehäuses. Im Laufe von Millionen von Jahren existierten Tausende verschiedener Ammonitenarten, von denen die kleinsten in Gehäusen mit einem Durchmesser von etwa einem Zentimeter lebten, andere dagegen Gehäuse von der Größe eines Wagenrades hatten. Mit dem ausgehenden Mesozoikum starben sie jedoch allesamt aus und ließen mit dem Perlboot nur einen weit entfernt verwandten Cousin zurück. Zur gleichen Zeit starben auch die Belemniten aus, den heutigen Tintenfischen ähnelnde Tiere, deren Tentakeln anstelle von Saugnäpfen Haken hatten. Der Körperbau der Belemniten war auf Schnelligkeit ausgelegt, und es ist wahrscheinlich, daß sie in Schwärmen lebten.

Die Reptilien, seit dem Karbon die dominanten Tiere an Land, eroberten sich im Mesozoikum auch die Meere als Lebensraum. Nachdem sie bereits während der Trias den ersten Schritt ins Wasser gewagt hatten, konnten sie gegen Ende des Jura mit einer ganzen Palette geschickter Räuber aufwarten. Die Delphinen ähnelnden Ichthyosaurier – Raubtiere, die vor allem in offenen Gewässern jagten – waren zwar immer noch erfolgreich, verfügten aber nicht mehr über die Vielfalt wie in der oberen Trias. Häufig anzutreffen waren auch Meereskrokodile. Sie hatten kräftige Schwänze und Paddeln gleichende Gliedmaßen entwikkelt. Ihrer Beute lauerten sie aus dem Hinterhalt auf. Doch die mit Abstand erfolgreichsten marinen Reptilien dieser Zeit waren die mit extrem langen Hälsen ausgestatteten Plesiosaurier und die kurzhalsigen Pliosaurier. Die Tiere beider Gruppen bewegten sich mit Hilfe von vier kräftigen Flossen fort und konnten eine beträchtliche Größe erreichen. Die Plesiosaurier spezialisierten sich vor allem auf die Jagd nach Fischen und Tintenfischen. Zu den bevorzugten Beutetieren der Pliosaurier, die an der Spitze der Nahrungskette der marinen Raubtiere standen, gehörten häufig auch andere marine Reptilien.

Der Stör ist ein früher Knochenfischtyp. Im Gegensatz zu den meisten Vertretern dieser Gruppe verfügt er noch nicht über das typische Saugmaul.

Araukarien zählten in dieser Periode zu den vorherrschenden Bäumen. Heute gibt es nur noch wenige Arten dieser Koniferen, eine von ihnen, die Säulenkiefer, überdauerte nur in Neukaledonien.

Der hier abgebildete Haarstern gehört zu den Stachelhäutern oder Echinodermata, einer Tiergruppe, die seit dem Kambrium die Meeresböden bevölkert.

Einige Krustentiere wie die Flußkrebse entwickelten sich bereits vor dem Zeitalter der Dinosaurier, echte Krebse und Hummer sind aber erst für den Jura nachgewiesen. Diese räuberisch lebenden Gruppen bildeten kräftige Scheren aus, mit denen sie die Schalen der Mollusken aufbrechen, die den Hauptbestandteil ihrer Nahrung darstellen.

Das große Treffen

JUNI – KORALLEN-KINDERSTUBE

Am südlichen Ende des langgestreckten Seewegs, der das Tethys-Meer mit dem Boreal-Ozean verbindet, erstreckt sich ein seichtes epikontinentales Meer, aus dem Tausende von Inseln ragen. Aus der Luft, zum Beispiel aus der Perspektive eines Flugsauriers, sehen diese Inseln wie kleine grüne Punkte aus, eingerahmt von blassen Korallenriffen und von einander abgegrenzt durch dunkelblaue Kanäle. Von einigen der größeren Inseln ergießen sich Flüsse in das Meer. Den Schlamm, den sie mit sich führen, laden sie weit ausgreifend vor der Küste ab. Vor Millionen Jahren war hier nichts als eine einzige große, von Dürre gekennzeichnete Ebene, nur gelegentlich durch ein paar Berge und Hochplateaus unterbrochen. Mit dem Anstieg des Wasserpegels wurden aus den Hochplateaus große Inseln, abgeschnitten von den Kontinenten im Osten und Westen. Als das Wasser weiter stieg, entstanden Gruppen winziger Inseln. Im Süden, dort wo eine Kontinentalplatte in die tieferen Wasser des Tethys-Meeres abfällt, liegt eine solche Inselgruppe, die vindelizischen Inseln. An manchen Stellen des epikontinentalen Meeres gibt es kaum Strömungen, so daß das Wasser beinahe steht. Doch rings um die vindelizischen Inseln schafft das kältere, sauerstoffreiche Wasser, das aus den Tiefen des Ozeans aufsteigt, ideale Bedingungen für eine reichhaltige Unterwasserflora und -fauna.

An der Küste einer dieser kleinen, namenlosen Inseln sonnt sich ein glänzend brauner Plesiosaurier auf einer warmen Korallenbank. Es ist ein etwa sieben Meter langes *Cryptoclidus*-Weibchen, das seine Flossen elegant auf dem Felsen ausstreckt. Der auf einem langen Hals sitzende kleine Kopf ragt über die schimmernden Wellen hinaus, die gegen das Ufer schlagen. Das Tier schläft. Es ist früher Morgen, noch ist die Temperatur moderat, so daß es nicht Gefahr läuft, sich zu überhitzen. Wahrscheinlich hat es die ganze Nacht hier gelegen, im Schutz der Insel, auf der es keine Raubtiere gibt, die groß genug wären, um eine Bedrohung darzustellen. Etwa 50 Meter entfernt sonnt sich ein weiterer *Cryptoclidus*, doch die beiden Tiere nehmen keinerlei Notiz voneinander. *Cryptoclidus* ist ein einsamer Jäger, der sich von Fischen und Tintenfischen ernährt. Und obwohl etwa ein Dutzend dieser Tiere rings um die Insel leben, kommen sie nur in der Paarungszeit zusammen.

Als die Sonne direkt auf die Korallenbank fällt, wacht das *Cryptoclidus*-Weibchen auf und robbt schwerfällig ans Wasser, um sich in die kühlen Fluten gleiten zu lassen. Sobald es in seinem Element ist, sind seine Bewegungen mühelos und elegant. Wie alle Plesiosaurier benutzt es seine vier großen Flossen wie Flügel, um sich im Wasser fortzubewegen. Dabei arbeiten die vorderen und hinte-

UNGEHEUER AUS DER TIEFE

DIE FLACHEN EPIKONTINENTALEN Meere haben sich häufig als ideal für die Konservierung von Knochen mariner Lebewesen erwiesen. Tiere, die starben, sanken zu Boden und wurden am Meeresgrund unter einer dicken Schlammschicht begraben. Die Wahrscheinlichkeit hier als Fossil zu »überleben«, war sehr groß. Im oberen Jura erstreckte sich eine Insel vom heutigen London über den Ärmelkanal bis nach Belgien. Ihre Küstengewässer waren die Heimat sehr vieler mariner Lebewesen, der Meeresboden bestand aus einer dicken Schicht aus Schlamm und Sand. Diese Oxford-Ton genannte Schicht (s. S. 131) zieht sich heute wie eine Schärpe über Mittelengland. Alle in diesem Kapitel beschriebenen Tiere wurden in dieser Formation, aber auch an anderen über die Erde verteilten Orten gefunden.

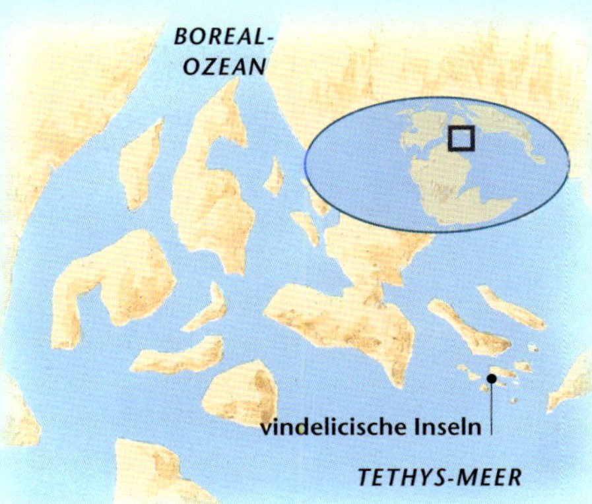

Die vindelizischen Inseln befanden sich am Rand des Tethys-Meeres. Die dort vorherrschenden Meeresströmungen verliefen von den warmen Gewässern des Tethys-Meeres nach Norden in den kälteren Boreal-Ozean.

OPHTHALMOSAURUS

Ein im oberen Jura weitverbreiteter Ichthyosaurier. Unter allen Vertebraten hatte er die größten Augen, die es ihm ermöglichten, auch bei Nacht oder in großen Tiefen auf die Jagd nach Tintenfischen zu gehen. Die lange dünne Schnauze war bestens geeignet für das Erlegen schneller, beweglicher Beutetiere.

NACHWEIS: Einige gut erhaltene Skelette verschiedener Größe, die die Entwicklungsstufen vom jungen bis zum ausgewachsenen Tier dokumentieren. Fundorte in Europa und Argentinien.

GRÖSSE: Etwa 5 Meter lang.

NAHRUNG: Fische und Tintenfische.

ZEIT: Vor 165–150 Millionen Jahre.

CRYPTOCLEIDUS

Mittelgroßer Plesiosaurier mit leicht abgeflachtem Schädel und nach oben gerichteten Augen. Die langen, schmalen Zähne waren möglicherweise dazu da, Tintenfische aufzuspießen, könnten aber auch dazu gedient haben, Tiere, die sich in den Meeresgrund eingegraben hatten, aus dem Sand zu sieben.

NACHWEIS: Mehrere vollständige Skelette, darunter auch die von Jungtieren. Fundorte vor allem in England und Nordfrankreich.

GRÖSSE: Maximale Länge 8 Meter, davon 60 Zentimeter Kopf. Vermutliches Gewicht – bis zu 8 Tonnen.

NAHRUNG: Fische und Tintenfische.

ZEIT: Vor 165–150 Millionen Jahren.

LIOPLEURODON

Gigantisches Raubtier, das einzige marine Reptil des Mesozoikums, das annähernd die Körpermaße heute lebender Wale erreichte. Die halbkreisförmig am vorderen Ende der Schnauze angeordneten Zähne waren zweimal so lang wie die von *Tyrannosaurus*.

NACHWEIS: Vollständig erhaltene Skelette sowie Skelettfragmente wurden vor allem in England und Frankreich gefunden.

GRÖSSE: Ausgewachsene Tiere konnten eine Länge von 15 Metern erreichen, allein der Kopf war bis zu 3 Meter lang. Das Gewicht ist schwer zu schätzen, dürfte aber etwa bei 10 Tonnen gelegen haben.

NAHRUNG: Alles, was sich im Meer bewegte.

ZEIT: 165–150 Millionen Jahre.

EUSTREPTOSPONDYLUS

Über diesen in Europa vorkommenden Fleischfresser ist wenig bekannt. Da Funde vor allem in Meeresablagerungen gemacht wurden, könnte *Eustreptospondylus* sowohl aasfressender Strandräuber als auch aktiver Jäger gewesen sein.

NACHWEIS: Ein einziges Skelett wurde nördlich der Stadt Oxford in den Oxford-Tonen gefunden. Möglicherweise handelt es sich dabei um einen Kadaver, der ins Meer gespült wurde.

GRÖSSE: Etwa 5 Meter lang, Gewicht circa 0,5 Tonnen.

NAHRUNG: Fleisch und Aas.

ZEIT: Vor 165–160 Millionen Jahren.

RHAMPHORHYNCHUS

Ein weit verbreiteter mariner Flugsaurier des oberen Jura. Form und Ausrichtung der Zähne legen den Schluß nahe, daß *Rhamphorhynchus*, knapp über der Wasseroberfläche fliegend, mit dem Schnabel Fische aus dem Wasser filterte.

NACHWEIS: Etliche Skelette in den Oxford-Tonen und in Solnhofen, vereinzelte Funde auch in Tansania.

GRÖSSE: Flügelspanne über 1 Meter, Kopf 20 Zentimeter. Gesamtlänge (inkl. Schwanz) 1 Meter.

NAHRUNG: Fische.

ZEIT: Vor 170–145 Millionen Jahren.

ren Flossenpaare in ihren Auf- und Abwärtsbewegungen gegenläufig. Sanft mit den Flossen schlagend, gleitet es auf der Suche nach Beute über das Korallenriff hinweg. Jede Flosse wird von äußerst kraftvollen Muskeln bewegt und kann auch einzeln eingesetzt werden. So ist das Weibchen zum Beispiel in der Lage, sich mit einer einzelnen Flossenbewegung sehr schnell umzudrehen oder mit allen vier Flossen schlagartig hohe Geschwindigkeiten zu erreichen.

Etwa einen Kilometer von der Insel entfernt begegnet es einem großen *Perisphinctes*, der systematisch ein Korallenfeld absucht. *Perisphinctes* gehört zu den Ammoniten, einer weitverbreiteten Gruppe von schalentragenden Weichtieren. Dieses Tier ist eines der größten in der gesamten Region. Sein Gehäuse hat einen Durchmesser von fast einem Meter. Der *Perisphinctes* ist ein Raubtier, aus seinem Gehäuse ragen kräftige, rosafarbene Tentakeln hervor, mit denen er kleine Tiere von den Korallen klaubt und sich zwischen seine starken Kauwerkzeugen schiebt. Die ins Wasser einfallenden Sonnenstrahlen beleuchten die herrlichen roten und weißen Streifen, die wie Bänder über das Gehäuse des Ammoniten laufen. Windung für Windung ist diese schöne Zeichnung im Laufe des Wachstums der Schale entstanden. Der weiche Leib des *Perisphinctes* füllt nur die größte Kammer der spiralförmigen Schale, während die leeren Kammern mit Luft gefüllt sind und ihm Auftrieb verleihen. Nur so kann er trotz seines Gewichts von annähernd 10 Kilogramm wie schwerelos über den Korallen treiben. Um sich fortzubewegen, stößt er das in der Mantelhöhlung enthaltene Wasser durch einen Trichter aus, der unterhalb der Fangarme sitzt. Durch Drehen dieses Kanals kann er überdies die Richtung der Fortbewegung steuern.

Mit einem Flossenschlag stört das *Cryptoclidus*-Weibchen den *Perisphinctes* auf, so daß er trudelnd von den Korallen wegtreibt. Neugierig untersucht sie ihn. Doch er hat sich in sein Gehäuse zurückgezogen und die Öffnung verschlossen. Das *Cryptoclidus*-Weibchen weiß, daß seine Zähne nicht kräftig genug sind, um die Schale aufzubrechen. Nachdem sie ihn ein paarmal angestoßen hat, wendet sie sich ab und macht sich auf die Suche nach weicherer Beute.

Beide Tiere haben keine Mühe, reichlich Nahrung zu finden. Unter dem *Perisphinctes* tut sich eine faszinierende Welt auf. Die Unterwasserflora und -fauna ist hier so facettenreich und vielfältig, wie vielleicht zu keinem anderen Zeitpunkt der Erdgeschichte. Neben den winzigen Organismen, aus denen sich das Korallenfeld zusammensetzt, finden sich andere Tiere, die ihre Nahrung durch das Ausfiltern des Wassers aufnehmen, wie Austern, Muscheln und Seelilien. Schwämme sprießen aus den Korallen und bilden große, tellerartige Formen oder hohe, elegante Körbe. Sie bieten Lebensraum für Krabben, Krebse, Schnekken und Würmer. Und über ihnen schwimmen verschiedene Arten von Fischen: Rochen, Haie und Tintenfische. All diese Tiere leben von dem Korallenriff, das

GEGENÜBERLIEGENDE SEITE **Auf dem Meeresgrund: Ein neugieriges *Cryptoclidus*-Jungtier untersucht ein leeres Ammonitengehäuse. Mit seinen langen, schmalen Zähnen ist *Cryptoclidus* in der Lage, schlüpfrige Beutetiere wie Fische und Tintenfische aufzuspießen. Nur selten greifen sie Ammoniten an, deren Schalen für sie zu hart sind, um sie aufbrechen zu können.**

sich über Hunderte von Kilometern erstreckt und wie ein Netz über den Grund gespannt ist. Je nach Wassertiefe ändert es seine Gestalt. Die Variationsbreite reicht von großflächigen Korallenfeldern in Flachwasserbereichen über tiefer gelegene Schwammbänke bis hin zu riesigen, flachen, aus Bakterien entstandenen Riffen. Nur dort, wo der Meeresboden bis auf unter 80 Meter Wassertiefe abfällt, so daß das Sonnenlicht nicht mehr bis auf den Grund dringt, wachsen keine Korallen. Und auch die Küstenstreifen der Inseln mit ihren Schlammablagerungen bieten nur schlechte Wachstumsbedingungen.

LEBENDE FOSSILIEN

Die Ammoniten starben zur selben Zeit aus wie die Dinosaurier. Der nächste Verwandte ist der äußerst seltene *Nautilus* des Pazifik.

Einmal im Jahr finden sich Pfeilschwanzkrebse zur Fortpflanzung an Stränden ein und legen ihre Eier in den Sand. Diese Tiergruppe ist über 400 Millionen Jahre alt.

DER GEDANKE, daß es verstreut auf dieser Welt ein paar aus der Urzeit stammende Tiere geben könnte, die sich seit Hunderten von Millionen von Jahren nicht verändert haben, ist äußerst reizvoll, entbehrt jedoch jeder realistischen Grundlage, da keine Spezies älter als wenige Millionen Jahre wird. Die einzelnen Tierfamilien und -gruppen bringen immer neue Arten hervor, die den vor langer Zeit festgelegten Bauplan nur minimal variieren und bisweilen den Eindruck vermitteln, als stammten sie aus grauer Vorzeit.

Mit Ausnahme von Quallen und Korallen, die wesentlich älter sind, läßt sich der Ursprung der meisten größeren Tiergruppen bis in das Kambrium vor 550 Millionen Jahren zurückverfolgen. Während der Arten-Explosion im Kambrium entstanden Hunderte von neuen Lebensformen. Würmer, Schwämme, Krustentiere, Mollusken, Echinodermen, und selbst jene Gruppe, aus der schließlich auch der Mensch hervorging, die Wirbeltiere, nehmen hier ihren Anfang. Und trotzdem käme wohl niemand auf den Gedanken, den Menschen als »lebendes Fossil« einzustufen oder eine Ähnlichkeit zwischen ihm und den winzigen fischgleichen Tieren festzustellen, die als erste eine primitive Chorda dorsalis besaßen. Schreiten wir in der Zeit ein wenig voran, zeugen Fossilfunde von Lebewesen, die eine verblüffende Ähnlichkeit mit heute lebenden Tieren besitzen. Pfeilschwanzkrebse gehen vor 430 Millionen Jahren aus einer Gruppe hervor, der auch die Spinnen angehören; Lungenfische tauchen erstmals vor 400 Millionen Jahren auf, Haie vor 300 Millionen Jahren, Störe vor 200 Millionen Jahren und so weiter. Evolution ist ein kontinuierlicher Prozeß, in dem Arten entstehen und aussterben.

Die vermutlich einzigen Lebewesen, die man als »lebende Fossilien« bezeichnen kann, sind jene, die als einzige übriggeblieben sind aus einer einst großen und formenreichen, aber inzwischen ausgestorbenen Gruppe. Die zu Beginn des 20. Jahrhunderts vor der afrikanischen Küste entdeckten Quastenflosser gehören zu einer Gruppe der fleischflossigen Fische, die vor 300 Millionen Jahren weit verbreitet war. Der Gingko ist der einzige Vertreter einer Gruppe von Bäumen, die im Mesozoikum riesige Wälder gebildet haben. Die Ammoniten verschwanden zwar vor 65 Millionen Jahren, eine ihnen verwandte Gruppe von Weichtieren, die Nautiliden, ist jedoch mit dem Perlboot noch heute im Pazifik anzutreffen.

Beweise für das Alter von Lebewesen wie den Pfeilschwanzkrebsen liefern Fossilien wie das hier abgebildete: Selbst die letzten Schritte vor seinem Tod sind noch als Spuren zu erkennen.

Über dem *Perisphinctes*, näher an der Wasseroberfläche, sind weitere Ammoniten auf Nahrungssuche. Zu Hunderten treiben sie in ihren schneckenförmigen Gehäusen im Wasser und stürzen sich mit ihren Tentakeln auf Beute. Ein Schwarm Tintenfische gleitet zwischen den Ammoniten hindurch. Obwohl beide zu den Mollusken zählen und sich durch das Ausstoßen von Wasser vorwärts bewegen, haben sie sich doch auf ganz unterschiedliche Art und Weise den Bedingungen dieses reichhaltigen Lebensraums angepaßt. Anders als die Ammoniten haben die schlanken Tintenfische keine schützenden Gehäuse und sind immer in Bewegung. Ihre weichen Körper sind ein wichtiger Bestandteil der Ernährung vieler größerer Räuber, denen sie nur durch ihre Geschwindigkeit und Beweglichkeit zu entkommen vermögen.

Einige Meter tiefer lauert das *Cryptoclidus*-Weibchen den Tintenfischen auf. Bestens ausgerüstet für einen Angriff aus dem Hinterhalt, gleitet es über das Korallenfeld, um sich direkt unterhalb des Schwarmes in Position zu bringen. Trotz seiner Größe scheinen die Tintenfische es nicht zu bemerken. Sein braun gefleckter Rücken ist vor dem Hintergrund des Korallenfeldes kaum zu erkennen. Hinzu kommt, daß das insgesamt sieben Meter lange Tier einen etwa zwei Meter langen Hals hat, der ihm bei der Jagd auf Beute zugute kommt. So kann es sein Maul im planktonreichen Wasser seiner Beute nähern, während sein großer Körper zwei Meter weit entfernt in Deckung bleibt. Direkt unterhalb des Tintenfischschwarmes verharrt es im Wasser, um sich auf den Angriff vorzubereiten. Da seine Augen auf der Oberseite des Kopfes sitzen, kann es die Beute im Blick behalten. Langsam beginnt es aufzusteigen, indem es mit dem hinteren Flossenpaar seine Position kontrolliert und die vorderen Flossen hebt. Dann hebt es auch die hinteren Flossen und begibt sich damit in Angriffsposition.

»Direkt unterhalb des Tintenfischschwarmes verharrt das *Cryptoclidus*-Weibchen im Wasser, um sich auf den Angriff vorzubereiten. Da seine Augen auf der Oberseite des Kopfes sitzen, kann es die Beute im Blick behalten.«

Plötzlich macht der Tintenfischschwarm eine Kehrtwende und schwimmt direkt auf das *Cryptoclidus*-Weibchen zu. Darauf hat es gewartet – Tintenfische bewegen sich rückwärts und können nach hinten und unten nicht sehen. Die Position des Räubers ist ideal. Mit einer kraftvollen Abwärtsbewegung beider Flossenpaare schnellt er vor, nach allen Seiten nach den Tintenfischen schnappend. Doch schon fliehen die Tintenfische, Wolken von Tinte ausstoßend, in alle Richtungen. Der ganze Vorgang hat nur wenige Sekunden gedauert, doch als das *Cryptoclidus*-Weibchen aus dem trüben Wasser hervorschnellt, hat es mit seinen langen, nadelartigen Zähnen drei Tintenfische aufgespießt.

Es steigt an die Oberfläche auf und hebt den Kopf aus dem Wasser, um die Tintenfische zu verschlingen und Luft zu holen. Dabei bemerkt es einen Pterosaurier, der auf der Suche nach Beutefischen dicht über der Wasseroberfläche dahingleitet. Ein *Cryptoclidus* ist durchaus in der Lage, Pterosaurier aus dem Flug heraus als Beute zu schlagen, doch dieser ist zu weit weg, so daß sich das Reptil wieder unter die Wasseroberfläche zurückzieht. Bevor sich das Weibchen erneut auf die Lauer legt, taucht es bis auf den Grund des Gewässers, der mit Sand und Kieseln bedeckt ist. Es stößt das Maul in den Sand, zieht es wieder hervor und schwimmt davon. Der Sand, den es aufgenommen hat, rinnt zwischen den Zähnen wieder heraus, so daß nur noch einige Kieselsteine im Maul verbleiben, die das Tier schließlich herunterschluckt. Dieses merkwürdig anmutende Verhalten schafft eine grundlegende Voraussetzung für seine Jagdmethode. Wie alle Reptilien atmet auch *Cryptoclidus* Luft, die im Wasser Auftrieb verschafft. Die Steine, die das Weibchen schluckt, beschweren seinen Körper und ermöglichen ihm so, ohne großen Kraftaufwand auch in größere Tiefen zu tauchen. Sobald

Lauerndes Raubtier: Wie die meisten Plesiosaurier überwältigt auch *Cryptoclidus* seine Beute vor allem durch Schnelligkeit und das Überraschungsmoment. Die Tiere haben einen äußerst langen Hals, so daß sich der große Rumpf mit den Flossen noch außerhalb der Sichtweite des Opfers befindet, während der vergleichsweise kleine Kopf bereits zum Zuschlagen bereit ist.

das Tier den Kieselballast aufgenommen hat, gleitet es erneut auf der Suche nach Beute über das Korallenfeld hinweg.

Während der Blick des *Cryptoclidus*-Weibchens systematisch Meter um Meter der über ihm liegenden Wasserfläche absucht, entdeckt es plötzlich einen Neuankömmling, dessen Umrisse sich vor den in das Wasser eindringenden Sonnenstrahlen deutlich abzeichnen. Auch dieses Tier ist ein Reptil, zwar ein wenig kleiner als *Cryptoclidus*, aber dennoch viel zu groß, um von ihm als Beute in Betracht gezogen zu werden. Immer mehr dieser Reptilien tauchen auf, und bald drängen sich Hunderte und Aberhunderte von ihnen über dem Korallenfeld. Das *Cryptoclidus*-Weibchen dreht ab und gibt seine Jagd auf. Was sie gesehen hat, ist die jährliche Ankunft von *Ophthalmosaurus*.

Ophthalmosaurus ist ein herrliches stromlinienförmiges Meeresreptil. Die Vorfahren dieser Ichthyosaurier stammen aus der frühen Trias und sind damit sogar noch älter als die Dinosaurier. Während sich andere räuberische Meeresreptilien mit zu Paddeln ausgeformten Gliedmaßen im Wasser fortbewegen, bilden die Ichthyosaurier langgestreckte, in ihrer Gestalt an Fische erinnernde Körper aus, mit schmalen Flossen und kräftigen, halbmondförmig geschwungenen Schwänzen. Diese Schwänze, die die Tiere seitlich hin- und herschlagen, ermöglichen es ihnen, sich mühelos durch die Meere des Mesozoikums zu bewegen und machen sie so – lange vor dem Aufkommen von *Cryptoclidus* und anderer Reptilien – zu den gefürchtetsten Jägern ihrer Zeit. Die Ära ihrer unumstrittenen Herrschaft ist zwar vorbei, inzwischen müssen auch sie sich immer härteren Kämpfen mit anderen Reptilien stellen, doch überlebt haben sie sich noch nicht, wie sich immer wieder um diese Zeit des Jahres zeigt.

Die blauen Fluten durchpflügend, jagt der *Ophthalmosaurus*-Schwarm über das Korallenfeld hinweg, hält aber deutlichen Abstand zu dem sich zurückziehenden *Cryptoclidus*-Weibchen. In regelmäßigen Abständen tauchen die Tiere auf, um Luft zu holen, nur um gleich darauf, eine Schleppe von Luftblasen hinter sich herziehend, wieder zum Korallenriff zurückzukehren. Normalerweise lebt *Ophthalmosaurus* in kleinen, nicht fest organisierten Gruppen, die in den tieferen Wassern des Tethys-Meeres auf die Jagd nach Fischen und Tintenfischen gehen. Ihre auffällig großen Augen ermöglichen es ihnen, ihre Beute auch in großer Tiefe oder bei Nacht zu sehen. Im Frühsommer trennen sich die Weibchen von ihren Gruppen und schwimmen Hunderte von Kilometern, um sich

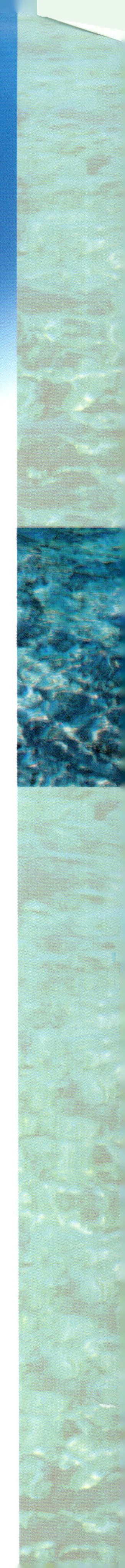

zum Gebären ihrer Jungen in den seichten Gewässern rings um die vindelizischen Inseln zu versammeln. Innerhalb weniger Tage werden hier weit über 10 000 trächtige *Ophthalmosaurus*-Weibchen eintreffen. Auch in diesem Punkt haben sich die Ichthyosaurier ihrem Lebensumfeld, dem Wasser, perfekt angepaßt. Sie legen keine Eier, sondern gebären lebende Junge, und zwar im Wasser. Zu einem frühen Zeitpunkt ihrer Entwicklungsgeschichte dürften auch sie, ähnlich wie die Meeresschildkröten, jährlich das Land aufgesucht haben, um ihre Eier zu vergraben. Doch die dafür notwendigen Gliedmaßen müssen im

Wasser eher hinderlich gewesen sein. Von dem Zeitpunkt an, als die Ichthyosaurier ihre Jungen lebend und im Wasser zur Welt brachten, war der Weg für die Ausbildung fischähnlicher Körperformen vorgezeichnet.

Einige Wochen vor ihrer Zusammenkunft bei den vindelizischen Inseln werden die Eier der *Ophthalmosaurus*-Weibchen von den Männchen befruchtet. Das Heranwachsen der Jungen erfolgt in einer Gebärmutter. Die Versorgung mit Nahrung und Sauerstoff ist über den Blutkreislauf des Muttertieres gewährleistet, das wie gewohnt auf Jagd geht. Erst wenn die Jungen zu groß werden, um noch länger im Mutterleib zu bleiben, macht sich die Mutter instinktiv auf den Weg in seichte Gewässer, um zu gebären. Entscheidend ist, daß die Jungen nun groß genug sind, um allein zu überleben. Denn die Mütter überlassen sie nach ihrer Geburt sofort sich selbst. Dies erklärt auch, warum sie sich über dem Korallenriff eingefunden haben: die neugeborenen Jungen sind mit etwa 50 Zentimetern zwar bereits relativ groß, zugleich aber noch vollkommen hilflos im Kampf gegen alle Arten von Raubtieren, die im offenen Wasser jagen. Außerdem würden sie unweigerlich verhungern, da sie noch nicht in der Lage sind, die ungeheuer schnellen und wendigen Hochseefische zu verfolgen. Die Korallenbänke und Seegrasfelder des epikontinentalen Meeres dagegen bieten nicht nur genügend Möglichkeiten, sich zu verstecken, sondern auch eine Fülle langsam schwimmender Beutetiere, an denen sie sich satt essen können.

So schnell wie möglich nach ihrer Ankunft bei den vindelizischen Inseln bringen die *Ophthalmosaurus*-Weibchen ihre Jungen zur Welt. Zwar gibt es hier reichlich Nahrung, doch die ausgewachsenen Tiere haben Schwierigkeiten, in diesen Gewässern zu jagen. Zum einen können sie ihre Augen dem hellen, sonnendurchfluteten Wasser nur schwer anpassen, zum anderen verlassen sie sich bei der Jagd auf Schnelligkeit und Ausdauer – eine Methode, die nur in der offenen See sinnvoll erscheint, wo es genug Platz gibt, um seine Opfer zu verfolgen. Und schließlich drängen sich die Weibchen derart dicht in dem seichten Wasser, daß es ihnen so gut wie unmöglich ist, etwai-

LINKS Muttertag: Mitte Juni kommen die *Ophthalmosaurus*-Weibchen aus dem Tethys-Meer zu den vindelizischen Inseln, um hier ihre Jungen zur Welt zu bringen. Jedes Weibchen trägt mehrere Junge aus, die nach der Geburt Schutz in den Korallenriffen der seichten Gewässer finden. Die Mütter selbst verlassen die Region sofort nach der Geburt der Jungen.

gen Angreifern auszuweichen. Während die Sonne am Horizont versinkt, werden die ruhigen Gewässer rings um die Insel von unzähligen *Ophthalmosaurus*-Weibchen aufgewühlt, die auf der Jagd nach Tintenfischen das Wasser durchpflügen.

Die vindelizischen Inseln werden regelmäßig von Winterstürmen heimgesucht, die von Osten her aufkommen. Da fast alle Inseln der Gruppe sehr niedrig liegen, werden sie immer wieder überflutet. In ihrer Millionen von Jahren dauernden Isolation hat sich auf den Inseln eine einzigartige Flora und Fauna herausgebildet, die den Einflüssen vorübergehender Überflutungen widersteht. Das auffälligste Grün liefern die überall anzutreffenden Kiefern, die in kleinen Wäldchen zusammenstehen. Zwischen den dünnen Stämmen der Koniferen bilden stämmige Steineiben ein kaum zu durchdringendes Dickicht. Die kleinen Bäume, deren Vorkommen auf diese Region der Erde beschränkt ist, haben extrem dicke Stämme. Nur so können sie den regelmäßigen Überflutungen der Inseln widerstehen. Eine weitere Besonderheit ist ihr außerordentlich langsames Wachstum – einige der nur etwa zwei bis drei Meter hohen Exemplare sind gut 200 Jahre alt. Auch die Insektenpopulationen dieser Region verdienen besondere Erwähnung. So gibt es auf den Inseln einen Raubkäfer, der sich von gestrandeten Meerestieren ernährt. Aufgrund des stetig steigenden Meeresspiegels werden die Inseln allerdings bereits in ein paar tausend Jahren in den Fluten untergehen – und mit ihnen auch ihr einzigartiges Ökosystem.

»In ein paar tausend Jahren werden die vindelizischen Inseln in den Fluten untergehen – und mit ihnen auch ihr einzigartiges Ökosystem.«

Viele der größeren hier lebenden Tiere kommen auch anderswo häufiger vor. So lebt auf der Insel eine große *Rhamphorhynchus*-Kolonie, rotgesichtige marine Flugsaurier, die in großer Zahl die Küsten des Tethys-Meeres bevölkern. Die ausgewachsenen Tiere leben ausschließlich von Salzwasserfischen, während die Jungtiere auch auf die Jagd nach an Land lebenden Insekten gehen. Die kleineren Inseln bieten Pterosauriern einen idealen Lebensraum, da es hier kaum größere Raubtiere gibt. Im Licht der Abenddämmerung versammeln sich Hunderte der Flugsaurier entlang der Küste in großen, schnatternden Gruppen und klettern auf der Suche nach geeigneten Ruheplätzen über die Felsen. Zu dieser Jahreszeit bereiten sich die Weibchen der Kolonie auf das Ausbrüten der Eier vor. Bald werden sie beginnen, mit Hilfe von Blättern und Seegras kleine Nester zu bauen. Während in anderen Gegenden *Rhamphorhynchus*-Weibchen das ganze Jahr über Eier legen, haben die Tiere auf der Insel eine zeitlich begrenzte Brutzeit. Dies hängt mit einer weiteren Besonderheit der Insel zusammen. In einer bestimm-

GEBÄREN IM MESOZOISCHEN MEER

SEIT MEHR ALS EINEM JAHRHUNDERT machen Paläontologen immer wieder Fossilfunde von Ichthyosauriern, in deren Leibern die versteinerten Skelette winziger Embryonen zu erkennen sind. Bisher sind annähernd 100 solcher Funde identifiziert worden, von denen die meisten aus Fundstellen in der Umgebung von Holzmaden in Süddeutschland stammen. Dort, in Sedimentschichten, die als tiefer Schlamm früher den Meeresboden bedeckten, haben sich viele Exemplare jurassischer Ichthyosaurier hervorragend erhalten. Ein Teil der gefundenen Fossilien enthielt zwischen ein und vier Embryonen, manche sogar bis zu zwölf. Lange Zeit sah man darin ein Beispiel für Kannibalismus. Dies schien eine wesentlich naheliegendere Erklärung zu sein als der revolutionäre Gedanke, daß derart frühe marine Reptilien ihre Jungen bereits lebend gebärten. Aber die Embryonen wurden nicht im Magen gefunden, außerdem entsprachen sämtliche Skelette der natürlichen anatomischen Anordnung und waren nicht, wie das bei halb verdauten Tieren hätte der Fall sein müssen, durcheinandergeworfen. Mittlerweile ist man sich in der Paläontologie einig, daß Ichthyosaurier lebende Jungen gebärten. Diese Theorie ließ sich noch weiter erhärten, als man Embryofossilien fand, die den Geburtskanal des Muttertieres bereits halb verlassen hatten. Allerdings handelt es sich dabei nicht um das Beispiel einer in Stein festgehaltenen Geburt. Vielmehr ist davon auszugehen, daß die Mutter während des Geburtsvorgangs starb und das Jungtier durch die entstehenden Verwesungsgase nach außen gepreßt wurde. Aus den Funden in Holzmaden wissen wir, daß Ichthyosaurier – wie heute Wale – mit dem Schwanz voran den Geburtskanal verließen. Als durch die Lunge atmende Tiere wären sie ertrunken, wenn sie mit dem Kopf zuerst den Mutterleib verlassen hätten.

Es ist nicht davon auszugehen, daß durch die Lebendgeburt eine enge Verbindung zwischen dem Muttertier und ihrem Jungen entstand. Im Gegenteil, es gibt Hinweise dafür, daß es unter Ichthyosauriern auch Kannibalismus gab. Die erstaunlich große Anzahl von Muttertieren und Embryos, die in Holzmaden gefunden wurden, hat zu der Vermutung Anlaß gegeben, daß sich hier eine »Gebärzone« befunden haben könnte. Das hieße, daß Generationen von Ichthyosaurier-Weibchen in diese Region kamen, um ihre Jungen zur Welt zu bringen und sich dabei allein durch ihre zahlenmäßige Stärke gegenseitig Schutz vor Raubtieren zu bieten. Zu welchem Zeitpunkt in ihrer Entwicklungsgeschichte die Ichthyosaurier aufhörten, Eier zu legen, läßt sich nicht bestimmen. Doch die Entwicklung zu lebend gebärenden Tieren bietet eine Erklärung für die Herausbildung ihrer fischähnlichen Formen. Sobald die Tiere nicht mehr an Land gelangen mußten, um Eier abzulegen, konnte sich ihr Körperbau vollständig der Lebensweise im Wasser anpassen.

Bei anderen marinen Lebewesen ist die Frage, ob sie lebend gebärten, nicht so eindeutig zu beantworten. Bei den Fossilienfunden von Plesiosauriern und Pliosauriern hat man in noch keinem Fall Embryonen entdeckt. Ihr kräftiger Knochenbau mag einst entwickelt worden sein, um sich an Land zu ziehen und dort Eier zu vergraben. Dagegen spricht, daß alle vier Gliedmaßen zu Paddeln ausgebildet waren, und bisher hat man auch noch keine Eier dieser Reptilien gefunden.

Dieses phantastische in Deutschland gefundene Fossil zeigt einen Ichthyosaurier im Moment des Gebärens. Der Fund liefert den eindeutigen Beweis dafür, daß zumindest eine im Mesozoikum lebende Reptilienart ihre Jungen lebend zur Welt brachte.

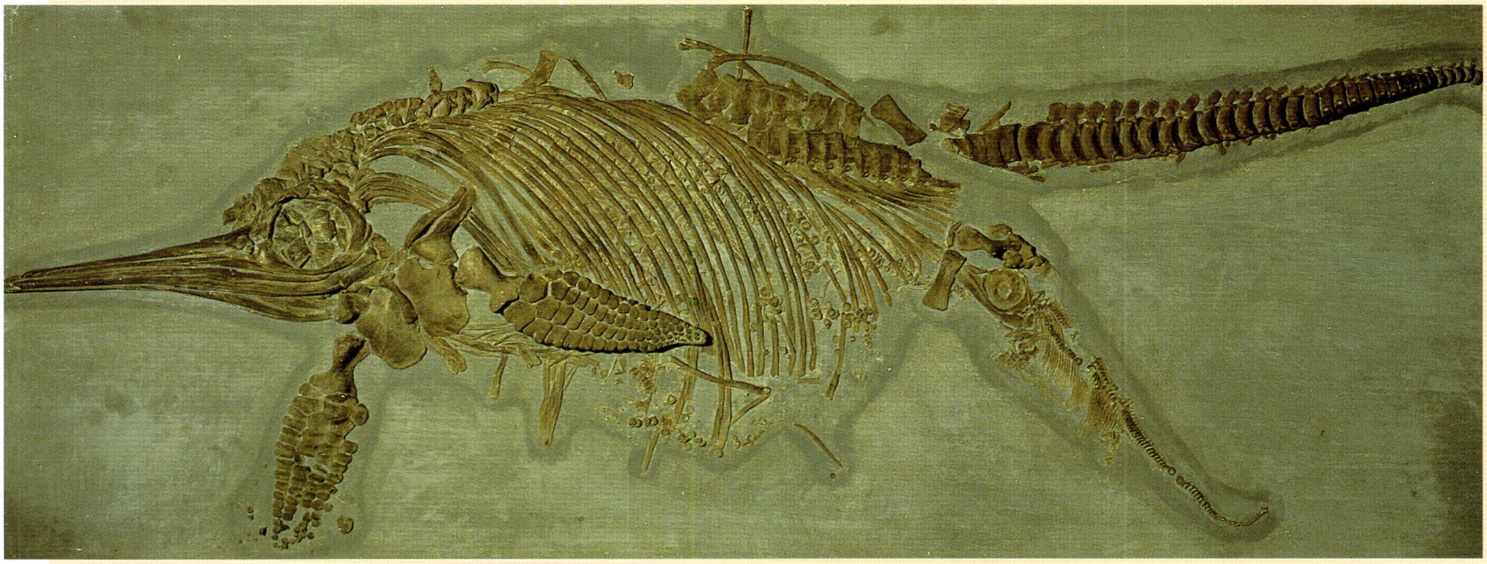

ten Nacht des Jahres, in der die Flut besonders hoch steigt und Vollmond herrscht, kriechen Tausende von Pfeilschwanzkrebsen auf den Strand, um sich zu paaren und Eier zu legen. Ein paar Tage lang bieten so die Strände, in deren Sand Millionen von winzigen grünen Eiern vergraben sind, eine reichhaltige Proteinquelle und damit eine wichtige Nahrungsgrundlage für den Nachwuchs der Flugsaurier.

Mit dem Sonnenuntergang wird das Wasser dunkel und undurchsichtig. Ein großer, plumper Schatten taucht aus dem Wasser auf und robbt schwerfällig auf den Strand. Ein *Cryptoclidus* kehrt zur Nachtruhe auf die Insel zurück. Mühselig zieht sich das Tier mit seinen großen Flossen aus dem Wasser. Doch die Aussicht auf eine Nacht in Sicherheit lohnt die Mühe. Denn irgendwo da draußen in den dunklen Wassern lauern größere Raubtiere – wie der Schrecken einflößende *Liopleurodon*, der selbst einen sieben Meter langen *Cryptoclidus* verschlingen kann.

GEGENÜBERLIEGENDE SEITE Leben in Kolonien: An den Küsten der Insel leben mehrere *Rhamphorhynchus*-Kolonien. Reges Kommen und Gehen herrscht hier, wenn die erwachsenen Tiere sich auf die Jagd nach Fischen machen.

Auf dem Trockenen: Ein *Cryptoclidus*-Männchen hat sich für die Nacht auf den Strand gezogen. So gewandt und elegant das Tier mit seinen vier Flossen im Wasser ist, so schwerfällig wirkt es an Land.

Gefahr aus der Tiefe

JULI – ZEIT ZU WACHSEN

Auf der Insel herrscht brütende Hitze. Es ist absolut windstill, so daß sich die weiter entfernten hohen Koniferen in der flirrenden Luft hin und her zu bewegen scheinen. Die Flugsaurier haben sich fast alle in den Schatten der Steineiben zurückgezogen. Nur die Tiere, die sich um ihre ungeschützt der Hitze ausgesetzten Nester kümmern, halten sich in der glühenden Sonne auf. Einige der unerfahrenen Weibchen haben ihre Nester auf dunklen Felsen gebaut. Bei Temperaturen von mehr als 40 Grad im Schatten droht den Eiern nun Überhitzung. Mit Meerwasser, das sie auf die Nester spritzen, versuchen sie die Eier abzukühlen. Da jedoch absolute Windstille herrscht, sind ihre Bemühungen kaum von Erfolg gekrönt. Vor Anstrengung haben sie die Mäuler aufgerissen, ihre blaßgelben Augen sind von den salzigen Tränen verkrustet, die aus den Drüsen auf den Nasen treten. Wenn nicht bald Wolken aufziehen, um etwas Schatten zu spenden, werden viele der *Rhamphorhynchus*-Weibchen der Hitze nicht standhalten können und ihre Nester verlassen.

Plötzlich geben einige der auf einer Landspitze sitzenden Pterosaurier spitze Alarmpfiffe von sich. Etwa 100 Meter vor der Küste taucht der groteske Kopf eines *Eustreptospondylus* im Wasser auf. Dieser größte Raubsaurier der Region hat die Fähigkeit entwickelt, sich auch im Wasser zu bewegen, so daß er auf der Suche nach Beute von Insel zu Insel schwimmen kann. Um sich vorwärts zu bewegen, paddelt er mit den Hinterbeinen, während der Schwanz als Steuerruder dient. Wegen der ständig lauernden Gefahr durch marine Raubtiere hält sich der *Eustreptospondylus* normalerweise nur ungern über längere Zeit im Wasser auf, aber den Verlockungen, die die Inseln zu bieten haben, kann er nicht widerstehen. Außer seinen Artgenossen wird ihm kaum ein anderes Tier die auf den vindelizischen Inseln lebenden kleinen Flugsaurier, Eidechsen und Säugetiere streitig machen. Hinzu kommt, daß die Strände eine ganze Reihe von angespülten Meerestieren zu bieten haben. Trotz seiner Größe ernährt sich *Eustreptospondylus* in erster Linie von Aas und frißt so gut wie alles, von Quallen, Haien und Fischen bis hin zu gestrandeten marinen Reptilien.

Der *Eustreptospondylus* schwimmt auf die Küste zu. An seinem vor Erschöpfung zunehmend ins Wasser sinkenden Kopf wird ersichtlich, daß er eine große Strecke im Wasser zurückgelegt haben muß. Schließlich erreicht er eine Bucht mit einem flachen weißen Sandstrand, steigt aus dem Wasser und bleibt einen Moment stehen, um sich

LAND DER SEEDRACHEN

Obwohl England nicht über derartig umfangreiche Dinosaurierfundstätten wie die Vereinigten Staaten verfügt, so kann es doch zumindest in einer Hinsicht mit außerordentlich reichen Funden aufwarten. Im sog. Oxford-Ton, einem Streifen, der sich von der Küste Yorkshires bei Whitby durch Mittelengland bis nach Dorset zieht und an einigen Stellen bis nach Wales hineinreicht, finden sich Fossilien, die Aufschluß über das marine Leben des Juras geben. Die entdeckten Skelette von Ichthyosauriern und Plesiosauriern sind derart zahlreich, daß man sich bereits seit 300 Jahren mit ihrer Erforschung beschäftigt.

Die erste Zeichnung eines Plesiosaurierknochens stammt aus dem Jahre 1604. Mit dem aufkeimenden Interesse an den Naturwissenschaften entstanden immer umfangreichere Fossilien-Sammlungen. 1706 veröffentlichte das Ashmolean Museum in Oxford sogar ein Handbuch zur Bestimmung von Fossilien. Zu jener Zeit glaubten die meisten Menschen noch an die biblische Darstellung der Frühgeschichte und hielten die Funde für versteinerte Fischknochen. Im Jahre 1719 wurde das erste vollständige Ichthyosaurierskelett entdeckt, mit dem man meinte, das Knochengerüst eines durch die Sintflut getöteten Delphins oder Krokodils gefunden zu haben. Erst im frühen 19. Jahrhundert erkannte man, daß diese Lebewesen fischähnliche Reptilien gewesen waren.

Die Klippen von Lyme Regis im südenglischen Dorset bestehen aus weichen Gesteinen, die im unteren Jura den Meeresboden bildeten und zahlreiche Fossilien beherbergen. Das Sammeln dieser Fossilien kam in den 20er Jahren des letzten Jahrhunderts derart in Mode, daß viele Ortsansässige ihren Lebensunterhalt damit verdienten, Fossilien zu sammeln und zu verkaufen. Mary Anning fand ihr erstes Fossil im Alter von elf Jahren und entdeckte später einige der am besten erhaltenen Skelette mariner Reptilien. Die Wissenschaft hatte aber inzwischen erkannt, welche Rolle sie in der Evolution gespielt hatten, und die Öffentlichkeit war bereits hinlänglich vertraut mit den »Seedrachen« der Urzeit.

Ausdruck der ersten Versuche zur Rekonstruktion der in die Zeit »vor der Sintflut« datierten Tiere waren phantasievolle Zeichnungen monströser Kreaturen, die man Seedrachen nannte.

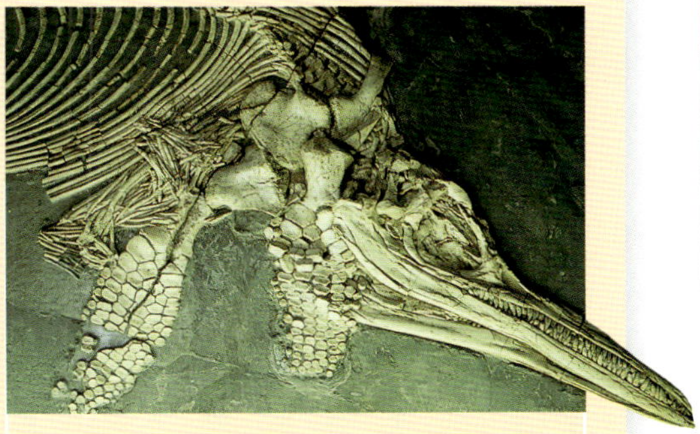

Fossilien mariner Reptilien wurden in Großbritannien derart häufig gefunden, daß man an die mögliche Existenz landlebender Verwandter zunächst gar nicht dachte. Der Name »Ichthyosaurier« wurde 20 Jahre vor dem Begriff »Dinosaurier« eingeführt.

auszuruhen. Er ist etwa fünf Meter lang und hat grau gefleckte Flanken, von denen jetzt das Wasser abtropft. Mit ausgestreckten Vorderbeinen, an denen die langen dunklen Krallen zu erkennen sind, schüttelt er sich. Wegen der vorherrschenden Hitze dauert es nicht lange, bis das Tier trocken ist und sich aufgewärmt hat. Als ob er seine neue Umgebung begrüßen wollte, stößt *Eustreptospondylus* ein lautes Bellen aus, bevor er an der Küste entlang auf die Landspitze zuläuft und den Strand nach Kadavern absucht.

Aasfresser: Ein *Eustreptospondylus* frißt die Innereien einer Schildkröte. Obwohl der Kadaver vermutlich schon stark verwest ist, läßt der Dinosaurier nichts als den Panzer übrig.

Die schrillen Warnschreie hallen durch die gesamte *Rhamphorhynchus*-Kolonie. Einige der ausgewachsenen Tiere kreisen flügelschlagend und schreiend um den Kopf des *Eustreptospondylus*, um den Räuber von ihren Nestern abzulenken. Er schnappt zwar ein paarmal nach ihnen, zeigt sich aber ansonsten desinteressiert an den Flugsauriern – er hat den Geruch von Aas gewittert. Unter dem immer lauter werdenden Pfeifen der Pterosaurier überquert er die Landzunge mit ihren Nestern, um auf der anderen Seite vorsichtig die Felsen zu einer kleinen Bucht hinabzusteigen. Der Speichel läuft ihm schon aus dem Maul, denn dort auf dem Strand liegt der Kadaver einer riesigen Meeresschildkröte. Der *Eustreptospondylus* stößt seine Schnauze in den Panzer der Schildkröte und beginnt genüßlich zu fressen.

Keine 200 Meter von jener Bucht entfernt, in der der *Eustreptospondylus* das Aas verschlingt, bringen die letzten *Ophthalmosaurus*-Weibchen im seichten Wasser über dem Korallenfeld ihre Jungen zur Welt. Eines von ihnen verlangsamt das Tempo, mit dem es bisher über dem Riff hin und her geschwommen ist. Sein Körper zieht sich in Vorbereitung auf die Geburt ein paarmal krampfhaft zusammen. Unter der blassen Haut des Unterleibs sind die Umrisse des Jungen bereits sichtbar. Langsam paddelt die Mutter zur Oberfläche, um Luft zu holen, bevor sie reglos im Wasser liegen bleibt, bereit, das Junge aus ihrem Unterleib zu stoßen. Sie zuckt, Blut tritt aus ihrer Kloake aus. Gleich darauf ist der winzige Schwanz des Jungen zu sehen. Einen Augenblick verharrt das Weibchen noch reglos an der Wasseroberfläche, dann krampft ihr Unterleib erneut zusammen, und sie taucht wieder hinunter auf das Korallenfeld. Zurück läßt sie eine große Blutwolke und ein recht verwirrt wirkendes *Ophthalmosaurus*-Junges. Sofort paddelt es an die Wasseroberfläche, um seinen ersten Atemzug zu tun. Obwohl es ein »Einzelkind« ist, wird sich seine Mutter von jetzt ab nicht mehr um den Nachwuchs kümmern. Im Gegenteil – sie wird, wie ihre Artgenossen, schon bald wieder zu jenen Raubtieren zählen, die keine Skrupel haben, das *Ophthalmosaurus*-Junge zu verspeisen. Doch vorerst hat es Glück, denn seine Mutter hat den Ort der Geburt bereits verlassen und sich auf den Weg in tiefere Gewässer gemacht.

Nachdem es seine Lungen mit Luft gefüllt hat, taucht das Junge auf den Grund, um sich ein schützendes Versteck zu suchen. Mit einer Länge von etwa 50 Zentimetern kann es sich leicht in den Höhlen des Korallenfeldes verbergen, doch selbst dort ist es nicht vollkommen sicher. Die Geburt so vieler Ichthyosaurier hat einen Schwarm *Hybodus*-Haie angezogen. Zahlreiche dieser Räuber schwimmen nun das Korallenriff ab. Die gelben Flossenspitzen sind deutlich an der Wasseroberfläche zu erkennen, während sie die gebärenden Fischsaurier

Versteckspiel: *Ophthalmosaurus*-Junge sind außerordentlich wendig und schnell. In den Spalten und Höhlen des Korallenriffs gehen sie auf die Jagd nach kleinen Beutetieren, die sie mit ihren scharfen Zähnen aufspießen.

umkreisen. Wenn sie auch niemals ein ausgewachsenes Muttertier angreifen würden, fallen sie doch häufig über den Nachwuchs her, bevor dieser noch den ersten Atemzug tun kann.

Ganz in der Nähe, dort wo das Korallenriff endet und das Wasser etwas tiefer ist, bringt gerade ein weiteres Muttertier sein Junges zur Welt. Doch sie hat offenbar Schwierigkeiten bei der Geburt. Ihr Körper zieht sich zwar immer wieder in Krämpfen zusammen, aber von dem kleinen Schwanz ihres Jungen ist noch nichts zu sehen. Das Baby steckt im Geburtskanal fest. Die Mutter taucht zur Oberfläche auf, um Luft zu holen, als neue Muskelkontraktionen wie Wellen durch ihren Körper gehen. Sie verliert jetzt zwar Blut, doch das Junge

DAS VIER-FLOSSEN-PROBLEM

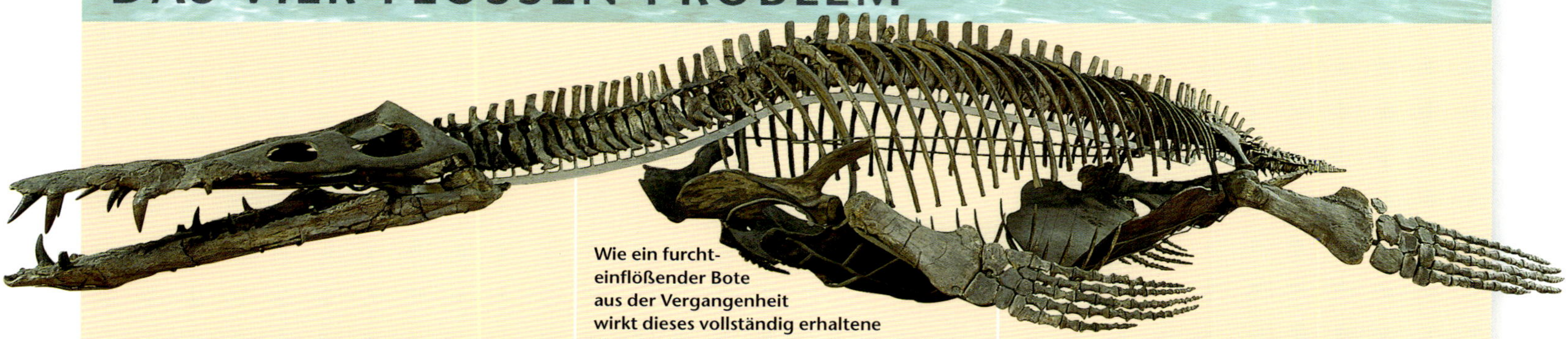

Wie ein furchteinflößender Bote aus der Vergangenheit wirkt dieses vollständig erhaltene Skelett eines *Liopleurodon*, das die für die Pliosaurier typischen Merkmale aufweist wie die Knochenplatten am Unterbauch, die dem Rumpf zusätzliche Stabilität verliehen.

EIN BLICK AUF EIN Plesiosaurierskelett zeigt, daß sich diese Tiere auf eine einzigartige, bei keinem heutigen Lebewesen anzutreffende Art und Weise im Wasser fortbewegten. Wenn auch viele im Meer lebende Tiere über Flossen verfügen, so weist doch keines zwei ähnlich angeordnete Flossenpaare auf.

Die Frage, wie diese Flossen bewegt wurden, hat die Wissenschaft seit den 20er Jahren des 20. Jahrhunderts beschäftigt. In den 70er Jahren untersuchte die amerikanische Paläontologin Jane Robinson die Muskelansätze der Flossen und kam zu dem Schluß, daß die Fortbewegung der Reptilien ähnlich funktioniert haben könnte wie bei den heutigen Schildkröten oder Pinguinen. Diese These wurde in den folgenden Jahren jedoch relativiert, als man herausfand, daß die Beweglichkeit der Plesiosaurierflossen wesentlich eingeschränkter gewesen sein muß. Vielmehr ging man nun davon aus, daß die Art der Fortbewegung am ehesten der des Seelöwen entsprochen haben dürfte, der vor allem durch den kräftigen Rückwärtsschlag der Arme vorangetrieben wird.

Weiter stellte man fest, daß Plesiosaurier über äußerst kraftvolle Muskeln für die Abwärtsbewegung der Flossen verfügten, die Aufwärtsbewegung aber wesentlich schwächer gewesen sein muß. Dies ließ den Schluß zu, daß sich die Flossenpaare alternierend bewegten, mit der aktiven Abwärtsbewegung des einen also die passive Aufwärtsbewegung des anderen einherging. Ein derartiger Schlagrhythmus hätte eine Vorwärtsbewegung bei konstanter Geschwindigkeit ermöglicht, nicht aber eine stoßartige Beschleunigung. Diese konnte das Reptil nur erreichen, wenn es beide Flossenpaare synchron eingesetzt und seinen Körper – ähnlich einem Delphin – in einer Wellenbewegung auf und ab bewegt hätte, d. h. mit dem aktiven Abwärtsschlag der Flossen aufgestiegen, mit dem passiven Aufwärtsschlag abgestiegen wäre.

Anhaltspunkte für diese Theorie liefern die Skelette von Plesiosauriern. Die Flossen saßen an einem relativ starren Körper, dessen Rückgrat deutlich gewölbt war und durch verstärkte Rippen zusätzlichen Halt erhielt. Dies könnte sowohl die Belastungen durch eine synchrone Flossenbewegung als auch durch unabhängig voneinander erfolgte Flügelschläge kompensiert haben. Sollte dies der Fall gewesen sein, wären sie in der Lage gewesen, sich nicht nur durch wechselndes Auf- und Abwärtsschlagen beider Flossenpaare in einem gleichmäßigen Tempo vorwärts zu bewegen, sondern bei Bedarf auch durch synchrone Flossenbewegung zu beschleunigen oder durch isolierte Flossenbewegungen zu wenden.

kommt immer noch nicht. Sichtbar erschöpft kehrt sie noch einmal zur Wasseroberfläche zurück.

Ihren verzweifelten Kampf beobachtet von unten ein ausgewachsenes *Liopleurodon*-Männchen, das alle vier Flossen in Angriffshaltung aufgestellt hat. Es ist 15 Meter lang und wiegt annähernd 10 Tonnen, jede seiner Flossen ist über drei Meter lang. An der Spitze seiner riesigen Schnauze sitzen dolchförmige Zähne, mit denen es seine Beute regelrecht aufspießen kann. Der Saurier kann aus einer Entfernung von mehr als 150 Kilometern zu dem Gebärplatz der *Ophthalmosaurus*-Weibchen gelockt worden sein, denn er verfügt über ein hoch entwikkeltes Geruchssystem zum Aufspüren von Beute. Zwei Kammern an der Spitze seines Mauls sind mit sensorischen Zellen ausgestattet, die dafür geschaffen sind, das ihn umgebende Wasser ständig auf Geruch und Geschmack potentieller Beutetiere zu analysieren.

Langsam hebt er seinen massigen Kopf, bevor er plötzlich die Flossen kraftvoll nach unten drückt. Im Sog der Vorwärtsbewegung werden Ammoniten durchs Wasser geschleudert und Fische vom Korallenriff gezogen. Sein Maul öffnet sich, nur um sich im nächsten Augenblick um den Körper des sich vergeblich wehrenden *Ophthalmosaurus*-Weibchens wieder zu schließen. Durch die Wucht des Angriffs schießt sein Kopf mit der Beute im Maul aus dem Wasser und produziert einen gewaltigen Strudel aus aufgepeitschtem Wasser und Blut. Sein Opfer ist auf der Stelle tot, der Körper von den langen Zähnen durchbohrt, das Rückgrat gebrochen. Der *Liopleurodon* beißt noch ein paarmal zu, bis er den reglosen Körper des *Ophthalmosaurus* in drei Stücke zerteilt hat. Den vorderen Teil im Maul haltend, kehrt er an die Wasseroberfläche zurück, läßt ihn in seinen weit offen stehenden Rachen fallen und verschluckt ihn. Genauso verfährt er mit der zweiten Portion, dem Mittelstück. Währenddessen ist der elegante, halbkreisförmige Schwanz des *Ophthalmosaurus* rasch gesunken, 100 Meter tief am Rand des Korallenriffs vorbei bis auf den Meeresgrund. Der *Liopleurodon* setzt zu seiner Verfolgung an, läßt dann aber von seinem Vorhaben ab.

Langsam durchs Wasser gleitend, nimmt er die Jagd wieder auf. Dabei bewegt er leicht den Kopf von einer Seite zur anderen, um seine Beute orten zu können. Die riesigen Flossen verdrängen so viel Wasser, daß er sie nur sehr langsam bewegen muß, um eine ausreichende Geschwindigkeit zu erreichen. Nur wenn er angreift, bewegt er die Flossenpaare simultan. Unter normalen Umständen schlagen sie im Wechsel auf und ab und machen damit diesen Giganten – genauso wie seinen entfernten Verwandten, den *Cryptoclidus* – erstaunlich wendig.

Kopf und Flossen sind mit tiefen Narben bedeckt, Zeugen zahlreicher Konfrontationen mit Artgenossen, den einzigen marinen Wesen, die derartige Wunden zufügen können. Außerdem haben sich in seinem Körper im Laufe der

FOLGENDE DOPPELSEITE **Aus dem Hinterhalt: Ein riesiger *Liopleurodon* bereitet den Angriff auf einen *Ophthalmosaurus* vor. Der Ichthyosaurier ist zwar mehr als 3 Meter lang, erscheint im Vergleich zu dem Raubtier aber winzig. Mit Hilfe seiner vier kräftigen Flossen ist *Liopleurodon* in der Lage, sein Opfer mit unglaublicher Geschwindigkeit zu verfolgen.**

Jahrzehnte die üblichen »Untermieter« eingenistet. Auf seinem durchfurchten Rücken haben sich Bryozoen, Anemonen, Seegras und sogar Korallen angesiedelt, zwischen denen Neunaugen und Garnelen nach Nahrung suchen. In seinen entzündeten Augen nisten Läuse, aber all das stört das riesige Tier nicht. Wirklich gefährlich können *Liopleurodon* nur Würmer werden, die sich in Nasenlöchern und Ohren festsetzen und dort Entzündungen verursachen. Denn dadurch werden ihre erstaunlichen Fähigkeiten eingeschränkt, die Beute aufzuspüren und zu verfolgen. Im schlimmsten Fall kann dies dazu führen, daß sie nicht mehr jagen können und schließlich verhungern müssen.

Als das Licht mit einsetzender Dämmerung allmählich schwindet, setzt der *Liopleurodon* seine Jagd fort. Am Rande des Korallenriffs, 100 Meter unter ihm, verschaffen die Überreste seiner letzten Mahlzeit einer großen Anzahl auf dem Meeresgrund lebender Tiere ein reichhaltiges Menü. Das erste Lebewesen, das den Schwanz des *Ophthalmosaurus*-Weibchens erreicht, ist ein Inger, der aus der Dunkelheit herangleitet. Die farblosen Aasfresser stehen am Anfang der Evolutionskette der Fische und bevölkern bereits seit 200 Millionen Jahren die Tiefsee, Augen besitzen sie nicht. Solange es Raubtiere wie den *Liopleurodon* gibt, die dafür sorgen, daß immer auch Teile der Beute in die tieferen Regionen des Meeres gelangen, wird es diese Aasfresser geben.

Gefährliche Zeit

SEPTEMBER – ÜBERLEBENSKAMPF

Mit dem ersten Tageslicht wacht der weibliche *Cryptoclidus* durch den Geruch eines Dinosauriers auf. Ungewollt hat das Weibchen die Aufmerksamkeit eines hungrigen *Eustreptospondylus* auf sich gezogen, der etwa 100 Meter entfernt am Strand steht. Kaum hat das *Cryptoclidus*-Weibchen den Kopf gehoben, als der Räuber auch schon auf sie zugelaufen kommt. Das *Cryptoclidus*-Weibchen ist größer und massiger als der Dinosaurier, daher ist es unwahrscheinlich, daß er wirklich angreifen wird. Nur ein sichtbar durch Krankheit oder Verletzung geschwächter *Cryptoclidus* könnte ihm zum Opfer fallen. Dennoch reagiert es mit äußerster Vorsicht und robbt zurück ins Wasser, so schnell es seine Flossen erlauben. Während der Räuber noch an den Spuren schnüffelt, gleitet das *Cryptoclidus*-Weibchen schon weit draußen in der See durch einen Schwarm Ammoniten.

Gebärende *Ophthalmosaurus*-Weibchen sind nun in der Region um die vindelizischen Inseln nicht mehr anzutreffen. Die Muttertiere sind in tiefere Gewässer zurückgekehrt, haben aber im Riff viele Junge zurückgelassen. Aufgrund der Bedrohung durch Haie, marine Krokodile und manchmal auch durch *Cryptoclidus* werden nur wenige dieser Jungen überleben. Aber sie verfügen über einige Hilfsmittel, die ihnen das Überleben in den felsigen Gründen erleichtern. Die Jungtiere sind zum Beispiel wesentlich stärker als ihre Eltern gesprenkelt, was zwischen den Korallen für eine gute Tarnung sorgt, und sie verfügen über gut ausgebildete Zähne. Die Jungen sind während ihres Lebens am Riff mit einem höchst unterschiedlichen Angebot an Nahrung konfrontiert, für das ihre mit kurzen Zähnen besetzten Kiefer sehr gut geeignet sind. Den Jungen, die die ersten, durch einen harten Überlebenskampf bestimmten Wochen überstanden haben, bekommt das reiche Nahrungsangebot des Riffs so gut, daß sie innerhalb eines Monats ihr Gewicht verdoppeln.

Unter einem sich weit ausbreitenden Korallenfächer bedrängt ein männliches Junges einen kleinen Ammoniten. Irgendwie ist es ihm gelungen, das gepanzerte Lebewesen so in die Enge zu treiben, daß es nicht mehr ins offene Wasser entkommen kann, wo der kleine *Ophthalmosaurus* keine Chance hätte. Aber der Ammonit hat die Öffnung des Gehäuses verschlossen und bietet seinem Gegner einen undurchdringlichen Panzer. Ein paarmal versucht der junge *Ophthalmosaurus*, mit Kopfstößen den Ammoniten gegen einen Felsen zu schlagen und an den geschlossenen Klappen herumzuknabbern. Doch der Ammonit prallt immer wieder unbeschädigt vom Felsen ab. Schließlich schwimmt das Jungtier zur Wasseroberfläche, um Luft zu holen. Als es zum Riff zurückkehrt,

Verteidigungsmechanismen: Angesichts eines sich nähernden *Ophthalmosaurus*-Jungen verschließt ein Ammonit die Öffnung seines Gehäuses. Der aus Kalk bestehende, zweiteilige Schalendeckel, der vor die Öffnung geschoben wird, bildet einen undurchdringlichen Schild.

versucht der Ammonit gerade, aus seinem Korallengefängnis zu entkommen. Der *Ophthalmosaurus* schnappt zu und erwischt einen der Tentakeln. Augenblicklich zieht sich der Ammonit wieder in sein schützendes Gehäuse zurück und verschließt die Öffnung. Der junge Saurier jedoch läßt nicht locker, als der Ammonit sich zu befreien versucht. Endlich gelingt es ihm, sich loszureißen, und der junge Saurier schwimmt mit seiner Beute davon: einem kleinen Tentakel, der ihm aus dem Maul hängt.

Die Kette der vindelizischen Inseln wird im Zentrum von einer Tiefwasserrinne durchschnitten, die etwa 500 Kilometer lang ist und vom Tethys-Meer heraufführt. An ihren Rändern fällt die Wassertiefe innerhalb von wenigen hundert

Schutzräume: Kurz nach der Geburt bieten die Höhlen und Tunnel der Korallenriffe den *Ophthalmosaurus*-Jungen ideale Verstecke vor Raubtieren. Nach wenigen Monaten sind sie groß genug, um im offenen Wasser überleben zu können.

Metern von etwa 50 Metern bis auf fast einen Kilometer ab. Korallenriffe säumen den Rand dieses Grabens, wohingegen sich auf seinem Grund nichts außer einer dicken Schicht Schlamm befindet. Hier existieren verschiedene Lebewesen, die sich von den aus den oberen Wasserschichten herabsinkenden toten Tieren ernähren. Diese Rinne ist nicht nur die bevorzugte Route der *Ophthalmosaurus*-Weibchen, auf dem Weg zu ihrer Gebährzone, durch sie gelangen auch andere Tiefseebewohner in die seichten Gewässer des epikontinentalen Meeres.

Die Rinne führt dicht an der Insel vorüber, an deren Ostseite die großen Ozeanwogen gegen das Korallenriff branden. Auf einem in das Meer ragenden Felsen sucht ein *Eustreptospondylus* in der Gischt nach toten Fischen. Während er an einem zerschellten Ammoniten schnuppert, wendet er unvorsichtigerweise dem Meer den Rücken zu. Plötzlich rollt eine riesige Welle heran. Als sie bricht, schnellt das Maul eines riesigen *Liopleurodon* aus dem Wasser und schnappt nach dem Schwanz des *Eustreptospondylus.* Mit einem Schmerzensschrei wirft sich der Dinosaurier herum, doch sein Schicksal ist besiegelt. Mühelos gleitet das riesige marine Raubtier zurück ins Wasser und zieht den wehrlosen Aasfresser mit sich in die Tiefe. Nur wenige Minuten später taucht der *Liopleurodon* in einiger Entfernung von der Küste wieder auf, von dem Dinosaurier ist jedoch nichts mehr zu sehen.

Terror aus der Tiefe: Ein Moment der Unachtsamkeit genügt, und schon reißt ein gigantischer *Liopleurodon* einen schreienden *Eustreptospondylus* von einer Korallenbank.

Mit seinen breiten Flossen hält sich das Raubtier mühelos über Wasser, während es mit den Augen seine Umgebung nach neuer Beute absucht. Wie groß dieses Tier tatsächlich ist, läßt sich unter Wasser, wenn es in ständiger Bewegung ist, kaum ermessen. Um so aufschlußreicher ist ein Blick auf den auf der Oberfläche dahindümpelnden Körper. Allein sein schwarzweiß gemusterter Schädel ist über drei Meter lang, wovon das Maul über zwei Meter einnimmt. Die Zähne von Ober- und Unterkiefer sind so lang, daß sie ineinandergreifen. Selbst wenn er sein Opfer nicht richtig zu fassen bekommt und es nur mit den Zähnen streift, ist er durchaus in der Lage, es aufzuschlitzen und ihm die Eingeweide herauszureißen. Gesteuert werden diese furchterregenden Werkzeuge von einem massiven Nacken, der kräftig genug ist, um den Kopf des *Liopleurodon* wie eine Präzisionswaffe in alle Richtungen schwingen zu lassen.

GEGENÜBERLIEGENDE SEITE **Im Schatten des Killers: *Liopleurodon* ist der unumschränkte Herrscher der jurassischen Meere. Mit einer Länge von 25 Metern ist er das größte und mächtigste Raubtier, das als Gegner lediglich seine Artgenossen zu fürchten hat.**

Wenig später taucht der riesige Räuber unter die Wasseroberfläche zurück. Langsam über das Korallenriff hinweggleitend, entdeckt er schließlich das rotweiße Gehäuse eines *Perisphinctes*. Er pflückt das große Weichtier mit den Zähnen vom Riff, manövriert das Gehäuse zwischen seine hinteren Zahnreihen und spannt die Muskulatur seiner Kiefer an, bis er die Schale geknackt hat. Dann spuckt er sie wieder aus, um seine Arbeit zu begutachten. Es ist ihm gelungen, die Schale an mehreren Stellen zu durchlöchern, so daß der *Perisphinctes* nun eigenartig unbeholfen im Wasser treibt. Wieder schnappt er nach dem Ammoniten und versucht den Panzer mit seinem gewaltigen Gebiß zu knacken. Mit einem Mal fliegen rote und weiße Bruchstücke explosionsartig auseinander. Das Gehäuse ist zerborsten, und der weiche Körper treibt im Wasser. Mit einem einzigen Zuschnappen des Kiefers verschwindet der riesige Ammonit im Rachen des *Liopleurodon*. Die zerbrochenen, langsam auf den Meeresgrund sinkenden Gehäusestücke hinter sich lassend, zieht der Pliosaurier seines Weges.

Dicht über der Wasseroberfläche entlangfliegend, kehrt ein Schwarm Pterosaurier zu seinen Nestern auf der Insel zurück. Die Pterosaurier fressen pro Jagdflug immer nur einen Fisch, denn trotz einer Flügelspanne von annähernd zwei Metern ist ihr Körper lediglich 30 Zentimeter lang und kann nur eine kleine Menge Nahrung aufnehmen. Auf der Insel sind mittlerweile die *Rhamphorhynchus*-Jungen aus den Eiern geschlüpft. Jeder der kleinen Flugsaurier hat sofort damit begonnen, seine Flügel zu entfalten und erste Flugversuche zu unternehmen. Eine Zeitlang hat der in ihren Mägen befindliche Dottervorrat sie ernährt, nun benötigen sie Futter, sind aber noch nicht stark genug, um selbst auf Fischfang zu gehen. Trotzdem wird das Meer auch für sie schon in wenigen Stunden ausreichend Nahrung bereithalten – dies ist einer der Gründe dafür, warum sie genau zu diesem Zeitpunkt geschlüpft sind. Unten am Strand krabbeln im letzten Licht des Tages zwei kuppelförmige Lebewesen, das eine auf dem Rücken des anderen, aus der Brandung an Land. Es sind die ersten von vielen tausend Paaren von Pfeilschwanzkrebsen, die auf den Inselstrand kriechen, um sich auf dessen weißem Sand zu paaren.

Die Flut hat ihren höchsten Punkt erreicht, und als der Vollmond aufgeht, wimmelt es an den Stränden nur so von sich paarenden Krebsen. Pfeilschwanzkrebse sind eigentlich gar keine Krebse, sondern eher so etwas wie marine Skorpione, deren Vorfahren hier schon vor 200 Millionen Jahren gelebt haben. Vermutlich sind sie oder ihnen verwandte Lebewesen schon damals einmal im Jahr in einer Vollmondnacht an die Strände längst vergessener Küsten gekommen. Sie überlebten das große Sterben, das dem Aufkommen der Dinosaurier vorausging, und ihr Bestand wurde auch nicht im Zeitalter der Reptilien bedroht.

Für *Cryptoclidus* sind diese Lebewesen als Nahrung uninteressant. Schwerfällig schieben sie sich weiter den Strand hinauf, wobei ihre großen Flossen die Krebse in alle Richtungen schleudern. Im weißen Licht des Mondes wirkt der weiche Sand mit den glänzenden, flachen Kuppeln der Krebse wie eine zerklüftete Felsplatte. Dicht an der Wasserlinie graben die Krebsweibchen Löcher in den Sand, in die sie jedes mehrere hundert winzige, wie Perlen glänzende Eier legen. Diese werden von den Männchen befruchtet, die daraufhin ins Meer zurückkehren. Mit der Ankunft immer neuer Pfeilschwanzkrebse geht es am Strand so gedrängt zu, daß die letzten Weibchen beim Graben ihrer Nester unweigerlich bereits vorhandene Gelege zerstören.

Als es Morgen wird, sind nur noch wenige Krebse auf dem Strand. Es sind Tiere, die nach den nächtlichen Aktivitäten zu erschöpft sind oder sich, hilflos auf dem Rücken liegend, nicht aus eigener Kraft umdrehen können, um den Weg ins Wasser zurückzufinden. Mit der Morgendämmerung kommen die *Rhamphorhynchus*-Jungen. Sie haben es vor allem auf die von der Flut freigelegten Krebseier abgesehen, die in einer langen schleimigen Kette die Wasserlinie säumen. Doch auch die nur von einer dünnen Sandschicht bedeckte Krebsbrut ist vor den Flugsauriern nicht sicher.

Das rege Treiben am Strand lockt auch den *Eustreptospondylus* hervor, der im Steineibenhain Eidechsen gejagt hat. Die wenigen noch am Strand liegenden Pfeilschwanzkrebse interessieren ihn nicht, sie bieten zu wenig Fleisch, um seinen Appetit zu stillen. Statt dessen schnappt er nach den Pterosauriern. Vielen gelingt es zwar davonzufliegen, andere aber sind noch zu jung und vermögen nicht schnell genug davonzulaufen. Schon nach kurzer Zeit hat der Räuber etliche der kleinen zappelnden Körper verschlungen. Noch bevor die Sonne über den Horizont gestiegen ist, hat er seinen unbändigen Hunger gestillt.

Die Krebseier versorgen die heranwachsenden Flugsaurier mit lebenswichtigen Nährstoffen – vor allem mit Proteinen, die sie benötigen, während sie lernen zu fliegen und nach Nahrung zu suchen. Sobald sie etwas älter sind, werden sie sich von Insekten und den verschiedensten kleineren Meerestieren ernähren. Erst die ausgewachsenen Tiere beherrschen die Kunst, aus dem Flug heraus zu fischen. So wird verhindert, daß sich Jung- und Alttiere auf dem engen Lebensraum der Insel gegenseitig die Nahrung streitig machen. Und damit ist auch ausgeschlossen, daß ausgewachsene Flugsaurier Jagd auf ihre eigenen Jungen machen, so wie dies viele andere Reptilienarten tun.

Drohende Stürme

OKTOBER – EINE NEUE JAHRESZEIT

Mitte Oktober beginnen die *Ophthalmosaurus*-Jungtiere, das Riff zu verlassen. Als Kinderstube hat es seinen Zweck erfüllt: Die meisten Jungen sind jetzt drei- bis viermal so groß wie bei der Geburt. Zwar lauern um das Korallenriff noch immer *Hybodus*-Haie, doch die Jungtiere sind inzwischen kräftig genug, um ihnen davonzuschwimmen. Sie verlassen das seichte Wasser vor der Insel gerade noch rechtzeitig, bevor die winterlichen Stürme einsetzen. Die Temperaturunterschiede zwischen den einzelnen Jahreszeiten im Jura sind in der Regel geringfügig. Eine Ausnahme bildet das Zentrum der riesigen Landmasse von Laurasia, in dem es im Winter deutlich kühler wird. Das an die Westküste dieses Kontinents stoßende Tethys-Meer dagegen bleibt das ganze Jahr über gleichmäßig warm, so daß mit Einzug des Winters die Temperaturunterschiede ausreichen, um gewaltige Stürme entstehen zu lassen.

Während die *Ophthalmosaurus*-Jungen scharenweise das Korallenriff verlassen und sich in tiefere Gewässer aufmachen, ziehen am Horizont dunkle Wolkenmassen auf. Fernes Donnern ist zu hören, und die ansonsten ruhige See wird grau und undurchsichtig. Stürme wie dieser haben die Gestalt von Flora und Fauna der vindelizischen Inseln mit geprägt. Allein Pflanzen und Tiere, die diese extremen Wetterverhältnisse zu überleben in der Lage sind, haben eine Chance, auf den Inseln heimisch zu werden. *Cryptoclidus* macht sich auf den Weg in tiefere Gewässer, und die Flugsaurier ziehen sich auf die Steineiben und Kiefern zurück. *Rhamphorhynchus* ist bei starken Winden besonders gefährdet. Mit seinem extrem leichten Körper kann er sich bei Stürmen von mehr als 100 Stundenkilometern nicht lange in der Luft halten. Die einzige Überlebenschance besteht daher darin, in den Bäumen Schutz zu suchen.

Immer höher peitschen die Wellen den Strand hinauf, und über dem Korallenriff trägt das Meer weiße Schaumkronen. Das Wasser ist durch den vom Meeresboden aufgewirbelten Sand trübe geworden. Obwohl erst Nachmittag, haben die Wolken den Himmel so verdunkelt, daß die gesamte Szenerie in ein düsteres Dämmerlicht getaucht ist. Dann beginnt der Regen auf die Insel und die auf ihren Bäumen zusammengekauerten Flugsaurier niederzuprasseln. Die Wellen schlagen bis zu den Steineiben hoch, reißen Farne und Moose aus und spülen sie auf die unteren Äste

Babynahrung: Ein junger *Rhamphorhynchus* sucht unter der Rinde einer Kiefer nach Insekten. Die Nahrung der Jungtiere ist wesentlich abwechslungsreicher als die der Erwachsenen.

der Bäume. Auf dem höchsten Punkt der Insel drückt sich der *Eustreptospondylus* dicht an die Felsen, während das Heulen des Windes immer lauter wird. Dies ist nicht der erste Sturm, den er erlebt, und obwohl die Insel, auf der er nun ausharrt, gefährlich niedrig liegt, sagt ihm sein Instinkt, daß es noch gefährlicher wäre, sie zu verlassen, um einen sicheren Unterschlupf zu suchen.

Draußen auf dem offenen Wasser rollen die Wellen über das Korallenriff und dessen Bewohner hinweg. Vielen Lebewesen gelingt es zwar, sich an Felsen festzuklammern und dem Ansturm der Wellen zu widerstehen. Doch dafür werden die aufgewirbelten Sandmassen etliche von ihnen unter sich begraben. Einige der größeren Ammoniten wie *Perisphinctes* verankern sich mit ihren Tentakeln fest an den Felsen. Andere, kleinere Ammoniten dagegen werden von den Wellen hin und her geworfen und versuchen, ihre Position durch hektische Wasserstöße zu halten.

Es ist ein heftiger Sturm, der drei Tage lang über dem seichten Gewässer tobt. Als er endlich abklingt und die Sonne wieder das Land erwärmt, offenbart sich die Insel in einem verheerenden Zustand. Nur ein kleiner Bereich von etwa einem halben Quadratkilometer Größe in der Mitte der Insel scheint das Unwetter unbeschadet überstanden zu haben. In anderen Bereichen hat das Meer das Unterholz verwüstet, alle am Boden wachsenden Pflanzen ausgerissen und zu großen faulenden Haufen zusammengespült. Als ob jemand sie mit Girlanden geschmückt hätte, hängen an den unteren Ästen der Bäume Farne, Seegras und das eine oder andere Stück Koralle. Und über die Strände zieht sich ein Spülsaum aus toten Flugsauriern, zerschellten Ammoniten und gestrandeten Fischen. Der *Eustreptospondylus* schüttelt sich und nimmt zunächst ein tropisches Sonnenbad. Schon bald trägt ein leichter Wind, die Nachhut des zerstörerischen Sturms, einen stechenden Geruch vom Strand herauf nach Süden. Angelockt von der Aussicht auf Aas, macht sich der *Eustreptospondylus* auf den Weg über die verwüstete Insel. Als er die Küste erreicht, findet er unzählige kleinere Tierkadaver, die den Strand bedecken, doch ein anderer Geruch läßt ihn weiterziehen. Er kehrt zu der Bucht zurück, in der er Tage zuvor die verwesende Schildkröte entdeckt hatte, und als er die Landzunge überquert, wird die Quelle dieses neuen Geruchs sichtbar.

Hier liegt – den Schwanz im Wasser, Kopf und Vorderflossen zwischen den Steineiben gefangen – der *Liopleurodon*. Von seiner Position aus, etwa 150 Meter entfernt, kann der *Eustreptospondylus* sein verzweifelt angestrengtes Atmen hören. Von Zeit zu Zeit stößt der Riese ein tiefes, von Schmerzen gezeichnetes Bellen aus, während seine Lungen vom Gewicht des eigenen Körpers zerquetscht werden. Er wirft den Kopf hin und her und versucht, seine Flossen zu bewegen, so daß selbst kräftige Steineiben wie Streichhölzer zerbrechen. Doch der *Lio-*

GEGENÜBERLIEGENDE SEITE Unterwasserflug: Ein *Cryptoclidus* taucht auf den Meeresboden, um Steine zu verschlucken, die ihm als Ballast dienen. Im Hintergrund steigt ein Artgenosse zum Luftholen an die Wasseroberfläche auf. Bei Unwettern und Stürmen suchen die Tiere Schutz in tieferen Gewässern.

FOLGENDE DOPPELSEITE Konfrontation: *Eustreptospondylus* ist normalerweise ein allein lebender Aasfresser, der auf der Suche nach Nahrung von Insel zu Insel schwimmt. Doch der auf dem Strand liegende tote *Liopleurodon* wirkt wie ein Magnet: Mehrere Tiere haben sich auf der Insel versammelt und obwohl der Kadaver groß genug ist, um sie alle satt werden zu lassen, kommt es zu erbitterten Kämpfen.

Das Ende naht: Nach dem Unwetter ist ein riesiger *Liopleurodon*-Bulle auf der Insel gestrandet. Kein Tier wagt sich an ihn heran, solange er noch am Leben ist. Doch sobald er unter seinem eigenen Gewicht erstickt ist, wird ein *Eustreptospondylus* ihn in Stücke reißen.

pleurodon sitzt fest. Er muß während des Sturms die Orientierung verloren haben und gestrandet sein. Er ist zu schwer, um wieder ins Meer zurückzurobben und wird wohl nicht lange überleben. Davon abgesehen, daß seine Lungen allmählich unter dem Druck kollabieren werden, steigt auch seine Körpertemperatur unter der gleißenden Sonne stetig weiter an.

Wieder entreißt sich seiner Lunge ein Bellen, und Blut tritt aus seinem Maul. Ganz langsam schleicht sich der *Eustreptospondylus* an ihn heran. Er riecht, daß das riesige Tier stirbt, weiß aber auch, daß es immer noch in der Lage ist, ihn in Stücke zu reißen, sollte er unvorsichtig genug sein, seinem mächtigen Maul zu nahe zu kommen. Der Dinosaurier hält Abstand, wartet auf den Tod des Riesen, betört von dem Geruch von 10 Tonnen Fleisch.

Trotz des erbärmlichen Zustands des *Liopleurodon* dauert es noch vier Stunden, bis sein Kopf zum letzten Mal krachend auf die Erde schlägt. Als sich der *Eustreptospondylus*, der die ganze Zeit geduldig auf das Ende gewartet hat, näher an ihn heranwagt, bemerkt er zwei auf den Wellen tanzende Köpfe, grau und mit Narben bedeckt, die sich der Bucht nähern – Artgenossen, die dem Geruch des Todes folgen. Inzwischen zieht dieser riesige Kadaver wahrscheinlich jeden *Eustreptospondylus* der Region an. Die beiden Neuankömmlinge steigen schnell aus dem Wasser. Sie sind eine weite Strecke geschwommen und erschöpft. Normalerweise würden sie es nicht wagen, einen Artgenossen in seinem Territorium herauszufordern, doch angesichts dieses Fleischberges, der sich über den ganzen Strand der Bucht erstreckt, spielt die üblicherweise unter den Aasfressern geltende Hierarchie keine Rolle mehr. Der erste *Eustreptospondylus* ignoriert die beiden Eindringlinge. Während er sich an den Kopf des toten *Liopleurodon* macht, beginnen die beiden anderen, ihn an der Schwanzflosse zu zerfleischen.

Daß ein großes Reptil strandet, ist nicht ungewöhnlich. Vor allem während eines Sturms geschieht dies häufig. Doch ein derartig gigantischer Kadaver kann das empfindliche Gleichgewicht der Fauna gerade einer kleinen Insel wie dieser auf einige Zeit nachhaltig stören. Es ist davon auszugehen, daß sich innerhalb von Tagen bis zu 50 der großen fleischfressenden Dinosaurier um den Kadaver drängen. Und sie werden bleiben – gegeneinander kämpfen, fressen und sich paaren. Solange, bis nichts mehr von dem *Liopleurodon* übrig ist. Und das kann durchaus sechs Monate dauern. Schlimmer noch: Wenn sie mit dem Kadaver fertig sind, werden sie so lange die Tiere der Insel jagen, bis der Geruch eines neuen Opfers sie wieder fortlockt.

Am Abend sind es bereits sieben Exemplare, die um den Kadaver lagern. Sie haben so viel gefressen, wie sie nur konnten, und sind daher müde und lethargisch. Unweit von ihnen robbt das *Cryptoclidus*-Weibchen auf den Strand einer Landzunge, um sich einen Schlafplatz zu suchen. Es hebt den Kopf und schnüffelt. Die Insel ist voller fremder Gerüche: der Verwesungsgestank des Kadavers, der durchdringende Geruch der Räuber und über allem der Geruch von Blut. Eine Zeitlang wird der Kadaver des *Liopleurodon* es vor Angriffen schützen, doch früher oder später werden die Aasfresser wieder auf die Jagd gehen müssen. Ironischerweise könnte ein weiterer Sturm die Rettung des *Cryptoclidus*-Weibchens sein. Eine so große *Eustreptospondylus*-Anzahl wäre nicht in der Lage, auf der Insel Schutz zu finden und würde daher entweder von den Fluten weggespült werden oder Zuflucht auf einer anderen Insel suchen müssen. Da der Winter noch einige Monate dauern wird, sind weitere Stürme durchaus zu erwarten. Die damit einhergehenden Flutwellen werden vielleicht auch den Kadaver des *Liopleurodon* mit sich nehmen und wieder dem Meer übergeben, wo einmal mehr Lebewesen wie der Inger von den Abfällen der anderen Tiere profitieren werden. Doch bis es soweit ist, muß das *Cryptoclidus*-Weibchen sich vor den unwillkommenen Besuchern seiner Insel in acht nehmen und darauf warten, daß im Osten neue Sturmwolken aufziehen.

VOR 127 MILLIONEN JAHREN

Unter Flügeln von Giganten

4

VOR 127 MILLIONEN JAHREN. Die Kreidezeit hat den Jura abgelöst, die Erdteile der Welt sind in Bewegung. Von Laurasia bis hinunter nach Gondwana tut sich allmählich ein neues Meer auf und trennt dabei die späteren Kontinente Südamerika und Afrika voneinander ab. Der Meeresspiegel ist gestiegen, und die einst riesige Landmasse Pangaea ist nicht mehr wiederzuerkennen. Das Klima wird feuchter, und bedingt durch die Isolierung der einzelnen Kontinente entstehen eine große Anzahl neuer Pflanzen und Tierarten.

Ein *Ornithocheirus* gleitet, von einem warmen Aufwind getragen, durch die Lüfte. Unter günstigen thermischen Bedingungen kann er mit einem Flügelschlag bis zu 50 Kilometer fliegen.

Das auffälligste Novum ist nicht etwa eine neue Dinosaurierart, sondern die Tatsache, daß zum ersten Mal in der Geschichte der Erde die Pflanzen Blüten entwickeln. Über Millionen Jahre hinweg haben sich die Gewächse auf alle nur erdenklichen Weisen vor grasenden Tieren zu schützen versucht. Jetzt haben Blütenpflanzen eine neue Strategie entwickelt. Sie gedeihen schnell, vermehren sich schnell und wachsen schnell nach, wenn sie abgefressen werden. Das heißt: Die Pflanzen haben eine Möglichkeit gefunden, mit den Pflanzenfressern zu leben. Zur selben Zeit verschwinden die großen Pflanzenzerstörer des Juras, die Sauropoden, und werden von kleineren Pflanzenfressern verdrängt.

Auch andere Reptilien passen sich den veränderten Bedingungen an. Die alten »langschwänzigen« Pterosaurier sind fliegenden Leviathanen gewichen, von denen einige eine Flügelspanne von bis zu zwölf Metern erreichen. Diese riesigen durch die Luft gleitenden Ungetüme bilden den Höhepunkt in der Evolution der Pterosaurier, die zu keinem anderen Zeitpunkt einen derartigen Artenreichtum entfalten. Einst unumschränkte Herrscher der Lüfte, sehen sie sich nun allerdings der Konkurrenz der Vögel ausgesetzt – einer neuen Gruppe von gefiederten Dinosauriern, die schon bald zeigen, daß sie anpassungsfähiger als die Flugsaurier sind.

Auch wenn sich zu Beginn der Kreidezeit die ersten Blütenpflanzen entwickelten, dominierten in den folgenden Jahrmillionen Koniferen weiterhin die Landschaft.

EINE ANDERE WELT

Die Verschiebung der Kontinente in der unteren Kreide hatte eine radikale Veränderung des Lebens auf der Erde zu Folge. Verursacht durch Bewegungen tief im Erdinneren, entstand ein vulkanischer, sog. mittelozeanischer Rücken, der die bestehenden Landmassen aufspaltete und zwischen Europa und Afrika im Osten und Nordamerika und Südamerika im Westen verlief und sich bis hinunter nach Afrika und Australien erstreckte. Durch die Aktivitäten in der Erdkruste hob sich der Meeresspiegel vorübergehend an, und das Tethys-Meer überflutete weite Gebiete im Osten und Westen, so daß die Kontinente Laurasia im Norden und Gondwana im Süden entstanden. Auf allen diesen neuen Kontinenten entwickelten sich vielfältige Lebensformen.

Vor allem die Nord-Süd-Teilung hatte weitreichende Folgen. Während sich in Laurasia Mammutbäume und Zedern ausbreiteten und eine neue Koniferenart, die Kiefer, heimisch wurde, dominierten im Süden Steineiben und Araukarien, die andere Koniferenarten verdrängten.

Mit der Verschiebung der Kontinente gingen auch klimatische Veränderungen einher. Das Weltklima wurde feuchter, die humiden Klimate der Pole breiteten sich aus. Meeresströmungen im Tethys-Meer brachten vormals trockenen äquatorialen Regionen ein Mosaik feuchter Mikroklimata. Dies führte zum Rückgang von Pflanzenarten wie den Cycadeen, die sich an die Trockenheit angepaßt hatten, zugleich aber auch zur Entwicklung von Pflanzen, die in sumpfiger, feuchter Umgebung gediehen. In die untere Kreide fällt auch das erstmalige Auftreten von Blütenpflanzen. Die Folgen, die diese Entwicklung für Flora und Fauna hatte, können gar nicht hoch genug eingeschätzt werden (s. S. 182). Das Aufkommen von Blüten ist wahrscheinlich *der* wichtigste Evolutionsschritt im Mesozoikum, auch wenn die ersten, unscheinbar blühenden Sträucher in den Sumpfgebieten Laurasias kaum den späteren Erfolg der Blütenpflanzen ahnen ließen. Erst in der Oberkreide begannen Blütenpflanzen die Flora der Erde zu dominieren.

Die Insekten entwickelten neue Methoden, sich Pflanzen zunutze zu machen. In der unteren Kreide tauchen erstmals Blattläuse und Raupen auf. Und schließlich geht die Evolution der Blumen einher mit dem Aufkommen einer Insektenordnung, die heute zu den größten überhaupt gehört – den Hymenoptera oder Hautflüglern (Bienen und Wespen).

Etwa zur gleichen Zeit vollzogen die gefiederten Dinosaurier den Entwicklungsschritt zum Vogel und verbreiteten sich rasch über den gesamten Globus. Allem Anschein nach kamen sie anfangs vor allem in der Nähe von Seen vor und eroberten sich dann auch den Lebensraum Wald. Ihre aus einzelnen Federn bestehenden Flügel widerstanden Zweigen und Ästen besser als die empfindliche Flughaut der Pterosaurier.

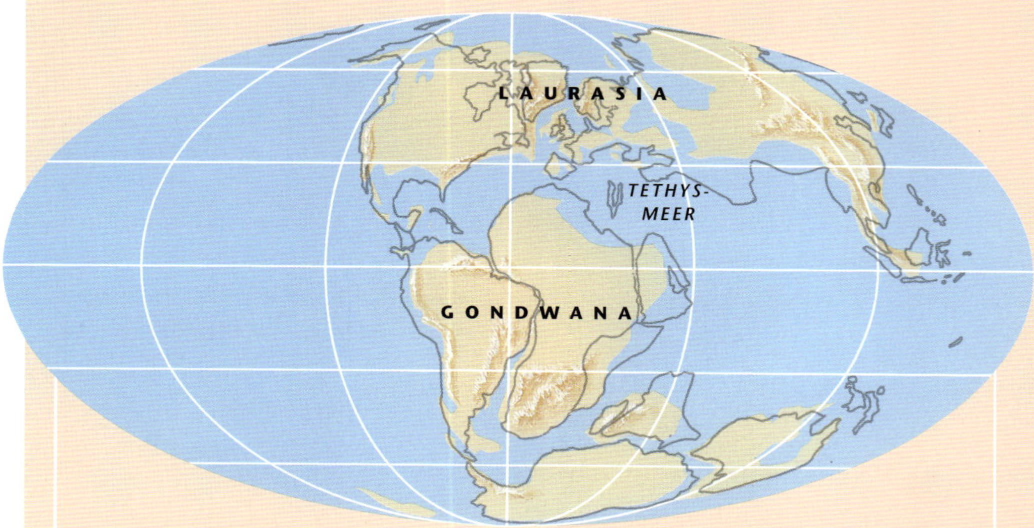

Das Entstehen der Kontinente: Die Aufteilung der großen Landmassen in kleinere Kontinente setzte sich in der Kreidezeit fort. Ursache dafür waren Bewegungen tief im Innern der Erde, die ein Aufbrechen der Erdkruste und das Entstehen eines zwischen Europa und Nordamerika sowie Afrika und Südamerika verlaufenden mittelozeanischen Rückens zur Folge hatten. Im Laufe von Millionen von Jahren entstand so der Atlantik, die Antarktis wurde abgetrennt und Indien nach Norden in Richtung Asien geschoben. Das Ansteigen des Meeresspiegels teilte Nordamerika in zwei Hälften und sorgte für eine weitere Ausdehnung des Tethys-Meeres, das nördliche und südliche Kontinente voneinander trennte. Die Aufteilung der Landmassen führte zur Evolution verschiedener Pflanzen- und Tierarten in den beiden Hemisphären.

Fossilfunde aus Brasilien belegen, daß der Pterosaurier *Tapejara* über einen segelähnlichen Kopfkamm verfügte, der drei- bis viermal so groß wie der Schädel war.

Auch die Dinosaurier, vor allem die im Norden lebenden, waren einem radikalen Wandel unterworfen. So starben die Stegosaurier aus, während entfernte und ebenso zu den Ornithischia (Vogelbecken-Dinosaurier) zählende Verwandte zu den dominanten Pflanzenfressern der Kreidezeit wurden. Zuerst erschienen die Iguanodontiden, wie *Iguanodon*, aus denen sich die Entenschnabel-Dinosaurier entwickelten, dann die Panzerdinosaurier, wie *Polacanthus*, und schließlich die Horndinosaurier, die zu Beginn der Kreidezeit noch nicht existierten, gegen Ende des Zeitalters jedoch in riesigen Herden verschiedene Regionen der Erde bevölkerten. Bei den Fleischfressern starben die Allosaurier aus, wurden aber durch eine Vielzahl neuer »Baureihen« ersetzt. Die Dromaeosaurier oder Raptoren waren kleine, aktive Jäger, die später auftauchenden Tyrannosauriden dagegen wahre Giganten. Eine weitere neue Gruppe, die sich in dieser Periode entwickelte, waren die Ornithomimiden (»Vogelnachahmer«), allesfressende straußenartige Dinosaurier, die sehr schnell laufen konnten. Die einzige Gruppe, die sich nicht optimal an die Bedingungen dieser »fragmentierten« Welt anzupassen vermochte, war die der großen Sauropoden, deren Anzahl rapide sank – nur in Südamerika vermochten sie zu überleben.

Die Plesiosaurier des Juras verschwanden aus den warmen Meeren, neue Arten bildeten sich heraus. Mit ihren vier Flossen sahen diese marinen Reptilien ihren Vorgängern recht ähnlich, die Hälse allerdings waren noch länger. Elasmosaurier hatten allein 70 Halswirbel. Auf dem Meeresboden lebende Raubtiere spezialisierten sich auf die Jagd nach Muscheln,

Gefräßige Schönheit: Seesterne gehören zu den aktiven Räubern, die sich von Molluskenarten wie den Austern ernähren. Dazu öffnen sie die Schale der Beutetiere und schieben ihren Magen in das Innere, um ihre Opfer an Ort und Stelle zu verdauen.

Mollusken, die sich durch Schalen zu schützen suchten. Krebse und Hummer verfügten jedoch über kräftige Zangen, mit denen sie die Gehäuse aufbrechen konnten.

Doch vor allem stellte die untere Kreide die Blütezeit der Pterosaurier dar. Die älteren, langschwänzigen Arten starben aus, an ihre Stelle traten riesige Gleiter. Einige von ihnen hatten Flügelspannen von mehr als zehn Metern und waren in der Lage, selbst kleinste Luftströmungen auszunutzen, um sich in die Höhe tragen zu lassen. Noch erstaunlicher als ihre Flugkunst allerdings war die Fähigkeit dieser Giganten, sich am Boden zu halten, vor allem, wenn starker Wind herrschte. Pterosaurier hatten vergleichsweise kleine Körper und große Köpfe. Paläontologische Funde legen den Schluß nahe, daß der Lebensraum der meisten Pterosaurierarten das Meer war. Dazu hatten sie eine Reihe von neuen Techniken der Nahrungsaufnahme entwickelt, darunter auch eine, bei der die Tiere – wie heute die Flamingos – mit dem Schnabel kleinere Fische und Meerestiere aus dem Wasser filterten. Doch vielleicht basiert diese Annahme über den marinen Lebensraum der Pterosaurier auch auf einer Fehlinterpretation der gemachten Funde – kleinere, zerbrechlichere Fossilien werden fast immer in der Nähe von Seen und Meeren gemacht und nicht in Hochlandregionen, die starker Erosion unterliegen. Es gilt einmal mehr: Die Tatsache, daß keine Funde gemacht wurden, sagt wenig über die Existenz oder Nichtexistenz eines Tieres aus.

Die Entwicklung der Insektenordnung *Hymenoptera*, zu der auch die Wespen gehören, scheint eng mit der Evolution der Blütenpflanzen zusammenzuhängen.

Koniferen stellten die dominierenden Pflanzen im Zeitalter der Reptilien dar. Doch erst in der Kreidezeit entwickelten sich die Kiefern, die im Gegensatz zu anderen Arten von den blühenden Pflanzen nicht verdrängt wurden, sondern weiter erfolgreich waren.

Beginn einer Reise

DIE SPITZE VON BORBOREMA

An der Nordküste von Borborema ragt eine riesige Felsnase aus Granit in das dunkelblaue Wasser des Ozeans. Regen und das Tausende von Jahren währende Anbranden der Wellen haben aus diesem schwarzen Felsen ein grandioses Gebilde aus Zinnen und zerklüfteten Türmen gemacht. Schon aus der Entfernung sind sie deutlich sichtbar, wie sie an der Spitze einer langen Landzunge in den Himmel ragen, aus der Nähe wirken sie besonders imposant. Hunderte von kleineren Felszinnen zieren die bis zu 60 Meter in den Himmel ragenden Felsnasen. Hier und da steigt das durch die Felsen gebrochene Wasser in Fontänen bis zu den Spitzen, während die Wogen mit nie endendem Dröhnen und Donnern in die durch den ewigen Ansturm des Meeres in das Gestein gegrabenen Tunnel und Höhlen schießen.

DER ZWEITE FRÜHLING DER DINOSAURIER

Seit dem 19. Jahrhundert wurde ein großer Teil der Fossilfunde in Nordamerika und Europa gemacht. Doch neue Ausgrabungen auf anderen Kontinenten gewinnen immer mehr an Bedeutung. Ging man früher davon aus, daß die Sauropoden mit Beginn der Kreidezeit nahezu ausgestorben waren, haben neuere Ausgrabungen gezeigt, daß diese Gruppe in Südamerika noch wesentlich länger lebte. Forschungen in China belegen, wie erfolgreich die frühen Vögel waren, und in Afrika gemachte Funde legen den Schluß nahe, daß es dort große Fleischfresser gab, die *Tyrannosaurus* in den Schatten stellen. Es kann davon ausgegangen werden, daß die hier vorgestellten Tiere alle Repräsentanten von Gruppen sind, die in der frühen Kreidezeit ihre Hochzeit erlebten.

Wahrscheinlich gelangten *Ornithocheirus* über den Atlantik nach Appalachia, dann entlang der Küste bis nach Cornubia (Cornwall) und Cantabria (Iberische Halbinsel).

ORNITHOCHEIRUS

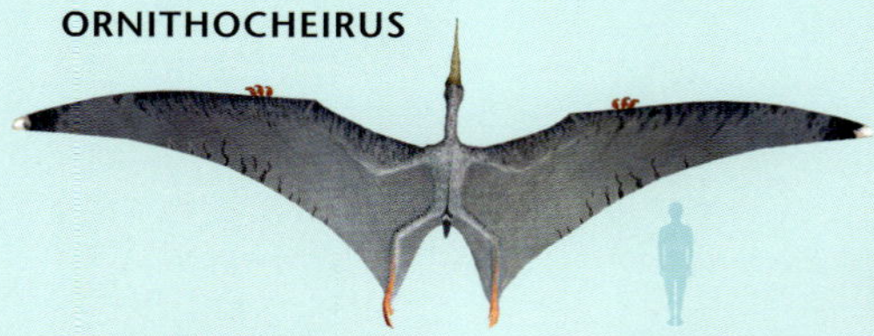

Sehr großer, mariner Pterosaurier, der vermutlich auch große Entfernungen ohne Mühe zurücklegen konnte. Mit dem langen, Kiele tragenden Schnabel konnte das Tier im Flug Fische aus dem Wasser schnappen.

NACHWEIS: Zahlreiche Funde von Fragmenten in Europa und Südamerika, vor allem in der Santana-Formation in Brasilien. Einige Funde wurden anfänglich verschiedenen Spezies zugeordnet, so daß es zu einer gewissen Verwirrung bei der Benennung der riesigen Flugsaurier kam. Viele Namen wurden vorgeschlagen, doch die Bezeichnung *Ornithocheirus* (die dem frühesten Fund gegeben wurde) hat sich durchgesetzt. Rückschlüsse auf die enorme Größe des Tieres wurden anhand verschiedener Flügelfingerfragmente gezogen, die in der Santana-Formation und in Europa gefunden wurden.

GRÖSSE: Einer maximalen Flügelspanne von 12 Metern steht eine Körperlänge von nur etwa 3,5 Metern gegenüber. Genaue Angaben über das Gewicht von *Ornithocheirus* lassen sich kaum machen, doch es ist davon auszugehen, daß die Tiere für ihre Größe extrem leicht waren. Ein geschätztes Gewicht von 100 Kilogramm erscheint plausibel. Die Länge des Kopfes betrug etwa 1,5 Meter, stehend dürfte das Tier eine Höhe von etwa 3 Metern erreicht haben.

NAHRUNG: Vorrangig Fische und Tintenfische.

ZEIT: Vor etwa 125–110 Millionen Jahren.

TAPEJARA

Mittelgroßer Pterosaurier der Kreidezeit mit einem auffälligen großen Kamm auf dem Kopf. *Tapejara* lebte an den Ufern von Seen und Binnenmeeren und war wahrscheinlich ein sehr langsamer Flieger, der keine großen Entfernungen zurücklegte.

NACHWEIS: In der Santana-Formation in Brasilien wurden hervorragend erhaltene Skelette gefunden.

GRÖSSE: Flügelspanne von etwa 5 Metern, Körperlänge ca. 1 Meter. Den nur 30 Zentimeter langen Kopf zierte ein doppelt so großer Kamm.

NAHRUNG: Vorrangig Fisch.

ZEIT: Vor 120–110 Millionen Jahren.

Es ist später Nachmittag und die warme Wintersonne wirft ein orangefarbenes Licht auf das Wasser. Ein einzelner Flugsaurier erscheint am Himmel, tief über den Horizont dahinfliegend. Mühelos reitet er auf dem von den Wellen aufsteigenden Aufwind und gleitet ohne sichtbare Flügelbewegung über das Wasser hinweg. Als er näher kommt, wird deutlich, daß es sich um einen *Ornithocheirus* handelt, mit dem für dieses Tier typischen dunklen Fleckenmuster auf dem hellgrauen Rücken. Sein langer gelber Schnabel läuft in breiten, Kielen ähnelnden Kämmen aus. Doch das, was *Ornithocheirus* vor allem bemerkenswert macht, ist seine Größe. Mit einer Flügelspanne von zwölf Metern ist er der größte Flugsaurier, der je existiert hat – ein wahrer Gigant der Lüfte.

Als er den Felsvorsprung überfliegt, geht ein Luftstrom über die Zinnen hinweg, die plötzlich zum Leben erwachen. Es ist die Heimat einer *Tapejara*-Kolonie, einer besonders schönen Spezies der Flugsaurier. Obwohl auch sie nicht

IGUANODON

In Herden lebender Pflanzenfresser, der auf nahezu allen Kontinenten zu Hause war. Die größte Art, die sich durch Daumendornen auszeichnete, lebte in Europa. *Iguanodon* bewegte sich auf allen Vieren fort, konnte aber auch auf zwei Beinen gehen.
NACHWEIS: Zahlreiche Funde von Knochen und Fußabdrücken von der Mongolei bis in den amerikanischen Mittelwesten. Die Identifikation der bekanntesten Spezies, *Iguanodon bernissartensis*, basiert auf mehr als 30 vollständigen Skelett- und Schädelfunden, die unweit des belgischen Bernissart entdeckt wurden.
GRÖSSE: Die größten Arten wurden bis zu 10 Meter lang, hatten eine Hüfthöhe von 3 Metern und wogen bis zu 7 Tonnen.
NAHRUNG: Große Pflanzen – Cycadeen, Koniferen oder Farne – die *Iguanodon* in einer Höhe von bis zu fünf Metern abgrasen konnte.
ZEIT: Vor 132–100 Millionen Jahren.

UTAHRAPTOR

Möglicherweise der größte Dromaeosaurier. Auffälligstes Merkmal waren gefährliche sichelförmige Krallen an den Füßen.
NACHWEISE: Ein Fund im Dalton-Wells-Steinbruch in der Nähe von Moab im amerikanischen Bundesstaat Utah. Da aber Amerika und Europa in der Kreidezeit noch dicht beieinander lagen, scheint die Annahme zulässig, daß *Utahraptor* auf beiden Kontinenten heimisch war. Neue Funde in Südamerika lassen den Schluß zu, daß einige Raptoren größer waren als bisher angenommen.
GRÖSSE: Bei einer Länge von etwa 6 Metern erreichten die Tiere eine Höhe von ca. 2 Metern. Ein ausgewachsenes Tier wog bis zu 1 Tonne, die Zehenkralle hatten eine Länge von 30 Zentimetern.
NAHRUNG: Wahrscheinlich große Pflanzenfresser.
ZEIT: Vor 112–100 Millionen Jahren.

POLACANTHUS

Pflanzenfresser mit einer dicken Panzerplatte über den Hüften und Dornen am Rumpf, den Flanken und den Schultern. *Polacanthus* lebte offenbar nicht in Gruppen oder Herden, weidete aber nicht selten in unmittelbarer Nähe von *Iguanodon*-Herden.
NACHWEIS: Drei unvollständige Skelette und einzelne Körperpanzerplatten wurden vor allem auf der Isle of Wight gefunden.
GRÖSSE: Mit einer Länge von etwa 4 Metern und einer Hüfthöhe von 1 Meter konnte dieser relativ kleine Pflanzenfresser immerhin ein Gewicht von bis zu 1 Tonne erreichen.
NAHRUNG: *Polacanthus* war wohl nicht allzu wählerisch, bevorzugte wahrscheinlich dicht am Boden wachsende Pflanzen.
ZEIT: Vor 132–113 Millionen Jahren.

IBEROMESORNIS

Kleiner Vogel, der noch deutliche Dinosauriermerkmale wie den mit Zähnen besetzten Schnabel und eine Kralle am Flügel aufweist. *Iberomesornis* hatte ein voll entwickeltes Federkleid und war ein guter Flieger. Vermutlich lebte er in Wäldern.
NACHWEIS: Ein gut erhaltenes Skelett wurde in Seeablagerungen im spanischen Las Hoyas gefunden.
GRÖSSE: Mit einer Flügelspanne von etwa 20 Zentimetern und einem Gewicht von ca. 50 Gramm hatte das Tier etwa die Größe eines Goldfinken.
NAHRUNG: Allesfresser, der wohl nichts verschmähte, was er mit seiner geringen Größe bewältigen konnten. Der Fundort der Skeletteile deutet darauf hin, daß sich *Iberomesornis* unter anderem auch von im Wasser lebenden Krustentieren ernährte.
ZEIT: Vor 115 Millionen Jahren.

gerade klein sind, wirken sie im Vergleich zu dem über sie hinwegfliegenden *Ornithocheirus* geradezu winzig. Er stellt keine Bedrohung für sie dar, ernährt er sich doch ausschließlich von Fisch. Aber seine Gegenwart macht die kleinen und schreckhaften Flugsaurier nervös. Gleich hinter der Felsnase erstreckt sich eine weite freie Fläche, über der der *Ornithocheirus* seinen Flug verlangsamt, um schließlich schwerfällig zu landen. Einen Moment lang wirkt er wie ein unbeholfenes Monstrum, das nur aus gigantischen Flügelmembranen und unkoordinierten Gliedmaßen zu bestehen scheint, bevor er seine langen Flügelfinger über dem Rücken faltet und eine bequemere Sitzposition einnimmt. Mit seinen

hellblauen Augen blickt er auf das Durcheinander zurück, das er in der *Tapejara*-Kolonieangerichtet hat, und gibt eine Reihe von deutlich vernehmbaren Klicklauten von sich.

Ornithocheirus ist ein »Wandervogel« und bevölkert selbst die entferntesten Winkel des Globus vom Nordosten Laurasias bis ins südwestliche Gondwana. Vereinzelt sind sie sogar über dem Panthalassa-Meer anzutreffen, doch normalerweise entfernen sich diese Flugsaurier nicht allzu weit vom Festland, um im Falle plötzlich einsetzender Stürme dort Schutz zu suchen. Wie alle großen Flugsaurier versteht es auch *Ornithocheirus*, thermische Strömungen geschickt auszunutzen. Obwohl er sich auch durch Flügelschläge in der Luft halten kann, ist sein Körperbau auf den kraftsparenden Segelflug ausgelegt. Trotz der beeindruckenden Größe wiegt er nicht einmal 100 Kilogramm. Sein Skelett besteht fast ausnahmslos aus hohlen Knochen, die außerordentlich leicht, zugleich aber auch sehr stabil sind; einige sind sogar mit Luft gefüllt. Die ausgebreiteten Flügelmembranen haben eine Gesamtfläche von annähernd 20 Quadratmetern und sind mit winzigen Muskelfasern ausgestattet, die es dem Flugsaurier gestatten, ihre Form während des Flugs zu verändern. All das verleiht ihm ungeheuren Auftrieb. So ist es ihm möglich, sich fast ausschließlich durch Ausnutzung der vom Festland aufsteigenden Warmluft in der Luft zu halten. Mit Hilfe dieser Aufwinde kann er sich bis zu 5000 Meter hoch in die Lüfte tragen lassen und in dieser Höhe ohne jeden Kraftaufwand bis zu 50 Kilometer weit im Gleitflug zurücklegen.

LINKS **Unwillkommener Besuch: Ein altes *Ornithocheirus*-Männchen gleitet über eine *Tapejara*-Kolonie an der Nordküste von Borborema hinweg. Der Flugsaurier bedeutet zwar keine Bedrohung für die Tiere, aber allein seine Größe läßt sie in Panik geraten und ihre roten Kämme aufrichten.**

Während sich der *Ornithocheirus* auf dem Felsplateau ausruht, beruhigt sich auch die *Tapejara*-Kolonie allmählich wieder. Sie umfaßt etwa 1000 Tiere, und es sind vor allem die auf den Felszinnen hockenden Männchen, die ins Auge fallen. Ein ausgewachsener *Tapejara* hat eine Flügelspanne von etwa fünf Metern. Diese Flugsaurier ernähren sich hauptsächlich von Fischen, die sie im Meer fangen. Aber auch in den nahen Lagunen angeschwemmtes Aas verschmähen sie nicht. Einzigartig an ihnen ist der auffallende Kamm. Dieser harte, wie ein Segel aussehende Auswuchs aus Knochen und Keratin, der sich von der Schnabelspitze bis auf den Kopf zieht, kann bei den Männchen bis zu einem Meter hoch werden und färbt sich in der Paarungszeit schwarz und leuchtend rot. Der Kamm beeinflußt mit seiner Größe auch das Verhalten der Flugsaurier. Sie sind nur sehr langsame Flieger, und bei starken Böen müssen sich alle Mitglieder der Kolonie in den Wind stellen, um nicht von Seitenwinden erfaßt zu werden.

Die enorme Größe dieses Kamms, die wie ein unnötiges Handicap erscheinen mag, spielt allerdings eine entscheidende Rolle im Balzverhalten dieser Pterosaurier. Jetzt, zur Paarungszeit, kämpfen die Männchen um die besten Plätze auf den Felszinnen, auf denen sie sich präsentieren, um durch Schütteln ihres Kopfschmuckes Aufmerksamkeit zu erregen. Die höchsten Zinnen sind besonders begehrt, da die Weibchen auf der Suche nach einem Partner über die Felsnase fliegen und denjenigen auswählen, der am meisten aufzufallen vermag. Der Konkurrenzkampf der Männchen ist gnadenlos, und die älteren, aber auch ganz junge *Tapejara*-Männchen müssen nicht selten mit Plätzen in der Nähe von aufsteigenden Wasserfontänen oder unweit der sich brechenden Brandung vorliebnehmen. Auf diesen Plätzen aber entgehen sie nicht nur der Aufmerksamkeit der Weibchen, sondern sind auch noch der Gefahr ausgesetzt, während des Balzens von einer Welle fortgespült zu werden.

Die Granitfelsen von Borborema bieten bei Sonnenuntergang einen faszinierenden Anblick. Während die *Tapejara*-Weibchen über den Felsen kreisen, hockt auf jeder der dunklen Zinnen ein schwarzes Männchen, das seinen Kamm zur Schau stellt und dabei hohe, das Donnern der Brandung deutlich übertönende Schreie ausstößt. Die Weibchen lassen sich Zeit mit der Wahl ihrer Partner, so daß die Männchen immer angestrengter um deren Gunst buhlen. Zugleich müssen sie dabei auch ihre Konkurrenten im Auge behalten, die immer wieder versuchen, einen Rivalen von seiner Zinne zu stoßen. Dieses Schauspiel währt etwa eine Stunde, bis die einbrechende Dunkelheit ihm schließlich ein Ende bereitet. *Tapejara* ist ein ausgeprägtes Tagtier, das sich in einer Welt ohne Farben nicht zurechtfindet. Mit Einbruch der Nacht nehmen die Weibchen, die in dieser Jahreszeit vor allem mit Fressen beschäftigt sind, ihre Schlafplätze weiter unterhalb am Kliff ein, während die Männchen auf ihren hart erstrittenen Zinnen ausharren. Als sich der Schleier der Finsternis über das kurz zuvor noch so lebhafte Treiben gesenkt hat, kehrt Ruhe in die Kolonie ein.

Zwölf Stunden später, mit dem ersten Sonnenlicht, öffnen sich Hunderte grüner Augenpaare und erblicken erneut die roten Kämme ihrer Rivalen. Sofort beginnen die Männchen mit ihrem Imponiergehabe. Zwar wird es noch eine ganze Weile dauern, bis sich die Weibchen in die Lüfte erheben, um sie einer eingehenden Musterung zu unterziehen, doch die Männchen reagieren instinktiv auf die um sie herum zur Schau gestellten leuchtenden Farben. Kaum beginnt ein Männchen damit, den Kamm zu schütteln, antworten ihm auch

Showdown: Auf dem Felsen von Borborema stehen sich zwei *Tapejara*-Männchen in Imponierpose gegenüber – die Plätze auf den Spitzen der Felszinnen sind heiß begehrt. Obwohl die Männchen ihren Streit unter lautem, aggressivem Geschrei austragen, kommt es nur selten zu einem echten Kampf.

schon seine Geschlechtsgenossen mit dem gleichen Verhalten. Es dauert nicht lange, bis die gesamte Kolonie wie ein wogendes Meer aus roten Kämmen wirkt.

Mit Sonnenaufgang erwacht auch der *Ornithocheirus* und beginnt sich zu putzen, indem er sich mit seinen gefährlich aussehenden Zähnen vorsichtig durch das hellgraue Bauchfell fährt. Er ist schon seit einigen Tagen auf dem Weg nach Norden, immer an der Küste von Gondwana entlang. Er wird den Granitfelsen nutzen, um mit einem Aufwind weiter in Richtung Tethys-Meer zu segeln. Während er sich normalerweise von den Aufwinden willkürlich durch die Lüfte tragen läßt, bekommt sein Flug, je näher die Paarungszeit rückt, ein bestimmtes Ziel. Diese Flugsaurier durchstreifen zwar alle Kontinente, paaren sich jedoch ausschließlich auf der Insel Cantabria, die etwa 3000 Kilometer nördlich von

SEGELNDE GIGANTEN

UM AKTIV FLIEGEN ZU KÖNNEN, muß ein Tier über einen hoch spezialisierten Bewegungsapparat verfügen. Einige Tiere – wie Frösche, Schlangen und ein paar Säugetierarten – bewegen sich nur gelegentlich durch die Luft, um beispielsweise von einem Baum zum anderen zu gelangen, und bedienen sich dazu des passiven Gleitflugs. »Vollzeitflieger« wie Vögel, Insekten und Fledermäuse dagegen beherrschen auch den aktiven Schlagflug, können sich also aus eigener Kraft in die Luft erheben. Vor diesem Hintergrund erscheint es kurios, daß die Pterosaurier zu Beginn ihrer Entwicklung den Schlagflug beherrschten, sich Millionen Jahre später aber zu gigantischen Segelfliegern entwickelt hatten. Die Erklärung ist darin zu suchen, daß diese Riesen der Lüfte den Segelflug in einer Perfektion beherrschten, die wir uns heute kaum vorstellen können. Eine ähnliche Flugtechnik beherrscht unter den heute lebenden Tieren wohl am ehesten der Storch, doch auch er legt nicht annähernd so weite Strecken zurück wie ein *Ornithocheirus*.

Die Fähigkeit zum Segelflug setzt ein spezifisches Verhältnis zwischen der Flügelfläche und dem Gewicht eines Tieres voraus. Die Flügelfläche von *Ornithocheirus* entsprach der Tragflächengröße eines kleines Flugzeuges, während das Tier wegen der hohlen Knochen und des kleinen Rumpfes wahrscheinlich weniger als ein Mensch wog. Ein optimal konstruiertes Segelflugzeug legt bei jedem Meter, den es fällt, bis zu vier Meter zurück – große Pterosaurier erzielten vermutlich noch ein wesentlich besseres Ergebnis. Verbunden mit der Fähigkeit, extrem langsam zu sinken, konnten die Tiere jeden Aufwind für sich nutzen, um schnell zu steigen – und wer danach sucht, findet über dem Land überall Aufwinde. Sie entstehen an Berghängen oder Felsen, aber auch durch Sonneneinstrahlung, die die Luft an Hängen oder dunklen Untergründen erwärmt und aufsteigen läßt. Denkbar ist auch, daß Pterosaurier bewußt nach Kumuluswolken gesucht haben, die ein sicheres Indiz für thermische Aufwinde sind. Mit ihrer Hilfe konnten die Flugsaurier eine Höhe von bis zu fünf Kilometern erreichen und mehr als 50 Kilometer weit fliegen, ohne auch nur einmal mit den Flügeln schlagen zu müssen. Selbst über dem Wasser verstand es ein erfahrenes Tier, die Dynamik der Luft über den Wellen auszunutzen, um ohne große Anstrengung vorwärts zu kommen. Es ist eingewandt worden, daß das Starten und Landen für diese großen Tiere ein Problem dargestellt haben könnte und sie, um sich in die Lüfte zu erheben, auf hohe Klippen angewiesen gewesen sein dürften. Doch angesichts des Auftriebs, den ihnen ihre riesigen Flügel verliehen, wird bereits eine leichte Brise ausgereicht haben, um sie in die Lüfte zu heben.

Obwohl es Leichtgewichte waren, verfügten sie doch über große Köpfe und lange kräftige Beine. Mit ihren enormen Schnäbeln konnten sie im Flug Nahrung, vor allem Fische, aufnehmen. Obwohl die Beine wohl vor allem zum Laufen ausgelegt waren, dürften sie auch kräftig genug gewesen sein, um sich bei absoluter Windstille mit einem Sprung und ein paar Flügelschlägen in die Luft zu schwingen. Zu keinem anderen Zeitpunkt haben derart vollendete Segelflieger die Erde bevölkert.

Ornithocheirus hatte eine Flügelspanne von annähernd zwölf Metern, verfügte also über eine Flügelfläche von ca. 20 Quadratmetern, um aufsteigende Luftströmungen auszunutzen. Dies sowie sein leichter Körperbau machten den Flugsaurier zu einem ausgezeichneten Segelflieger.

Ein neues Modell: Zu Beginn der Kreidezeit wurden die langschwänzigen Flugsaurierarten durch solche mit kürzeren Schwänzen und anders geformten Flügeln verdrängt. Überdies waren die neueren Arten wesentlich größer.

Borborema liegt. Das Männchen ist alt, etwa 40 Jahre, und dürfte, seitdem es die Insel nach Ablauf seines ersten Lebensjahres verlassen hat, bestimmt zwanzigmal dorthin zurückgekehrt sein. Auch wenn der *Ornithocheirus* inzwischen den Höhepunkt seiner Fortpflanzungsfähigkeit bereits überschritten hat, zieht es ihn immer noch alle zwei Jahre in den Wettstreit um ein Weibchen. Zwar ist äußerlich noch nichts davon zu sehen, doch schon seit einigen Wochen bereitet sich sein Körper auf die Paarung vor. Bald wird er leuchtende Balzfarben annehmen, die auffälligste Veränderung aber wird der weithin sichtbare rote Kamm über dem Schnabel sein.

Im Moment wartet er darauf, daß die Sonne höher steigt und damit auch die Aufwinde stärker werden. Dann öffnet er die Flügel, indem er die Arme und seine langen Flügelfinger ausstreckt. Gleich darauf stellt er sich in den Wind und stößt sich von dem Felsplateau ab. Die Bedingungen sind ausgezeichnet – sobald er in der Luft ist, beginnt er auch schon aufzusteigen. Immer höher kreist er in dem Luftstrom und läßt die schreiende *Tapejara*-Kolonie weit unter sich. In einiger Entfernung erheben sich noch weitere große Pterosaurier in die Lüfte. Schließlich, als die aufsteigende Warmluft schwächer wird, dreht der *Ornithocheirus* ab und gleitet weiter nach Norden.

»An einem guten Tag kann ein *Ornithocheirus* bis zu 500 Kilometer weit fliegen, ohne nach dem Start auch nur einmal mit den Flügeln schlagen zu müssen.«

Über dem Wasser gibt es zwar keine warmen Aufwinde, dennoch sind die Riesenflugsaurier in der Lage, ganze Ozeane zu überqueren. Wenn der *Ornithocheirus* nicht von Insel zu Insel fliegen oder, von einer Luftströmung in die Höhe getragen, im Segelflug weite Strecken zurücklegen kann, nutzt er die Bedingungen, die ihm das Wasser liefert. So kann er Auftrieb bekommen, indem er den von der Windseite der Wellen ausgehenden Aufwind abreitet. Sehr dicht über dem Wasser gleitend, profitiert er überdies vom sogenannten »Bodeneffekt«, der entsteht, wenn sich vor und unter seinem Körper durch Verdichtung ein Luftkissen bildet, das ihn trägt. Außerdem kann er sich das Windgefälle über dem Meer zunutze machen. Durch die Reibung mit dem Wasser ist die Windgeschwindigkeit dicht über der Wasseroberfläche am niedrigsten. Ein nahe der Wasseroberfläche fliegender *Ornithocheirus* kann in schnellere Luftströmungen aufsteigen, und der zunehmende Auftrieb wird ihn stetig höher treiben, bis er an Schwung verliert. Dann gleitet er schräg zum Wind und gewinnt an Tempo, bis er den ganzen Vorgang wiederholt. Unter Ausnutzung all dieser Möglichkeiten kann ein *Ornithocheirus* auf diese Weise an einem guten Tag bis zu 500 Kilometer weit fliegen, ohne nach dem Start auch nur einmal mit den Flügeln schlagen zu müssen.

Schutz vor dem Sturm

DIE KÜSTE VON APPALACHIA

Es ist ein glühendheißer Tag, und der *Ornithocheirus* macht sich vor der Küste auf die Jagd nach Fischen. Tief fliegt er über dem Wasser und hält nach einem aufblitzenden silbernen Schuppenleib oder einer plötzlichen Bewegung der Wasseroberfläche Ausschau. Sobald er eine Beute entdeckt hat, taucht er seinen langen Schnabel ins Wasser und schnappt zu. Ist der Fisch erst einmal zwischen seinen scharfen Zähnen gefangen, befördert der *Ornithocheirus* ihn mit einer raschen Bewegung des Kopfes in den Kehlsack, wo die Verdauung beginnt, noch bevor er den Magen erreicht. Bei dieser Methode des Fischfangs aus dem Flug spielen die beiden kielförmigen Kämme, einer auf und einer unter dem Schnabel, eine entscheidende Rolle. Sie sorgen dafür, daß der Schnabel vollkommen gerade ins Wasser taucht. Bei einem derart großen und zugleich mit äußerster Präzision ausbalancierten Jäger wie dem *Ornithocheirus* könnte jede auch noch so kleinste Abweichung des Kopfes von der Flugrichtung gefährliche Folgen haben, ihn entweder ins Wasser stürzen lassen oder zu Nackenverletzungen führen.

Gerade hat der Riesenflugsaurier einen Tintenfisch gefangen, der mit seinen vielfach verschlungenen Fangarmen aus dem Wasser gezogen wird und sich dabei dunkelrot verfärbt. Eine Sekunde später ist er bereits verschwunden, eine weitere Zutat zu der Fischsuppe im Kehlsack des Sauriers, der jetzt flügelschlagend auf das Ufer zufliegt. Das zusätzliche Gewicht der Beute in seinem Kehlsack beeinträchtigt sichtbar seinen ansonsten mühelosen Flug. Während er langsam aufsteigt, um die nahegelegenen Uferfelsen zu erreichen, wird auch deutlich, daß die Hitze ihm zusetzt. Seine Flügel sind heller geworden, ein Zeichen dafür, daß er die Blutzufuhr zu den Membranen gedrosselt hat. Durch die enorme Flügelspannweite bietet er der Sonne eine riesige Körperfläche, was die Gefahr der Überhitzung birgt. Die Behaarung mit feinem hellen Pelz schafft etwas Abhilfe. Außerdem verfügt *Ornithocheirus* an verschiedenen Körperpartien über Luftsäcke, die für eine Abkühlung der inneren Organe sorgen. Und dennoch: Bei großer Hitze kann er nicht über längere Zeit fliegen oder fischen, ohne immer wieder den Schatten aufsuchen zu müssen. Kleinere Flugsaurier können sich dadurch rasche Abkühlung verschaffen, indem sie sich Wasser auf die Flügel spritzen – eine Maßnahme, die sich für *Ornithocheirus* wegen seiner Körpergröße jedoch weit schwieriger darstellt.

Er landet auf einem stark erodierten Sandsteinfelsen am Ende einer langgezogenen Bucht. Nachdem er die Flügel zusammengefaltet hat, wedelt er sanft mit den Flugfingern, um seinem Körper Luft zuzufächeln. Er befindet sich jetzt an der südlichsten Landspitze von Appalachia, das etliche hundert Kilometer

Momentaufnahme: Ein *Ornithocheirus* schnappt mit seinem Schnabel einen Fisch aus dem Wasser. Die kielförmigen Schnabelkämme sorgen dafür, daß der Schnabel beim Eintauchen stabil und gerade durchs Wasser gleitet.

näher an der Brutstätte dieser Pterosaurier liegt als Borborema. Die Ränder seiner Schnabelkämme haben begonnen, sich in Vorbereitung auf die Balz dunkelrot zu färben. Das Tier ist unruhig – der Landstrich hinter dem Kliff ist dicht mit Cycadeen und Farnen bewachsen und bietet damit ein ideales Versteck für alle möglichen landlebenden Räuber. Und von jenseits des Waldes ist das entfernte Donnern der Hufe einer riesigen Herde von Pflanzenfressern zu hören.

Am anderen Ende des Strandes befindet sich eine Flußmündung. Durch das Zusammentreffen von Fluß- und Meeresströmung ist der Sand des Strandes weit hinausgespült worden und bildet nun eine weit ins Meer ragende Landzunge. Der Fluß ist zu beiden Seiten dicht mit Farnen und anderen saftigen Uferpflanzen bestanden. Von seinem erhöhten Ruheplatz aus beobachtet der *Ornithocheirus* ein einzelnes *Iguanodon*, das durch das Farngestrüpp bricht und auf den Strand tritt. Das Weibchen wiegt annähernd sechs Tonnen und ist etwa sieben Meter lang, ein besonders schönes Exemplar dieser außerordentlich erfolgreichen Gattung. Die braunen und weißen Streifen auf dem Rücken weisen es als Appalachia-*Iguanodon* aus. Verwandte dieser Art leben auf fast allen Kontinenten, teilweise in Herden von mehreren tausend Stück.

Das Weibchen wendet sich um und richtet sich auf den Hinterbeinen zu seiner vollen Größe von fünf Metern auf, bevor es einen Signalruf ausstößt, um dann zum Fluß zu stapfen. Kurz darauf bricht auch der Rest der Herde aus dem Wald hervor. Im Gänsemarsch trotten die Tiere auf allen vieren über den Strand. Die kleinsten, einjährigen Tiere sind nur etwa zwei Meter lang, die ausgewachsenen Männchen dagegen bringen es auf stattliche acht Meter Länge. Die Jungen versuchen mit dem Tempo der ausgewachsenen Tiere mitzuhalten, indem sie auf ihren Hinterbeinen laufen – eine Fortbewegungsart, die auch ein erwachsenes *Iguanodon* beherrscht, aber nur anwendet, wenn es auf der Flucht ist. Vor allem beim Grasen ist der Gang auf allen vieren ohnehin bequemer. Einige der größeren Tiere haben sich von der Herde abgesondert und halten sich in einiger Entfernung. Ob sie eine Vorhut sind, deren Aufgabe es ist, die Herde vor Gefahren zu warnen, oder ob sie abseits der Herde, auf deren Schutz sie wegen ihrer Größe nicht angewiesen sind, nach besserer Nahrung suchen, läßt sich nicht sagen. Schon nach kurzer Zeit hat sich der Strand mit einem Meer aus weiß und braun gestreiften Rücken gefüllt, die sich mit jedem Schritt sanft hin und her wiegen.

Die Herde ist an den Strand gekommen, um den Fluß zu überqueren. Der Fluß ist an seiner Mündung sehr seicht, und das gegenüberliegende Ufer lockt mit saftigen Weidegründen. Doch die durch das Wasser watenden Tiere wühlen den Ufersand auf, der unter ihren Füßen nachgibt und absackt. Die kleineren Tiere geraten dadurch in Gefahr – sie haben nicht genug Kraft, um sich aus dem Treibsand zu befreien. Das ängstliche Brüllen der Jungtiere erfüllt die Luft, und auch die älteren Tiere müssen sich gewaltig anstrengen bei ihrem Versuch, ihre Beine aus dem klebrigen Schlamm zu befreien. Doch die Herde drängt weiter, scheinbar gleichgültig gegenüber der steigenden Zahl ertrinkender Jungtiere. Es dauert etwa eine Stunde, bis die ganze Herde den Fluß durchquert hat. Ein Dutzend Jungtiere allerdings hat den Kampf gegen den Treibsand verloren. Während das ruhig dahinfließende Wasser den Boden des Flußbettes wieder glättet und damit die Spuren der Herde beseitigt, werden die Kadaver der Jungtiere allmählich vom Sand begraben.

Der Rest der Herde zieht weiter in Richtung der Schwemmebene mit ihrem saftigen Auenbewuchs. *Iguanodon* ist ein außerordentlich anpassungsfähiger Pflanzenfresser, was zu seiner Verbreitung nicht unwesentlich beiträgt. Der Dinosaurier verfügt über eine vorgezogene Schnauze und mächtige schnabelähnliche Kiefer, mit denen er sowohl niedrig wachsende Pflanzen als auch größere Gehölze und Bäume abernten kann. Im Gegensatz zu vielen anderen Dinosauriern besitzt *Iguanodon* auch hinten im Maul gut entwickelte Zahnreihen, die es ermöglichen, die pflanzliche Nahrung durch Kauen zu zerkleinern, ehe sie in den Magentrakt gelangt. Dadurch wird der Verdauungsprozeß erheb-

GEGENÜBERLIEGENDE SEITE **Im Licht der Abenddämmerung säuft ein *Iguanodon* am Fluß. An den Daumen des ausgewachsenen Weibchens sind deutlich die langen, der Verteidigung dienenden Dornen zu erkennen.**

FOLGENDE DOPPELSEITE **Die Erde bebt: Auf der Suche nach neuem Weidegrund zieht die Herde das Ufer entlang. Nur auf der Flucht erhebt sich *Iguanodon* auf seine Hinterbeine, ansonsten bewegen sich die Tiere auf allen vieren fort.**

lich beschleunigt. Die Gliedmaßen von *Iguanodon* sind ebenfalls ein Wunder an Anpassungsfähigkeit. Die drei mittleren Finger sind durch einen fleischigen Ballen miteinander verbunden und bilden damit die starke belastbare Basis der vorderen Gliedmaßen. Dies ist besonders wichtig für eine Gattung, die sich hauptsächlich auf allen vieren vorwärts bewegt. Der kleine, sehr bewegliche Finger dagegen ist so abgespreizt, daß er nicht den Boden berührt, sondern als Greifinstrument dient. Der Daumen schließlich hat sich zu einem langen Dorn entwickelt, mit dem sich die Tiere wirkungsvoll verteidigen können.

KAUEN ODER NICHTKAUEN

SEITDEM TIERE DEN LEBENSRAUM Wasser verließen, um an Land zu leben, erwiesen sich Pflanzen im Vergleich zu Fleisch als eine schwierige Nahrungsquelle. Im Laufe von Millionen von Jahren mußten landlebende Tiere etliche Anpassungsprozesse durchlaufen, um die pflanzlichen Verteidigungsmechanismen umgehen zu können. Ihr Verdauungsapparat entwikkelte sich zu einem hochkomplexen Organ, um selbst extrem widerstandsfähigem Pflanzenmaterial Nährstoffe zu entziehen. Die Sauropoden, die Giganten des Juras, waren vor allem deshalb so erfolgreich, weil in ihren riesigen, mit Steinen gefüllten Mägen Unmengen von Pflanzen fermentiert wurden. Eine Vorbereitung der Verdauung durch Kauen aber fand bei diesen Lebewesen nicht statt.

Die Entwicklung eines Kauapparates ist erst in der frühen Kreide bei den Ornithopoden zu beobachten, einer Gruppe von Dinosauriern, zu der auch *Iguanodon* gehört. Die Schnauze eines *Iguanodon* weist an der Spitze einen Schnabel auf, mit dem Pflanzenteile abgegrast werden, und im hinteren Kieferbereich Zähne, die dem Zerkleinern der Nahrung dienen. Damit gleicht das Gebiß dem heute lebender grasfressender Säugetiere wie z. B. Pferden.

Die Frage, wie Dinosaurier gekaut haben, hat der Wissenschaft über lange Zeit Rätsel aufgegeben. Unabdingbar für das Kauen sind Backen, die verhindern, daß die Nahrung seitlich aus dem Maul fällt. Gesichtsmuskeln und Backentaschen sind Merkmale, die nur Säugetiere aufweisen, bei anderen Tieren wie

Um kauen zu können, muß *Iguanodon* Backentaschen gehabt haben – andernfalls wäre die Nahrung wieder aus dem Maul gefallen. Diese Vermutung gab jahrelang Rätsel auf, da keine einzige moderne Reptilienart über Backentaschen verfügt.

Krokodilen und Schildkröten dagegen nicht vorhanden sind. Schädelfunde von *Iguanodon* zeigen, daß die Zähne dieser Tiere nicht am Rand des Ober- bzw. Unterkiefers stehen, sondern nach innen gerückt sind, so daß bis zum Rand des Kieferknochens eine Backentasche entsteht, die nach außen durch einen Hautlappen abgeschlossen war.

Die zweite Frage bestand darin, welche Bewegungen die Kiefer zum Zermahlen der Nahrung durchführen mußten. Säugetiere bewegen die Unterkiefer seitwärts. Die Dinosaurier dagegen konnten ihre Kiefer lediglich vertikal bewegen. Umfangreiche, am Schädel von *Iguanodon* durchgeführte Studien des Paläontologen David Norman gaben eine Antwort auf diese Frage: Ein Gelenk verbindet die beiden Oberkieferhälften flexibel miteinander. Auf der Grundlage dieser These untersuchte Norman die Abnutzungsspuren an den Zähnen und gelangte zu dem Schluß, daß *Iguanodon* kaute, indem es mit der Außenseite der unteren Backenzähne gegen die Innenkante der oberen Backenzähne drückte. Ein *Iguanodon* dürfte folglich beim Zerkauen von Nahrung seinen Unterkiefer gleichmäßig auf und ab bewegt haben, während der Oberkiefer sich abwechselnd seitlich ausdehnte und wieder zurückzog. Wenn auch viele Theorien die Frage zu erhellen suchen, warum Ornithopoden in der Kreidezeit derart erfolgreich waren, ist nicht auszuschließen, daß die Erklärung äußerst einfach ist: Die Tiere hatten gelernt, gründlich zu kauen.

Anhand gut erhaltener Schädel war es möglich, die Kieferbewegung von *Iguanodon* zu rekonstruieren und daraus Rückschlüsse auf das Kauverhalten der Tiere zu ziehen.

Die Herde wird deutliche Spuren auf der Schwemmebene hinterlassen und den Großteil der auf ihr wachsenden Pflanzen fressen oder niedertrampeln. Tatsächlich zeigt sie bereits jetzt schon deutliche Anzeichen, daß diese oder eine andere Herde vor nicht allzu langer Zeit hier gegrast hat. Die dominierende Pflanze auf der Ebene ist *Protoanthus*, ein Busch, der sich durch seine hängenden weißen Blüten auszeichnet. Blüten bzw. blühende Pflanzen stellen einen relativ neuen Entwicklungsschritt der Evolution dar und sind nur in den Äquatorregionen verbreitet. Zugleich haben sie sich aber bereits in kürzester Zeit als außerordentlich durchsetzungsfähig erwiesen, vor allem in den fruchtbaren Tiefebenen. Dabei haben sie kein neues Gift oder zusätzliche Dornen entwickelt, um sich vor dem unersättlichen Appetit der Dinosaurier zu schützen. Im Gegenteil: Die Pflanzen wachsen besonders gut, wenn sie abgefressen werden. *Protoanthus* bildet große Mengen von Samen aus, die genügend Nährstoffe enthalten, um innerhalb von kürzester Zeit Sämlinge keimen zu lassen. Daher ist auf einer vollkommen kahl gefressenen Fläche für gewöhnlich *Protoanthus* die erste Pflanze, die erneut zu wachsen beginnt. Außerdem treibt der Busch selbst dann, wenn er fast ganz zerstört wurde, wieder aus, erholt sich also wesentlich schneller als andere Pflanzen. Und schließlich wächst *Protoanthus* außerordentlich schnell und bildet bereits nach kurzer Zeit Samen aus. Dieser Busch hat sich also auf einzigartige Weise den Ernährungsgewohnheiten der pflanzenfressenden Dinosaurier angepaßt – überall dort, wo diese in großen Herden anzutreffen sind, wird man auch Pflanzen wie *Protoanthus* in größeren Mengen finden. Das vielleicht charakteristischste Merkmal dieser Pflanze ist zugleich das auffälligste – die Farbe ihrer Blüten. In einer von den Grün- und Brauntönen der Koniferen, Cycadeen und Farne dominierten Welt bringt das blasse Weiß der *Protoanthus*-Blüten einen lichten Farbtupfer in die Landschaft. Außerdem kennzeichnet es die Flächen, die von den Dinosaurierherden besonders gründlich abgeweidet worden sind.

»In einer von den Grün- und Brauntönen der Koniferen, Cycadeen und Farne dominierten Welt bringt das blasse Weiß der *Protoanthus*-Blüten einen lichten Farbtupfer in die Landschaft.«

Die *Iguanodon*-Herde schwärmt zur Nahrungsaufnahme auf der Schwemmebene aus. Vor ihr liegt ein weißes Blütenmeer, die Luft sirrt vom Summen zahlreicher Insekten, die von den Blütenpollen angezogen werden. Aufgestört von den riesigen Reptilien, die sich von Pflanze zu Pflanze vorarbeiten, steigen sie wütend auf. Den Blicken des in etwa zwei Kilometer Entfernung auf seiner Klippe hockenden *Ornithocheirus* bieten sich die gestreiften Rücken der Dinosaurier als wogende Masse in einer See von weißen Schaumkronen. Er beobachtet die Herde, während er sich weiterhin mit den Flügeln Luft zufächelt.

EIN ALTER BEKANNTER

MIT DEM BEGINN des neuen Jahrtausends begeht *Iguanodon* seinen ganz eigenen Jahrestag – er wird 175 Jahre alt. Diesem Pflanzenfresser der frühen Kreidezeit kommt eine Sonderstellung innerhalb der Geschichte der Paläontologie zu, war doch vor ihm erst ein einziger Dinosaurier namentlich dokumentiert worden. 1825 fand der Chirurg Gideon Mantell im englischen Sussex einige versteinerte Zähne, die er einer bis dahin unbekannten Reptilienspezies zuordnete. Sie sahen aus, als ob sie von einer riesigen Eidechse wie dem Leguan (Gattung *Iguana*) stammten, weshalb Mantell dem dazugehörigen Tier – sechzehn Jahre, bevor der Begriff Dinosaurier geprägt wurde – den Namen *Iguanodon* (Iguanazahn) gab. *Iguanodon* erhielt bei der Weltausstellung von 1851 im Crystal Palace einen Ehrenplatz.

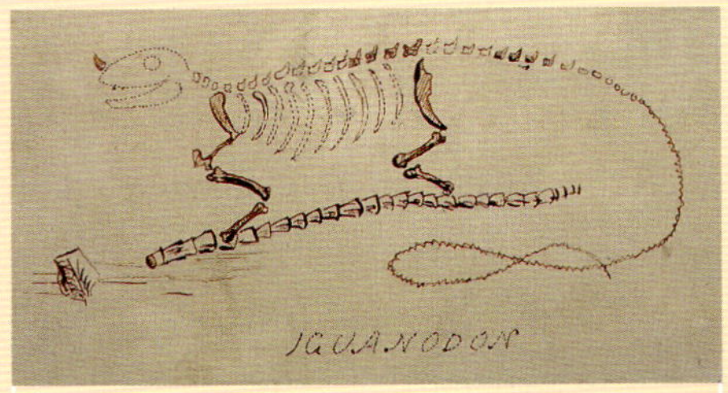

Die erste Rekonstruktion eines *Iguanodon*, die der Chirurg Gideon Mantell vornahm, basierte auf dem Skelett einer modernen Eidechse. Mantell plazierte den Daumendorn wie bei einem Rhinozeros auf der Nase.

Nachdem 1878 in einer belgischen Kohlenmine mehrere gut erhaltene Skelette gefunden worden waren, glaubte der Paläontologe Louis Dollo, daß *Iguanodon* aufrecht ging. Für eine derartige Präsentation mußte er dem Tier jedoch den Schwanz brechen.

Das damals ausgestellte, aus Ziegelsteinen errichtete Modell steht noch heute im Süden Londons. An ihm wird deutlich, wie eingeschränkt das Wissen zu jener Zeit war. Das, was man später als den Daumendorn von *Iguanodon* identifizierte, wurde wie ein Rhinozeros-Horn auf der Nase des Modells angebracht, das überdies als ein schwerfälliger Vierbeiner posiert.

Die Forschungsergebnisse des Paläontologen Louis Dollo veränderten das Bild, das man sich bis dahin von *Iguanodon* gemacht hatte, Ende des 19. Jahrhunderts vollständig. Dollo ordnete die Dornen den Daumen zu und machte das Tier zu einem gigantischen Zweibeiner. Das klassische Bild von *Iguanodon*, das nunmehr bis weit ins 20. Jahrhundert vorherrschte, zeigte den Dinosaurier aufrecht neben der von ihm bevorzugten Koniferenart stehend, mit nach oben gerichtetem Daumendorn. In Wahrheit allerdings hatte Dollo ihm den Schwanz brechen müssen, um *Iguanodon* so präsentieren zu können.

In den 70er Jahren des 20. Jahrhunderts wurde das Bild von *Iguanodon* noch einmal korrigiert. Seitdem geht man davon aus, daß *Iguanodon* sowohl auf zwei als auch auf vier Beinen laufen konnte. Das Rückgrat wurde vermutlich vollkommen waagerecht gehalten, und das Hauptgewicht lag auf den kräftigen Hinterbeinen. So konnte sich das Tier aufrecht auf zwei Beinen bewegen, während es sich beim Laufen und Grasen auch seiner Vorderbeine bedient haben dürfte – eine einzigartige Form der Fortbewegung.

Auf der Weltausstellung von 1851 in London waren Dinosaurier die Attraktion schlechthin. Etliche lebensgroße Modelle waren eigens für diesen Anlaß gebaut worden.

Das erste, was man von *Iguanodon* 1825 fand, war ein Zahn. Gideon Mantell wies auf seine Ähnlichkeit mit den Zähnen des modernen *Iguana* hin – so erklärt sich auch der Name dieses Sauriers, der übersetzt »Iguana-Zahn« lautet.

Betrachtet man die Herde genauer, fallen noch andere Dinosaurier in den Blick, die sich unter die *Iguanodon*-Herde gemischt haben. Es sind nur wenige Tiere, kleiner als *Iguanodon* und mit einem eindrucksvollen Panzer versehen. *Polacanthus* ist ein Pflanzenfresser und entfernt mit dem Giganten des Juras, *Stegosaurus*, verwandt. Beinahe der gesamte Rücken von *Polacanthus* ist mit riesigen, dicken Dornen bedeckt – ausgenommen ist nur der Hüftbereich, der durch einen massiven Knochenschild geschützt wird. Auch der Schwanz ist auf beiden Seiten mit Dornen besetzt. All das macht *Polacanthus* zu einer wahrhaft harten Herausforderung für jeden Räuber, und es erklärt auch, warum diese Tiere im Prinzip Einzelgänger sind. Es erklärt allerdings nicht, warum sie sich dennoch häufig *Iguanodon*-Herden anschließen. Beide Arten scheinen kaum Notiz voneinander zu nehmen, so daß nicht einsichtig ist, welchen Vorteil das Zusammenleben für sie hat. Eine mögliche Erklärung könnte sein, daß sie gemeinsam besser in der Lage sind, Feinde zu entdecken, da sich ihre Wahrnehmungssinne ergänzen. *Iguanodon* kann sich auf seine Hinterbeine erheben und ist so in der Lage, nicht nur recht weit zu blicken, sondern auch Geräusche aus

Einsame Mahlzeit: Ein *Polacanthus* grast an einem Flußufer. Diese gepanzerten Dinosaurier verfügen über eine breitgefächerte Palette an Verteidigungswaffen. Die Flanken weisen Dornreihen auf, während der Rücken – das bevorzugte Angriffsziel von Raubtieren – durch eine dicke Knochenplatte geschützt ist.

größerer Entfernung wahrzunehmen. *Polacanthus* dagegen ist kleiner, hat aber einen sehr ausgeprägten Geruchssinn.

Im Tagesverlauf wird es immer heißer, die Feuchtigkeit nimmt zu, und die Luft scheint zu stehen. Am Horizont beginnen sich schmutziggraue und weiße Wolken aufzutürmen. Der *Ornithocheirus* ist nicht nur ein aufmerksamer Beobachter jeder Veränderung am Himmel. So erkennt er auf Anhieb, daß sich dort hinten Gewitterwolken zusammenziehen, die für ihn eine große Gefahr darstellen können. Tropische Regengüsse und Stürme sind durchaus in der Lage,

einen Pterosaurier vom Himmel zu holen. Selbst auf dem Boden müssen sie vor derartigen Wetterverhältnissen Schutz suchen. Der *Ornithocheirus* scheidet die Reste seiner Morgenmahlzeit aus, breitet die Flügel aus und erhebt sich in die Lüfte. Er schwebt am Rande des Kliffs entlang und erhält Auftrieb von dem sachten Wind, der über den Wellen aufsteigt. Nach ein paar Minuten hat er gefunden, wonach er gesucht hat – einen breiten Felsüberhang im Sandstein. Der Platz darunter ist so hoch gelegen, daß die Wellen ihn nicht erreichen können, zugleich ist er auch von der Landseite her nur schwer zugänglich. Ein idealer Unterschlupf, um ein Gewitter abzuwarten.

Die Sonne ist kaum untergegangen, als von Osten her der Sturm aufzieht und dabei riesige Wogen vor sich herschiebt. Der Regen hämmert auf das Kliff und wahre Wasserströme ergießen sich über den Sandstein. Der *Ornithocheirus* zieht den Kopf ein und kauert sich in der Finsternis mit fest an den Rücken gepreßten Flügeln zusammen. Unerbittlich peitschen Wind und Regen gegen das Kliff, so daß der Flugsaurier schon bald durchnäßt ist, der weiche Pelz auf Rücken und Flügeln hat sich voll Wasser gesaugt. Obwohl der Regen warm ist, sorgt der Sturm dafür, daß die Körpertemperatur des Tieres rasch absinkt. Erneut reguliert er die Blutzirkulation in der Flughaut und läßt seine kräftigen Flugmuskeln zittern, um die Kerntemperatur des Körpers zu erhalten. Vor Kälte bibbernd erzeugt er mit seinem Schnabel schnatternde Laute – ein Geräusch, das selbst noch über das Tosen des Sturmes hinweg deutlich zu hören ist.

Am Morgen ist der Sturm abgeklungen, und eine kühle Brise weht vom Meer herüber. Der riesige Pterosaurier hat unter der Unwetternacht gelitten, seine Muskeln sind kalt, die Knochen steif. Glücklicherweise gewinnt die Sonne schon bald an Kraft, so daß sich die Felsen aufwärmen. Der Flugsaurier erholt sich allmählich und beginnt sich zu putzen. Die steifen Bewegungen lassen deutlich erkennen, daß er unter Arthritis leidet. Nach der kalten Nacht müssen die mächtigen Fingergelenke heftig schmerzen. Eingehend untersucht er jeden seiner Flügel. Fast alle großen Pterosaurier leiden unter Parasitenbefall an den Flügeln. Eine Parasitenart, der *Saurophthirus*, hat sich aus-

LINKS Urzeitspiele: Ein junges *Iguanodon* spielt mit einem *Polacanthus*. Diese beiden Arten scheinen friedlich nebeneinander existiert zu haben. Ursache dafür könnte gewesen sein, daß sie sich zu ihrem Schutz gegenseitig ergänzten – *Iguanodon* verfügte über einen hervorragenden Sehsinn, *Polacanthus* über einen gut ausgeprägten Geruchssinn.

LÄSTIGE PARASITEN

UNTER DEN Wissenschaftlern, die Insektenfossilien aus dem Mesozoikum untersuchen, herrscht weitgehend Einigkeit darüber, daß große Reptilien unter Milben, Zecken und allen möglichen anderen stechenden und beißenden Kleininsekten litten. Die harte, schuppige Haut der Dinosaurier bot keinen Schutz, da die Parasiten sich zielstrebig die »wunden Punkte« der Tiere an den Augen, in den Ohren und zwischen den Schuppen aussuchten, um Blut zu saugen, von dem sie sich ernährten. Bedauerlicherweise hat man bisher keine versteinerten Parasiten in Dinosaurierhaut gefunden, so daß die Verbindung zwischen beiden Lebewesen noch nicht mit letzter Sicherheit bewiesen werden kann. Doch die physischen Merkmale, die man an einem aus Rußland stammenden Insektenfossil studieren konnte, lassen nur eine Erklärung zu – es muß ein Pterosaurier-Parasit gewesen sein.

Das zweieinhalb Zentimeter lange Tier aus kreidezeitlichen Schichten im ostrussischen Transbaikal nannte man *Saurophthirus*. Es hat keine Flügel, lange, in kleinen Widerhaken endende Beine, einen langen Rüssel und einen weichen Körper, der sich bei Aufnahme flüssiger Nahrung ausdehnte. All dies sind Merkmale, die man auch bei anderen Parasiten findet. Auch wenn zwischen beiden Tieren keine Verwandtschaft besteht, so gleicht *Saurophthirus* doch verblüffend der modernen Fledermausfliege, die Fledermäuse befällt und auf ihren Flügeln lebt. Mit seinen langen Beinen verliert dieser Parasit auch auf einer sich bewegenden Fläche nicht die Balance, während er die nur spärlich behaarten Fledermausflügel nach Blutgefäßen absucht, um sie auszusaugen. Die pelzigeren Körperpartien der Fledermaus dagegen meidet er, da sich seine langen Beine in den Haaren verfangen würden.

In gleicher Weise könnte *Saurophthirus* sich die Flügel eines Pterosauriers als Lebensraum zunutze gemacht haben. Auch diese waren nur spärlich behaart und boten zugleich eine große, mit Blutgefäßen gefüllte Hautfläche.

In russischen Seeablagerungen wurde dieses rätselhafte Insektenfossil gefunden. Seiner Form nach ähnelt es einer weit verbreiteten Fledermausfliegenart, doch in der Kreidezeit gab es noch keine Fledermäuse, sondern lediglich behaarte Pterosaurier.

Die Flugfähigkeit der Pterosaurier, vor allem der großen Arten, dürfte durch Regenfälle stark beeinträchtigt gewesen sein. Die Zeit am Boden könnten sie dazu genutzt haben, um sich zu putzen, da nicht nur ihre Flugkünste, sondern auch der Erfolg im Paarungswettstreit entscheidend vom tadellosen Zustand der Flughäute abhing.

schließlich auf das Leben auf Saurierflügeln spezialisiert. Das farblose Insekt von etwa zwei Zentimetern Länge hat keine Flügel, lange, an den Enden mit Widerhaken versehene Beine und einen spitzen Rüssel. *Saurophthirus* hakt sich in den Flügeln eines Pterosauriers fest und zapft die Blutbahnen der Flughäute an. Für den *Ornithocheirus* ist es lebenswichtig, die Flügel regelmäßig von Parasiten zu säubern, weil ihr Überhandnehmen ihn ernsthaft schwächen und seine Flugfähigkeit beeinträchtigen kann. Und schlimmer noch: Von Parasiten besonders stark befallene Pterosaurier haben bei der Paarung kaum eine Chance. Es wird ihm zwar nicht gelingen, sich der lästigen Insekten gänzlich zu entledigen, doch wenn sich der Flugsaurier regelmäßig mit den Zähnen durch seinen Pelz fährt, wird er ihre Anzahl wenigstens gering halten.

Mit der planmäßigen Suche nach Parasiten ist das alte Männchen den halben Vormittag beschäftigt. Um diese Zeit sind durch die zunehmende Hitze bereits überall an der Küste thermische Aufwinde entstanden, und die vielen anderen über ihm in der Luft kreisenden Pterosaurier veranlassen schließlich auch den *Ornithocheirus*, sich vom Kliff hinaus in die warme Luft zu schwingen. Augenblicklich beginnt er zu steigen. Einen Flügel leicht geneigt, klettert er in einer Aufwärtsspirale empor und hat schon bald die notwendige Höhe erreicht, um seine Wanderung zu den Paarungsgründen fortzusetzen.

Die Zeit ist nahe

DIE INSEL CORNUBIA

Wie eine unbezwingbare Festung liegt Cornubia mitten im Tethys-Meer. Die steile Felsküste im Westen der Insel ragt bis zu 400 Meter hoch aus dem Meer. Ehe die Wellen gegen die Fundamente dieser Felsen schlagen, brechen sie sich an Hunderten von zerklüfteten schwarzen Felsspitzen, die der Küste vorgelagert sind, so daß das tiefblaue Wasser des Tethys-Meeres in diesem Bereich mit weißer Gischt überzogen ist.

Obwohl sie auf den ersten Blick äußerst abweisend wirkt, ist die Insel für viele große ziehende Flugsaurier ein idealer Zwischenstopp. Die schwarzen Felsen speichern die Sonnenwärme und sorgen für mächtige Aufwinde, die die Pterosaurier bei ihren Streifzügen zwischen den Kontinenten benötigen. Und so findet man hier Tausende dieser Tiere, die auf den Felsvorsprüngen kauern oder in der rauhen See fischen.

Im Zentrum der Insel nutzen die durchziehenden Pterosaurier einige miteinander verbundene Süßwasserseen als willkommene Trinkwasserreservoirs. Als der alte *Ornithocheirus* sie aus der Luft deutlich erkennen kann, beginnt er einen langsamen Sinkflug. Seine Wanderung nähert sich ihrem Ende – Cornubia liegt nur ein paar hundert Kilometer von Cantabria entfernt, und sein Körper bereitet sich auf die Paarung vor. Die Kämme an seinem Schnabel haben sich leuchtend rot verfärbt, und das Gewicht seiner nun fast vollständig ausgebildeten Hoden beginnt ihn allmählich zu belasten. Diese körperlichen Veränderungen kosten Energie, so daß er mehr Nahrung benötigt. Und eine kraftsparende Methode, sich Futter zu beschaffen, besteht darin, andere Pterosaurier für sich auf die Jagd gehen zu lassen.

Die Seen unter ihm sind reich an Fischen, und viele kleinere Flugsaurier, vor allem *Ornithocheirus*-Jungtiere, sind auf der Jagd nach Beute. Der alte *Ornithocheirus* verlangsamt seinen Sinkflug. Plötzlich stößt der Schnabel eines jungen *Ornithocheirus*-Weibchens ins Wasser, um kurz darauf mit einem silbernen Fisch wieder an der Oberfläche zu erscheinen. Das alte Männchen zieht seine Flügel ein wenig ein und stürzt in schnellem Flug auf das Weibchen hinab, das mit seiner Beute in Richtung Ufer unterwegs ist. Mit einer für seine Größe überraschenden Beweglichkeit kreuzt der alte *Ornithocheirus* direkt den Flug des überraschten Weibchen und stößt dabei aggressive Zischlaute aus. Das Weibchen strebt zwar weiterhin dem Ufer zu, wird aber zunehmend nervöser, da der alte Flugsaurier die Verfolgung aufnimmt. Als sie das Ufer erreicht hat, kann er sie mit den Klauen seiner Hinterbeine streifen. Erschreckt läßt sie den zappelnden Fisch auf den Strand fallen, wo ihn das Männchen aufgreifen kann. Noch oft wird er auf diese Weise kleineren Flugsauriern heute ihre Beute abjagen.

Abseits der marinen Flora und Fauna rings um das Kliff hat sich in diesen Seen ein eigenes Leben entwickelt. Ihre wohl auffälligsten und zugleich gefährlichsten Bewohner sind große Raubschildkröten, die fast den ganzen Tag über träge am Ufer liegen und im Vergleich zu anderen Wasserraubtieren eher langsam und schwerfällig wirken. Doch im dunklen Wasser der Seen erweisen sie sich als äußerst erfolgreiche Jäger, deren kräftigen Kiefern nur wenige Fische zu entkommen vermögen.

Die Insel ist groß genug, um vielen verschiedenen Dinosauriern Lebensraum zu bieten. Die höher gelegenen Regionen sind mit dichten Wäldern aus Cycadeen und Huon-Kiefern bestanden. Letztere haben eine ungewöhnliche Methode der Fortpflanzung entwickelt: einige ihrer Zweige wachsen derart weit unten am Stamm, daß sie den Erdboden berühren. Dort bilden sie dann Wurzeln aus, aus

denen im Verlauf vieler Jahre ein neuer Baum entsteht, der sich wiederum auf dieselbe Weise fortpflanzt. In den niederen Regionen wachsen Farne, Bennettiteen sowie Blumen und bieten damit ideales Weideland für kleine *Iguanodon*-Herden. Die auf Cornubia lebenden Exemplare sind Vertreter einer anderen Spezies als jene in Appalachia. Sie haben dunkelgrüne Schuppen und einen etwas schlankeren Nacken, werden aber größer, wenn sie ausgewachsen sind, und können bis zu sieben Tonnen wiegen. Ihr auffälligstes Unterscheidungsmerkmal aber sind die wesentlich kräftigeren vorderen Gliedmaßen.

Die auf Cornubia lebende Spezies dieser Pflanzenfresser ist nicht umsonst größer und stärker, leben doch auf der Insel einige große und gefährliche Raubtierarten. Vor allem *Utahraptor* stellt eine Bedrohung für die *Iguanodon*-Herden

Einzelgänger: Auch ohne den Schutz der Herde ist ein *Iguanodon* in der Lage, sich gegen die Mehrzahl der Raubtiere zur Wehr zu setzen. Ein Männchen wie das hier abgebildete kann mehr als sieben Tonnen wiegen und erreicht eine Größe von bis zu fünf Metern.

DIE MACHT DER BLUMEN

HEUTE DOMINIEREN Blütenpflanzen, die sogenannten Angiospermen, beinahe jedes Habitat der Erde. Doch die Dinosaurier des frühen und mittleren Mesozoikums lebten in einer Welt, die zwar durch die Farben Braun und Grün bestimmt war, in der es aber weder Blüten noch Gras gab. Und selbst als in der frühen Kreidezeit die ersten blühenden Pflanzen aufkamen, hätte es eines außerordentlich aufmerksamen Botanikers bedurft, um sie zu entdecken. Zu Beginn ihrer Evolution waren sie nur unscheinbar und winzig im Vergleich zu den etablierten Koniferen, Farnen und Cycadeen. Die ersten Blüten waren nicht nur klein, wahrscheinlich dufteten sie auch nicht und waren auch nicht bunt. Es bleibt ein Rätsel, warum diese recht bescheidene neue Pflanzengruppe sich derart schnell und weit verbreitete, so daß sie etliche andere verdrängen konnte.

Dieses 140 Millionen Jahre alte Fossil, das von einem chinesisch-amerikanischen Forscherteam in Nanjing gefunden wurde, ist die älteste uns bekannte Blume. Die Blüten sind noch sehr klein und wurden vermutlich durch Windbestäubung befruchtet.

Angiosperme heißt »Bedecktsamer«, weil ein aus Fruchtblättern gebildetes Gehäuse die weiblichen Samenanlagen einschließt und sie auf diese Weise vor Austrocknung, Insektenfraß und Pilzinfektionen schützt. Die Befruchtung dieser Pflanzen durch männliche Pollen erfolgt über eine Röhre, durch die der Samen in die Fruchthülle eindringt. Die Fruchtblätter bilden sich zur Frucht um, in der die Samen reifen, bis die Frucht schließlich platzt und die Samen zu Boden fallen, wo sie keimen und eine neue Pflanze bilden. Mit dieser neuen Art der Fortpflanzung gingen Eigenschaften einher, die die verschiedenen Arten dieser Pflanzengruppe äußerst widerstandsfähig machten und so für eine radikale Veränderung der Vegetation sorgten.

Angiospermen breiteten sich schneller als andere Pflanzen in Regionen aus, in denen – aus welchen Gründen auch immer – die Vegetation zerstört worden war. Ihre Samen reiften schneller heran, und sie erholten sich im allgemeinen schneller, wenn sie zum Beispiel durch weidende Tiere beschädigt oder niedergetreten worden waren.

Während des Juras erreichte das Weideverhalten der Sauropoden ein neues, bis dahin nicht erreichtes Ausmaß. Während die Herden grasend durch ein Gebiet zogen, wühlten sie den Boden auf und zerstörten die vorhandene Vegetation. Dadurch wurden ideale Bedingungen für die Verbreitung der blühenden Pflanzen geschaffen. Das Erdklima wurde in der unteren Kreide feuchter, und in vielen Regionen entwickelte sich eine üppige dichte Vegetation. Der Kampf ums Licht wurde dementsprechend intensiver, doch auch mit diesen Umständen kamen die blühenden Pflanzen gut zurecht.

Mit dem Fortschreiten der Kreidezeit entwickelte sich schließlich eine immer engere Beziehung zwischen den blühenden Pflanzen und den Insekten. Um die Befruchtung der durch die Fruchthülle geschützten weiblichen Samenanlagen sicherzustellen, ist es entscheidend, daß der Pollen genau plaziert wird. Dabei erwiesen sich Insekten als hilfreich, die sich von Pollen ernährten, und beim Anfliegen der Blüten auch immer Blütenstaub von einer Pflanze zur nächsten trugen. Die Blüten begannen nun, Nektar zu produzieren, um Insekten anzuziehen. Als die Blüten schließlich auch noch Farbe und Duft entwickelten, begannen Insekten wie Bienen und Schmetterlinge sich von Nektar zu ernähren. Von dieser sogenannten Ko-Evolution profitierten beide Organismen.

Die Blumen von heute unterscheiden sich wesentlich von den ersten Arten des Mesozoikums, dennoch läßt sich die Abstammung einiger Spezies, darunter Magnolien (unten), bis in die Zeit der Dinosaurier zurückverfolgen.

dar. Zur Gruppe der Raptoren gehören unterschiedliche Spezies, die in ganz Laurasia und Gondwana verbreitet sind. Vor allem die kleineren Tiere jagen in Gruppen, während die größeren oft Einzelgänger sind. Doch es kommt ebenfalls vor, daß große Raptoren sich zu Meuten zusammenschließen, die ihren Beutetieren dann um so gefährlicher werden können. Dies ist auch auf Cornubia der Fall, wo *Utahraptor* bis zu sechs Meter lang werden kann.

Ungefähr einen Kilometer von dem See entfernt, an dem der alte *Ornithocheirus* seinen Artgenossen die Beute abjagt, grenzt ein Granitplateau an den Huon-Kiefernwald. Träge rupft eine *Iguanodon*-Herde junge Pflanzen aus, die zwischen den nackten Felsbrocken wachsen. Es ist später Nachmittag und im Schatten der Felsen lauert Gefahr. Direkt unterhalb der *Iguanodon*-Herde nähert sich langsam ein *Utahraptor*-Paar seiner Beute.

Utahraptor ist ein wahrhaft schöner Räuber. Den Rücken ziert ein scharf gestochenes schwarz-gelbes Muster, während der Unterbauch blaßbeige ist. Für das Gleichgewicht des schlanken, muskulösen Körpers sorgt ein kleiner, äußerst beweglicher Schwanz, mit dem das Tier beständig Korrekturen vornehmen kann, während es sich anschleicht. Ein ausgewachsener *Utahraptor* wiegt annähernd eine Tonne, und es ist pures Glück, wenn es einem *Iguanodon* gelingt, einem derartigen Gegner zu entkommen. Mit unbeweglichem Kopf schleichen sie sich an, die Augen fest auf das Opfer gerichtet. Die Arme hat der *Utahraptor* beim Laufen an die Brust gezogen, so daß die langen Greiffinger auf den Rippen ruhen. Und bei jedem Schritt blitzt die lange schwarze Kralle am zweiten Zeh auf, untrügliches Kennzeichen dieser Raubtiergruppe.

Die beiden Raptoren sind offensichtlich schon eine ganze Weile damit beschäftigt, sich an ihre Beute heranzuschleichen. Der Rest der Meute lauert noch am Waldrand. Es sind Weibchen, was nicht überrascht, weil bei dieser Art die weiblichen Tiere für die Jagd zuständig sind. Irgendwo in der Nähe wartet sicherlich ein Männchen, das sich aber nur selten an der Jagd beteiligt. Als dominantes Rudeltier wird es, wenn die Beute erlegt ist, seinen Anteil fordern, ansonsten aber seine Kräfte schonen, um sich den unausweichlichen Herausforderungen durch andere Männchen stellen zu können. Die *Iguanodon*-Herde bewegt sich allmählich von den Räubern fort, und damit wächst auch die Strecke, die die Raptoren ohne Deckung zurücklegen müssen, um sich auf ihre Opfer stürzen zu können. *Utahraptor* verfolgt seine Beute jedoch nicht über größere Strecken, und *Iguanodon* mit seinen langen Hinterbeinen kann ihnen leicht entkommen. Der Angriff muß also sofort erfolgen.

Ohne ein Geräusch zu verursachen, springt das größere Weibchen auf den Felsen und läuft auf die Herde zu. Sie hat sich ihr Opfer schon ausgewählt, ein stämmiges Jungtier, das etwas abseits der Herde weidet. Gleich darauf wird sie

GEGENÜBERLIEGENDE SEITE **Anmutiger Killer: Ein *Utahraptor* hält zum Trinken inne, während die Mittagssonne sein tödliches Handwerkszeug – die sichelähnliche Zehenklaue und große Greifhände – in aller Deutlichkeit zutage treten läßt. Diese Spezies ist die größte unter den Raptoren und erreicht aufrecht stehend nahezu zwei Meter.**

entdeckt, und die Tiere der *Iguanodon*-Herde stoßen kreischende Warnschreie aus. Der Rest des Raptorenrudels bricht aus dem Wald hervor, doch die Herde flieht bereits in Richtung einer großen Wiese mit weißem *Protoanthus*. Die meisten der Räuber sind schon aus dem Rennen, bevor es überhaupt begonnen hat. Nur dem anführenden Weibchen gelingt es, sein Opfer einzuholen, bevor es sich noch richtig in Bewegung gesetzt hat. Mit einem Satz stürzt es sich auf das *Iguanodon* und fährt dabei die langen, hakenförmigen Krallen an seinen Händen aus. Noch im Sprung bringt es die Hinterbeine nach vorn, und während es auf dem Rücken des Opfers landet, versucht es seine tödlichen Fußkrallen in die Flanken des Opfers zu rammen. Doch der Angriff mißlingt. Die Füße verfehlen ihr Ziel, und obwohl das *Iguanodon* strauchelt, kann es sich doch auf den Beinen halten. In Panik bäumt sich das *Iguanodon* auf. Das Raptorenweibchen verliert den Halt und fällt zu Boden. Es kommt zwar sofort wieder auf die Füße, befindet sich aber nun, direkt vor dem *Iguanodon* stehend, selbst in großer Gefahr. Der Schlag einer Vordergliedmaße streckt es erneut zu Boden, und gleich darauf fügt das *Iguanodon* ihm mit dem Daumendorn der anderen Hand eine tiefe Wunde an der Schulter zu. Während das *Iguanodon* zurückweicht, flieht das Weibchen mit einem schlaff herabhängenden Arm in den Wald zurück.

Das *Iguanodon* trabt davon, um die Herde einzuholen, und stößt dabei laute Warnschreie aus. Das zweite Raptorenweibchen ist zu weit weg, um ihm noch nachzustellen, und so geben die Raubtiere die Jagd auf. Als das verletzte Weibchen den Waldrand erreicht hat, bleibt es stehen. Sie ist schwer verwundet, hat aber durchaus Chancen, sich wieder zu erholen. Das Rudel wird weiter auf die Jagd gehen, und wenn sie genug Beute machen, wird auch sie zu fressen bekommen, auch wenn sie zu schwach ist, um selbst ein Tier zu erlegen.

Diese Raptoren sind in der Lage, sich den verschiedensten Lebensräumen anzupassen. Entsprechend vielfältig sind auch ihre Jagdtechniken. Auf den weiten offenen Ebenen im Norden Appalachias gehen sie in großen Rudeln auf die Suche nach Beute, während sie in den undurchdringlichen Wäldern im Westen eher einzeln jagen. Die Raptoren Cornubias leben zumeist in kleineren Rudeln. Wenn ein *Utahraptor* allein auf die Jagd geht, liegt seine Erfolgsquote bei mageren 15 Prozent, während es zwei gemeinsam jagenden Tieren immerhin bei jedem dritten Angriff gelingt, ihre Beute zu erlegen. Diese vergleichsweise geringe Erfolgsquote scheint sich allerdings nicht zu erhöhen, wenn sich noch zusätzliche Tiere aus dem Rudel an der Jagd beteiligen. Dabei kommen den einzelnen Mitgliedern des Rudels spezifische Aufgaben zu. Für gewöhnlich verfolgen die kleineren Tiere zwar die Beute, greifen sie aber nur selten an. Dies erledigen die größeren Tiere, die darauf spezialisiert sind, der Beute aufzulauern und sie dann anzuspringen. Kleinen Beutetieren nähern sie sich auch von vorn,

große Tiere wie *Iguanodon* dagegen greifen sie nur von hinten an. Und noch eine weitere ungewöhnliche Eigenschaft kennzeichnet diese Raptoren: Im Gegensatz zu vielen anderen Raubtieren, denen vor allem junge oder kranke Tiere zum Opfer fallen, greifen sie auch gesunde und sogar ausgewachsene männliche Tiere an.

Das Raptorenrudel sammelt sich wieder, und die einzelnen Tiere begrüßen einander mit einem Ritual. Die untergeordneten Gruppenmitglieder nähern sich den anderen mit gesenktem Kopf, während ihre Schwänze dabei heftig von einer Seite auf die andere schlagen. Die dominanten Tiere stehen aufrecht und grüßen die anderen, indem sie die Arme ausbreiten und auf und ab bewegen. Die Tiere, die dabei kaum einen Laut von sich geben, erkennen so den Rang der dominanten Rudelmitglieder an.

»Im Gegensatz zu vielen anderen Raubtieren, denen vor allem junge oder kranke Tiere zum Opfer fallen, greift *Utahraptor* auch gesunde und sogar ausgewachsene männliche Tiere an.«

Ungefähr einen Kilometer entfernt, am anderen Ende der mit *Protoanthus* bestandenen Fläche, fällt die fliehende *Iguanodon*-Herde allmählich in langsameren Trott und wendet sich schließlich wieder der Nahrungsaufnahme zu. Doch die Raptoren haben ihre Jagd noch nicht aufgegeben. Nachdem sie sich ausgiebig durch Signale ihres Ranges versichert haben, machen sie sich an die Verfolgung der Herde. Als die ersten Raptoren die *Protoanthus*-Büsche erreichen, verteilen sie sich und verstecken sich zwischen den Pflanzen. Allmählich neigt sich im Westen die Sonne dem Horizont zu. Auch die weiterhin fressende *Iguanodon*-Herde rückt näher zusammen.

Zwei Stunden nach Sonnenuntergang erhebt sich in etwa 60 Meter Entfernung von der Herde ein großes Raptorenweibchen aus seiner kauernden Position und beginnt, auf das ihr am nächsten lagernde *Iguanodon* zuzulaufen. Entgegen ihrem sonstigen Jagdverhalten stößt sie dabei eine Reihe kurzer bellender Laute aus – ganz offensichtlich versucht sie ihre Beute erst gar nicht zu überraschen. Etwa 20 Meter von ihrem Opfer entfernt bleibt sie stehen, setzt aber ihr lautes Bellen fort. Die *Iguanodon*-Herde wird allmählich nervös. Unruhig laufen die Tiere umher, stampfen mit den Vorderbeinen und bellen den Aggressor an. Das Weibchen läßt sich davon jedoch nicht beeindrucken. Nach und nach tauchen auch andere Raptoren auf, die sich ebenfalls in einiger Entfernung von der Herde aufbauen und ihr Möglichstes tun, um den Pflanzenfressern Angst einzujagen. Noch stehen die Pflanzenfresser so dicht gedrängt, daß es unmöglich ist, ein einzelnes Tier anzugreifen, ohne eine Verletzung zu riskieren. Daher werden die Raptoren die Herde so lange umringen, bis es ihnen gelingt, in der Dunkelheit ein einzelnes Tier zu isolieren.

Plötzlich ergreift ein Raptorenweibchen eine sich bietende Chance, springt ein *Iguanodon* an und rammt ihm die Krallen seiner Hinterbeine in die Flanken. Der Pflanzenfresser bäumt sich auf und dreht sich vor Schmerz schreiend wie wild im Kreis. Dabei stößt er mit einem anderen *Iguanodon* zusammen. Durch die Wucht des Aufpralls wird der Raptor von seinem Rücken geschleudert.

Der Angriff ist zwar fehlgeschlagen, hat die Herde jedoch in Panik versetzt, so daß nun einige der Jungtiere in die Dunkelheit flüchten. Ein junges Männchen läuft einem Raptorenweibchen direkt vor die Füße, das auf seinen Rücken springt und sich mit den Klauen in einer Flanke seines Opfers festkrallt. Und schon taucht ein zweiter *Utahraptor* aus der Dunkelheit auf und krallt sich in die andere Flanke des Pflanzenfressers. Das junge *Iguanodon* hält dem Gewicht und der Aggression dieser beiden großen Raubtiere, die seinen Rücken kratzend, beißend, tretend und reißend bearbeiten, nicht lange stand. Unfähig, sie abzuschütteln, knicken seine Hinterbeine ein, so daß die Unterseite seines Körpers ungeschützt ist – nun hat es unweigerlich keine Chance mehr.

Die Geräusche, die das sterbende *Iguanodon* von sich gibt, locken auch andere Rudelmitglieder an. Noch während der letzten Atemzüge des Pflanzenfressers lassen sie sich um ihn herum nieder und klären in ihrer eigenartigen Zeichensprache, wer die besten Stücke erhält.

Das Licht der Morgendämmerung enthüllt eine grausige Szene – blutverschmiert ruhen die Raptoren neben den Überresten des erlegten *Iguanodon*. Das Rudel wird den Kadaver noch einige Tage bewachen und gegen andere Raubtiere verteidigen, die vom Geruch des Fleisches angezogen werden. Die Tiere werden sich satt fressen, und wenn sie schließlich weiterziehen, wird kaum noch etwas von dem *Iguanodon* übrig sein.

Ganz in der Nähe spiegeln sich im ruhigen Wasser des Sees die goldenen Wolken, die über den Himmel ziehen. Auf einer kleinen Insel in der Mitte des Sees bewegt sich der *Ornithocheirus* unruhig im Schlaf. Während sich die Luft allmählich erwärmt, schieben sich einige riesige dunkle Schatten aus dem Wasser auf den Strand der Insel. Plötzlich bemerkt der *Ornithocheirus*, daß er seinen Schlafplatz mit einer Anzahl großer schwarzer Schildkröten teilt. Er versucht, ihnen zu Fuß zu entkommen, ist aber schon bald umringt. Es ist noch nicht warm genug, als daß er sich von einem

warmen Luftstrom in die Höhe tragen lassen könnte. Also ist er gezwungen, sich mittels einiger kräftiger Flügelschläge in die Lüfte zu erheben und zu einem anderen Strand zu fliegen, an dem es keine Schildkröten gibt. Nach der Landung faltet er seine Flügel zusammen und wendet sich dem Wasser zu, um zu trinken.

Gleich hinter ihm erstreckt sich ein dichter Kiefernhain. Zwischen den Bäumen wächst dichtes Unterholz aus Cycadeen und Farnen, die eine unüberwindbare Barriere bilden. Kaum ist der *Ornithocheirus* gelandet, als tief aus dem Wald ein ungewohntes Geschnatter zu hören ist. Er ignoriert das Geräusch, bis plötzlich ein winziges buntes Wesen aus dem Dickicht fliegt und sich auf ihn stürzt. Ein zweites und ein drittes folgen, und bevor das alte Männchen noch irgend et-

DER URSPRUNG DER VÖGEL

KAUM EIN ANDERES THEMA ist innerhalb der Paläontologie derart kontrovers diskutiert worden wie die Frage nach dem Ursprung der Vögel. 1861 wurde in Deutschland ein herrliches Fossil ausgegraben, das halb wie ein Vogel, halb wie ein Dinosaurier aussah. Das Tier war etwa so groß wie eine Taube und hatte Flügel und Federn wie ein Vogel, aber Zähne und Schwanz eines Reptils. Es wurde *Archaeopteryx* genannt und war nur der erste von inzwischen sieben ähnlichen Fossilfunden. Acht Jahre später ging Thomas Huxley mit der These an die Öffentlichkeit, die Vögel stammten direkt von den Dinosauriern ab, und spaltete damit die Paläontologen in Befürworter und vehemente Gegner seiner Theorie.

Als Huxley seine These veröffentlichte, schien sie äußerst einleuchtend. Konnte er doch auf nicht weniger als 35 Merkmale hinweisen, die beiden Gruppen gemeinsam waren – leichter Knochenbau, bipede Ausrichtung, mit drei Fingern versehene Flügel bzw. Hände etc. Doch selbst damals schon vertraten einige Wissenschaftler die Ansicht, daß es sich hier um einen Fall von Konvergenz handele – eine parallele Entwicklung also, bei der zwei Lebewesen unabhängig voneinander ähnliche Merkmale ausbilden. Abgesehen davon ging man davon aus, daß Dinosaurier kaltblütige Reptilien waren und damit unfähig, sich mittels Schlagen der Flügel in die Luft zu erheben, da es dafür des mehr Energie umsetzenden Stoffwechsels eines Warmblüters bedurft hätte. Darüber hinaus sei das Gabelbein der Dinosaurier – das eine entscheidende Rolle beim Schlagflug spielt – im Laufe der Evolution verschwunden und die Vögel könnten es unmöglich noch einmal neu »erfunden« haben. Und schließlich ließ sich einwenden, daß *Archaeopteryx* zu alt sei, um ein Missing link zwischen Dinosauriern und den modernen Vögeln darzustellen. Die den Vögeln am nächsten stehenden Dinosaurier waren die Dromaeosaurier oder Raptoren, die in der Mitte der Kreidezeit erstmalig auftauchten. *Archaeopteryx* aber lebte einige Millionen Jahre früher, nämlich im oberen Jura.

Über Jahrzehnte hinweg suchte die Wissenschaft nach anderen möglichen Vorfahren der Vögel. Es wurden Theorien entwickelt über ihre Abstammung von Pterosauriern, Krokodilen, Säugetieren und Eidechsen. Doch die ein-

Ein hervorragend erhaltener *Archaeopteryx* aus dem Solnhofener Plattenkalk in Deutschland. Seit seiner Entdeckung im Jahr 1861 gilt dieses Lebewesen – halb Dinosaurier, halb Vogel – als Missing link zwischen beiden Gruppen.

was zu seiner Verteidigung unternehmen kann, wird es schon von einem halben Dutzend dieser aggressiven kleinen Tiere attackiert. Ganz offensichtlich hat seine Gegenwart sie aufgestört, und trotz des zwischen ihnen herrschenden beträchtlichen Größenunterschiedes setzen sie alles daran, ihn zu vertreiben.

In den am Waldrand stehenden Bäumen sitzen noch mehr dieser kleinen Tiere, die hohe, krächzende Pfiffe ausstoßen. Es sind keine Pterosaurier, dazu ist ihr Flug zu schnell und zu unberechenbar. Vielmehr handelt es sich bei diesen Tieren um Dinosaurier, die das Fliegen gelernt haben und nun, zum ersten Mal in der Erdgeschichte, die Herrschaft und Überlegenheit der Flugsaurier in Frage stellen. Sie gehören der noch jungen Tiergruppe der Vögel an, deren Wurzeln in den Jura zurückreichen, die aber erst in der Kreidezeit eine weiter-

zige haltbare These besagte, daß sie auf ein noch unbekanntes Reptil zurückgehen mußten, das zur gleichen Zeit wie die Dinosaurier lebte. In den ausgehenden 60er Jahren des 20. Jahrhunderts schließlich gab John Ostroms Studie über den Raptor *Deinonychus* der Theorie über die Abstammung der Vögel von Dinosauriern neuen Auftrieb. Ostrom knüpfte an Huxleys Arbeiten an und unterzog die gemeinsamen Merkmale von Dinosaurier und Vogel einer systematischen Analyse – Merkmale wie der halbmondförmige Handwurzelknochen, der es Raptoren wie Vögeln ermöglichte, ihre »Hände« auch seitwärts zu bewegen. Die Vögel nutzen diese Fähigkeit, um sich beim Fliegen mehr Auftrieb zu verschaffen, indem sie ihre Flügel im Aufwärtsschlag einziehen und im Abwärtsschlag wieder nach außen schieben. Die fleischfressenden Dinosaurier wandten wahrscheinlich die gleiche Technik an, um ihre langen Hände beim Laufen an den Körper zu legen und sie nach vorne zu schleudern, wenn sie nach Beute griffen.

In den 70er Jahren setzte sich die Ansicht durch, daß es auch warmblütige Dinosaurier gegeben hatte. Außerdem hatten Paläontologen unter dem Fossilienmaterial inzwischen auch Gabelbeinknochen von Dinosauriern entdeckt, die die Theorie von der Abstammung der Vögel von den Dinosauriern weiter erhärteten. Neuen Zündstoff bekam die Diskussion um die Abstammung der Vögel in den 90er Jahren, als auf der Grundlage embryologischer Untersuchungen erneut die Verbindung zwischen Vögeln und Dinosauriern bestritten wurde.

Ein junges Zigeunerhuhn (*Opisthocomus hoatzin*). Diese Spezies ist insofern einzigartig unter den Vögeln, als die Küken noch immer über eine Klaue auf der halben Flügellänge verfügen. Man könnte dies als Rückentwicklung zu einem Urzustand deuten.

Eigentlicher Auslöser für diesen Wissenschaftsstreit ist die Frage nach der Entstehung des Gefieders, einer ungemein komplexen Anpassung an die Erfordernisse des Fliegens, die einzig die Vögel geleistet haben. Auf der Grundlage der bisher gemachten Funde muß davon ausgegangen werden, daß *Archaeopteryx* das erste Tier war, das Federn hatte. Welchen Nutzen könnten Federn oder ihre Vorformen für ein Tier gehabt haben? Über lange Zeit ging man davon aus, daß sich Federn zunächst als eine Art Kälteschutz für kleine, warmblütige fleischfressende Dinosaurier herausgebildet hatten. Diese Theorie wird durch die in China gefundenen Fossilien erhärtet, vor allem durch den Fund von *Sinosauropteryx*, einem kleinen Dinosaurier, dessen Körper mit primitiven Federn bedeckt war. Frühere Funde von Abdrücken, aus denen sich Rückschlüsse auf die Hautoberfläche von Dinosauriern ziehen ließen, hatten gezeigt, daß die meisten Dinosaurier flache mosaikartige Schuppen hatten. Bedauerlicherweise bleibt weiches Gewebe nur äußerst selten durch Versteinerung erhalten, so daß dieses Forschungsgebiet anfällig ist für Fehlinterpretationen. Dennoch, die Funde sprechen überzeugend dafür, daß es nicht nur gefiederte Dinosaurier, sondern auch behaarte Pterosaurier gegeben hat.

GEGENÜBERLIEGENDE SEITE
Häusliche Pflichten: Ein *Iberomesornis* bei der Nestpflege. Der kräftige, flinke kleine Vogel lebt in dichten Wäldern. Bei dieser Spezies haben sich die Schuppen bereits zu Federn weiterentwickelt, die die Tiere nicht nur warm halten und zu gewandten Fliegern machen, sondern mit ihren schillernden Farben auch der Zurschaustellung dienen.

gehende Entfaltung erfährt. Aus den Schuppen der Dinosaurier sind »Federn« geworden, längliche flache Gebilde mit einem in der Mitte sitzenden Grat, von dem in Form einer doppelseitig geschliffenen Klinge Tausende winzige Äste abgehen. Diese Federn stellen eine hoch spezialisierte Abwandlung der noch relativ einfachen, mit feinen Härchen bedeckten Schuppen anderer kleiner Fleischfresser dar und sind der Schlüssel zur Flugfähigkeit der Vögel. Die Federn sind sehr leicht, statten aber durch ihre Anordnung den Vogel mit einer großen Oberfläche aus und verleihen ihm damit maximalen Auftrieb. Darüber hinaus sind sie äußerst widerstandsfähig und reißen nicht, wenn sie von Ästen oder Zweigen getroffen werden, sondern können statt dessen mit dem Schnabel wieder gerichtet werden. All das ermöglicht es kleinen Vögeln, in dichten Gehölzen zu leben. Ihre Eier legen sie in Nester, die sie aus Zweigen, Moos und Blättern in Bäumen bauen und so vor anderen kleinen Dinosaurier schützen.

Die Vögel, mit denen sich der *Ornithocheirus* konfrontiert sieht, tragen den Namen *Iberomesornis* und sind mit einer Länge von etwa sieben bis acht Zentimetern äußerst klein im Vergleich zu ihren Verwandten, den Dinosauriern. Mit ihrem herrlich gemusterten Gefieder wirken sie vor dem eintönig grünen Hintergrund der Koniferen wie kleine Edelsteine. Ihre Köpfe sind weiß, der Körper blau und die Flügelspitzen rot. Im Flug zeigen sie die violetten Unterseiten ihrer Flügel. Sie greifen den *Ornithocheirus* an, weil sie in ihm eine Bedrohung für ihre Nester sehen, die sich nur wenige Meter entfernt hoch in den Bäumen befinden. Der Mut, mit dem sie sich einem derart großen Gegner entgegenstellen, gründet sich auf ihre Flugkünste. Obwohl der Flugsaurier immer wieder mit seinem schreckenerregenden Schnabel nach ihnen schnappt, können sie ihm mühelos entkommen. Immer mehr der kleinen Vögel stürzen sich auf ihn und fügen ihm mit ihren scharfen Krallen blutende Wunden zu.

Mühsam hebt der *Ornithocheirus* ab, um über den See davonzufliegen. Es ist noch früh, und nach wie vor gibt es keine warmen Aufwinde. Zu seinem Glück stößt er auf einen Gegenwind, mit dessen Hilfe er sich hoch in die Lüfte erhebt, um den kleinen Quälgeistern zu entkommen. Doch selbst im Flug greifen die Vögel ihn noch an. Er nimmt Kurs auf das im Süden gelegene Kliff, wo er auf die ersten Aufwinde warten wird, um die Insel zu verlassen. Er zeigt jetzt vollends die Farben der Balz und sollte auf dem Höhepunkt seiner körperlichen Kraft sein, bereit, mit den anderen Männchen in langen und anstrengenden Rivalenkämpfen zu konkurrieren. Doch sein Alter und seine Arthritis fordern ihren Tribut. Und obwohl seine Schwäche ihm nach außen hin kaum anzumerken ist, wird er den Anstrengungen, die vor ihm liegen, kaum gewachsen sein.

HAARIGE TEUFEL

Bereits die Paläontologie des 19. Jahrhunderts erkannte, daß die Pterosaurier sich erheblich von den Dinosauriern unterschieden. Alle Argumente, die dafür sprachen, daß Dinosaurier wechselwarm waren, sind hinfällig, wendet man sie auf Reptilien an, die sich einer derart Energie verzehrenden Aktivität wie dem Schlagflug widmeten. Die leichten, denen der Vögel ähnelnden Knochen der Pterosaurier machen deutlich, daß sie warmblütig waren (s. S. 188). In den 20er Jahren offenbarte die eingehende Untersuchung eines gut erhaltenen Skeletts aus Solnhofen ein Muster von Grübchen und Streifen auf der Schichtfläche, in die das Fossil eingebettet war. Man interpretierte diese als von Haarfollikeln und -büscheln herrührende Abdrücke. Da derartige Gewebeabdrücke mit anderen Phänomenen wie kristallinen Strukturen verwechselt werden können, bestanden zunächst Zweifel an den aus diesem Fund gezogenen Schlüssen. Erst im Jahre 1970 konnte ein Fossilienfund schließlich die überwiegende Mehrheit der Paläontologen davon überzeugen, daß Pterosaurier tatsächlich ein Fell hatten. Der russische Wissenschaftler A. G. Sharow fand in Kasachstan einen Pterosaurier, den er wegen der mit dem Skelett konservierten dichten Haarbüschel *Sordes pilosus* (»haariger Teufel«) nannte. Mittlerweile ist man sich darin einig, daß – ähnlich wie bei den heutigen Fledermäusen – die Körper der Pterosaurier behaart gewesen sein müssen, nicht aber die Flughäute, Schwänze und Gesichter. Die Haare des Pelzes waren dick und kurz, etwa 5–10 Millimeter lang. Zwar von anderer Beschaffenheit als die der Säugetiere, da sie sich – wie die Federn – aus Schuppen entwickelt hatten, erfüllten sie doch dieselbe Funktion, nämlich einen Wärmeverlust zu verhindern. Damit scheint endgültig der Beweis erbracht, daß Pterosaurier warmblütig waren – aus welchem anderen Grund hätten sie sonst einer schützenden Isolierung bedurft?

Jahrzehntelang herrschte Uneinigkeit unter Paläontologen darüber, ob die Pterosaurier einen Pelz hatten. 1970 wurde dann das Fossil von *Sordes pilosus* gefunden. Dessen Körper war offenbar ähnlich wie der moderner Fledermäuse mit einem Haarkleid bedeckt.

Bei näherer Untersuchung wird deutlich, daß es sich um Haare handelt, doch auch andere Faktoren wie z. B. Bakterien können die Ursache für ähnlich aussehende Spuren am Fossil sein.

Paarungskämpfe

DIE STRÄNDE VON CANTABRIA

An einem langen Strand an der Nordküste Cantabrias ragt ein einzelner Felsen aus dem Sand, der seit Generationen Ebbe und Flut widerstanden hat. Einmal im Jahr kommt ihm eine einzigartige Funktion zu – in der Mitte des *Ornithocheirus*-Paarungsplatzes gelegen, dient er als Orientierungspunkt für Tausende von Pterosauriern, die aus allen Teilen der Welt hierher kommen. Zu dieser Zeit erscheint der Felsen nur noch winzig – ein schwarzer Kieselstein in einem Meer aus flatternden grauen Flügeln. Es ist eines der aufsehenerregendsten Schauspiele, das die Natur zu bieten hat – ein drei Kilometer langer und ein Kilometer breiter Strand wird vorübergehend zum Zuhause der größten Pterosaurier der Welt.

Zuerst erreichen die Männchen die Insel und markieren ihre Reviere. Jedes von ihnen benötigt ausreichend Raum, um die roten Schnabelkämme und den kräftigen Flügelschlag zu präsentieren. Angriffslust wie Rivalität sind sehr groß, und da der Strand immer voller wird, brechen bald heftige Kämpfe zwischen den Konkurrenten aus. Besonders gefährlich ist es, wenn die Kontrahenten versuchen, mit ihren scharfen, normalerweise nur zum Fischfang eingesetzten Zähnen die Flügel des Gegners zu verletzen. Nach einigen Tagen erbarmungslosen Kampfes steht fest, welche Männchen über die meiste Kraft verfügen und die größten Reviere im Zentrum des Strandes für sich beanspruchen.

Das alte Männchen erreicht den Strand sehr spät. Unter ihm erstreckt sich eine Fläche von beinahe vier Quadratkilometern, auf der sich alle paarungsbereiten *Ornithocheirus*-Männchen versammelt haben, um miteinander zu kämpfen und zu streiten. Langsam läßt sich der alte Saurier im Gleitflug tiefer sinken, auf der Suche nach einem möglichst günstigen Balzplatz in der Menge der Rivalen. Doch je tiefer er über den Köpfen der anderen hinweggleitet, desto lauter wird das Schnabelklappern, mit dem seine Ankunft begrüßt wird. Hier zu landen, wird nicht leicht sein. Im Flug sind seine empfindlichen Flügel den scharfen Zähnen seiner Rivalen schutzlos ausgesetzt. Daher muß er die Flügel zusammenfalten, bevor er den Boden erreicht, will er seine Position erfolgreich verteidigen. Noch immer sucht er vergeblich nach einem Landeplatz und verliert dabei stetig an Höhe. Er schlägt mit den Flügeln, um wieder aufzusteigen, doch schon hat ein anderes Männchen seine Flügelspitze zwischen den Zähnen. Hektisch versucht der Alte sich zu befreien und zerreißt sich dabei die Flughaut. Noch mehr Schnäbel schnappen nach ihm, unter den übernervösen Pterosauriern bricht Chaos aus. Schließlich gelingt es dem alten Männchen zu landen und seine Flügel zu schließen, doch es ist bereits schwer verwundet. Sofort greifen ihn zwei Rivalen an, indem sie auf seine langen Flügelfinger einhacken. Er

OBEN Paarungsritual: Kurz nachdem das Weibchen seine Bereitschaft zur Paarung bekundet, wird es vom Männchen begattet. Während das Weibchen anschließend davonfliegt, wird das Männchen sein Glück noch bei weiteren Weibchen versuchen.

RECHTS Jahrmarkt der Eitelkeiten: *Ornithocheirus*-Männchen stellen sich in der gleißenden Mittagssonne zur Schau. Nicht nur gegen die unmittelbaren Nachbarn, sondern auch gegen Neuankömmlinge müssen die Pterosaurier sich durchsetzen, um sich einen günstigen Platz zu erkämpfen.

versucht einen Gegenangriff, kann sich aber inzwischen nur noch verteidigen. Stark blutend und verletzt, bleibt ihm schon bald nur noch die Flucht. Er breitet die Flügel aus und springt, wird aber von einem seiner Rivalen wieder auf die Erde gezwungen. Jetzt kämpft er um sein Leben. Versuchte er, den Balzplatz laufend zu verlassen, würde er zu Tode gebissen – er muß fliegen. Wieder und wieder springt er mit ausgebreiteten Flügeln in die Luft, furchtbare Wunden werden ihm dabei zugefügt, bis endlich vom Meer her Wind aufkommt und es ihm gelingt, eine Böe zu erwischen, die ihn davonträgt.

Erschöpft und blutend landet er weit entfernt von den anderen Pterosauriern im seichten Wasser. Ein Flügel hängt schlaff im Wasser, während er versucht, sich zu putzen. Schlechter hätte die Paarungszeit für ihn nicht beginnen können. Ihm fehlt die Kraft, sich einen der besseren Plätze auf dem Felsen zu sichern, und seine Flügel sind zu stark beschädigt, um sie bei der Balz erfolgreich zur Schau zu stellen. Als die Schatten länger werden, watschelt er zu einer trockenen, mit angeschwemmtem Treibholz bedeckten Sandbank. Allein hockt er zwischen den skelettartigen toten Bäumen und blinzelt, weil ihm aus einer Wunde auf der Stirn Blut in die Augen tropft. Auch wenn er hier vor den anderen Männchen sicher ist: An diesem Standort hat er keine Chance, ein Weibchen anzulocken.

Nahrung für die nächste Generation: Nachdem die Paarungskämpfe vorüber sind, liegen etliche der Männchen tot oder sterbend am Strand. Ein junger *Ornithocheirus* frißt sich satt, bevor er sich auf die lange Reise entlang der Küste macht.

Mit dem Sonnenaufgang kommt ein frischer Nordwind auf, und am späten Vormittag treffen die ersten Weibchen ein. Auf dem Balzplatz geht es zu wie in einem Tollhaus. Die Männchen klappern mit den Schnäbeln, während die Weibchen über ihnen kreisen. Immer wieder kommt es zu Kämpfen, die erst abflauen, als die Weibchen endlich landen und die Männchen sich ganz auf die Balz konzentrieren. Die Weibchen sind zwar fast genauso groß wie die Männchen, haben aber kleinere Kämme. Nachdem sie gelandet sind, bahnen sie sich langsam einen Weg durch die rasende Menge der Männchen, die ihre Flügel ausbreiten und mit den Schnäbeln winken, um auf sich aufmerksam zu machen. Auf der Suche nach einem möglichst starken Partner setzen die Weibchen alles daran, um sich ihren Weg in die Mitte des Balzplatzes zu bahnen. Die Weibchen paaren sich nur ein einziges Mal und fliegen dann wieder davon, die Männchen dagegen versuchen, sich mehrere Male zu paaren.

Die Ankunft der Weibchen versetzt den alten, verwundeten *Ornithocheirus* in Erregung, und noch einmal versucht er, auf den Balzplatz zu gelangen. Dieses

Mal watschelt er in Richtung des Strandes, um sich einen Weg durch die Reihen der älteren und ganz jungen Männchen am Rand zu bahnen. Da er beträchtlich größer ist als die Jungtiere, kommt er zunächst recht gut voran, aber es fehlt ihm an Ausdauer und Kraft, um bis in den inneren Kreis der Männchen vorzudringen. Im seichten Wasser treiben bereits einige tote Artgenossen. Es sind alte Tiere, die der Flug hierher schon derart erschöpft hat, daß sie keine Chance mehr hatten, sich ein letztes Mal in ihrem Leben zu paaren. Die Kadaver haben verschiedene Aasfresser angelockt, die die riesigen Flugsaurier mit chirurgischer Präzision zerlegen, um an das bißchen Fleisch zu kommen, das diese Tiere zu bieten haben. Das alte Männchen benötigt dringend Ruhe und Nahrung, um sich zu erholen, doch beides wird er zumindest in den nächsten Tagen nicht bekommen. Sein Drang, sich zu paaren, unterdrückt alle anderen Instinkte, und so lange noch Weibchen am Himmel kreisen, wird er weiter kämpfen, balzen und mit dem Schnabel klappern.

»Eine Reihe toter Flugsaurier säumt den Strand, ihre riesigen, zerbrechlichen Körper werden von den an ihnen leckenden Wellen hin und her gewiegt.«

Der Wind hat sich gelegt, am Himmel ist kaum eine Wolke zu sehen. Die Sonne brennt auf den Balzplatz, und die Temperatur erreicht annähernd 40 Grad. Während die Weibchen kommen und gehen, verteidigen die Männchen hartnäckig ihre Standorte auf dem Strand.

Die Balz ist für alle Flugsaurier eine Tortur. Nach drei Tagen beginnt sich der Strand allmählich zu leeren. Einige *Ornithocheirus*-Männchen sind vor Erschöpfung und Hitze gestorben, andere an ihren Verletzungen, doch die Mehrzahl der Männchen verläßt den Balzplatz lebend, nachdem sie sich so oft wie möglich gepaart haben.

Am Morgen des vierten Tages säumt eine Reihe toter Flugsaurier den Strand, ihre riesigen, zerbrechlichen Körper werden von den an ihnen leckenden Wellen hin und her gewiegt. Einige verletzte Tiere sitzen noch im Sand, ihre Flügel sind zu sehr zerrissen, als daß sie wegfliegen könnten. Ergeben warten sie auf ihren Tod. Währenddessen haben sich etliche Fleischfresser eingefunden, die an diesem Tag auf ihre Kosten kommen. Unter den Kadavern findet sich auch der eines großen alten *Ornithocheirus*-Männchens. Seine Flügel sind zerfetzt, der Kopf von Schnabelbissen zerstört, die Augen gebrochen. Doch trotz dieses kläglichen Endes hat das alte Flugsauriermännchen ein erfolgreiches Leben geführt – in seinen 40 Jahren hat es wahrscheinlich mehrere tausend Nachkommen gezeugt. Und es ist davon auszugehen, daß viele von ihnen ebenfalls an diesem Strand waren, um sich gegen ihre Rivalen durchzusetzen und sich zu paaren.

VOR 106 MILLIONEN JAHREN

Die Wesen des stillen Waldes

5

VOR 106 MILLIONEN JAHREN. Wir befinden uns in der mittleren Kreidezeit. Das Klima auf der Erde ist warm und feucht. Mit dem Auseinanderdriften der Kontinente gehen vulkanische Aktivitäten auf dem Meeresboden einher, die ein drastisches Ansteigen des Meerespiegels verursachen. Der sich immer weiter ausdehnende Nordatlantik teilt den Nordkontinent Laurasia in Nordamerika im Westen und Asien im Osten, während sich Südamerika noch weiter von Afrika fortbewegt hat.

Isoliert durch die Trennung der Kontinente, führt die Entwicklung der Dinosaurier zu einer unendlichen Vielzahl unterschiedlicher Spezies. Es haben sich weitere Herbivorenarten herausgebildet, unter ihnen die Entenschnabel-Dinosaurier.

Ein *Leaellynasaura*-Weibchen ruft an einem gefrorenen Teich nach seiner Gruppe. Bei Kälte ist es für Einzeltiere lebensgefährlich, ihre Artgenossen zu verlieren.

Im äußersten Süden sind die Landmassen, die später einmal Australien und Neuseeland bilden werden, noch fest mit der Antarktis zu einem riesenhaften Polkontinent verbunden. Ein wahrhaft seltsames Land. Weite Gebiete liegen innerhalb des

Polarkreises, doch statt einer zusammenhängenden Eisfläche finden sich hier ausgedehnte Wälder und Sumpfgebiete. Die eine Hälfte des Jahres scheint in diesen Regionen 24 Stunden am Tag die Sonne, während in den übrigen sechs Monaten Dunkelheit und Kälte herrschen.

An keinem anderen Ort der Erde haben Dinosaurier je unter derart extremen Bedingungen gelebt. Einige der hier vorkommenden Arten halten sich nur in den Sommermonaten in der Antarktis auf und ziehen vor Beginn des Winters Hunderte von Meilen in den Norden, um der Kälte zu entgehen. Einige wenige Arten bevölkern den Kontinent das ganze Jahr hindurch. In den langen, dunklen Wintermonaten fristen sie ihr Dasein im flackernden Schein des Südlichts – es sind die Wesen des stillen Waldes.

Während Blütenpflanzen lange brauchten, bis sie sich an das harte Klima anpaßten, gediehen Farne in den Polarregionen gut.

LEBEN IN EINER ZEIT DER WÄRME

IN DER MITTE DER KREIDEZEIT erreichte der Meeresspiegel mit ca. 200 Metern über dem heutigen Niveau den höchsten Stand während des gesamten Mesozoikums. In den Meeren erlebten Knochenfische und Haie weiterhin eine Blütezeit, während die Ichthyosaurier dem Untergang entgegensahen. Neue, langhalsige Plesiosaurier bevölkerten die Meere ebenso wie die bemerkenswerten Mosasaurier, große Meeresechsen, die sich aus kleinen landlebenden Eidechsen entwickelt hatten.

Die Meere waren überaus reich an Phytoplankton, das abstarb und auf den Meeresboden sank. Im Laufe von Millionen von Jahren entwickelte sich daraus eine dicke Kalkschicht, wie sie z. B. heute noch in den Kreidefelsen von Dover sichtbar ist.

An Land war das Klima noch immer warm, und die Veränderungen bei Pflanzen und Tieren begannen einem bestimmten Muster zu folgen. Blütenpflanzen etablierten sich als niedrig wachsende Büsche im Unterholz und breiteten sich in Flußtälern und Schwemmebenen aus, vor allem in den Äquatorregionen. Zu den ersten blühenden Bäumen gehörten die Palmen. Für eine sehr lange Zeit sollte es jedoch nur sehr wenige Wälder bildende Baumsorten geben, und in den höheren Lagen vor allem des Südens konnten Blütenpflanzen nur allmählich heimisch werden. Einige ältere Pflanzengruppen wie Cycadeen und Bennettiteen waren im Niedergang begriffen.

Die Trennung zwischen Norden und Süden begann sich auch bei der Entwicklung der Tiere deutlicher abzuzeichnen. In Laurasia starben die Sauropoden aus und wurden durch Entenschnabel- und Panzerdinosaurier abgelöst. Im Süden dagegen entwickelten sich die Sauropoden weiter zu den sogenannten Titanosauriden mit einigen gepanzerten Arten. Es deutet manches darauf hin, daß Titanosauriden schließlich auch bis in den Norden vordrangen.

Die Vögel waren sowohl im Norden wie im Süden erfolgreich und wurden nach und nach immer bessere Flieger. Voraussetzung zur Ausbildung einer kräftigeren Flugmuskulatur war das große gekielte Brustbein. Bei einigen Spezies bildeten sich die Zähne und der Schwanz zurück. Merkwürdigerweise entwickelten sie ebenso schnell flugunfähige Formen, die dafür aber gute Läufer oder Taucher waren. Während der gesamten Entwicklung haben Vögel immer wieder die

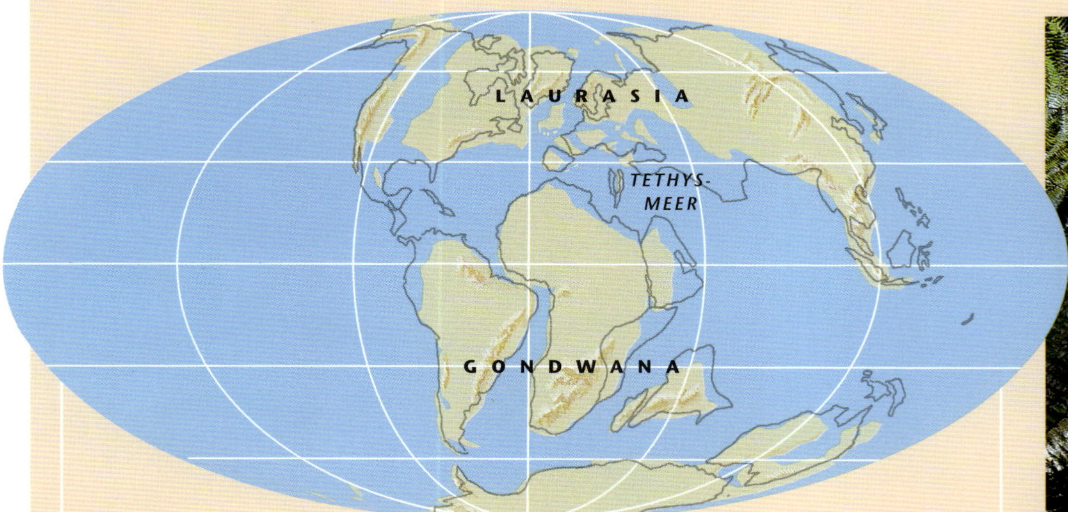

Der Meeresspiegel erreichte während der mittleren Kreidezeit sein höchstes Niveau. Weite Teile Asiens, Afrikas sowie Nord- und Südamerikas wurden überflutet. Gleichzeitig trennte der sich weiter öffnende Atlantik Nord- und Südamerika von Europa und Afrika. Der nördliche Kontinent Laurasia wurde durch das Tethys-Meer vollständig vom Südkontinent Gondwana abgeschnitten. Indien bewegte sich weiter nordwärts auf Asien zu, während der Senkungsgraben zwischen Antarktika und Australien noch nicht geflutet war. Europa bestand aus einer Reihe von Inseln, und Nordamerika wurde von einem langen Meeresarm in zwei Hälften geteilt. Etwa ein Viertel des heutigen Festlandes war überflutet. Auf den nunmehr voneinander isolierten Landmassen entwickelten sich Pflanzen und Tiere zu einer Vielzahl unterschiedlicher Spezies weiter.

Flugfähigkeit abgelegt, wenn diese nicht mehr erforderlich war.

In jener Zeit erlebten die damals noch nicht vereisten Polarregionen eine Periode außerordentlich reichen Lebens. Während die Koniferen in den Äquatorregionen immer weiter zurückgingen, entstanden im Norden zahlreiche neue Arten.

Welche riesigen Wälder einst den Südpol bedeckt haben, läßt sich an den reichen Kohlevorkommen ermessen, die in Regionen wie dem heutigen Neuseeland gefunden werden und voll fossiler Farne und Koniferen sind. Diese Wälder geben der Wissenschaft aber auch Rätsel auf. Wenn auch das Klima mild war, wie konnten derart dichte Wälder zwei bis drei Monate totale Dunkelheit überstehen? Pflanzen benötigen für das Wachstum Energie, die sie durch Photosynthese, die Umwandlung des Sonnenlichts in Nährstoffe, gewinnen. Fehlt es ihnen an Licht, stellen sie das Wachstum ein und sterben. Die Pflanzen in den Polarwäldern müssen sich also den vermutlich extremen Licht- und Schattenverhältnissen auf erstaunliche Weise angepaßt haben. Wenn nach den von vollkommener Finsternis beherrschten Wintermonaten im Frühling die Sonne zum ersten Mal wieder aufging, schien sie zunächst nur wenige Stunden am Tag, um schließlich im Sommer gar nicht mehr unterzugehen. Dennoch stand sie niemals hoch am Himmel, sondern wanderte stets dicht am Horizont entlang. Im Herbst wurden die Tage dann wieder kürzer, bevor die Sonne ein letztes Mal unterging und bis zum nächsten Frühjahr erneut Zwielicht bzw. totale Dunkelheit die Region bestimmte.

Funde in Alaska und Neuseeland haben bewiesen, daß sich an beiden Polen eine vergleichbare Flora herausbildete. Oberflächlich betrachtet, ähnelte sie den heutigen Wäldern Neuseelands und wurde von Koniferen aus der alten Gruppe der Podocarpaceen (Steineiben) und Farnbäumen dominiert. Wörtlich übersetzt bedeutet Podocarpus »Fußfrucht«, Kennzeichen der Familie sind die fleischlichen und dicke »Früchte« ausbildenden Stielchen, die die Form von Füßen haben.

Ein Riese unter den Insekten: Die Weta entwickelte sich etwa zur gleichen Zeit wie die Dinosaurier. In Neuseeland konnte sie überdauern, weil es dort – bis die ersten Menschen die Insel betraten – keine Säugetiere gab. Wetas besetzen dieselbe Nische im Ökosystem wie anderswo Mäuse und Ratten.

Die früheren polaren Wälder waren vermutlich nicht sehr dicht, mußten die Bäume doch über eine ausladende Krone verfügen, um die Strahlen der niedrigstehenden Sonne einzufangen. In den Sonnenmonaten wuchsen die Wälder wahrscheinlich beständig, im Winter warfen sie die Blätter ab oder wählten eine andere Möglichkeit, um »Winterschlaf zu halten«. Unterholzgewächse wie die Bodenfarne starben vermutlich bis auf die Wurzeln ab. Schätzungen zur Durchschnittstemperatur variieren und reichen von milden, dem Londoner Klima von heute vergleichbaren Temperaturen bis zu extremeren Werten von wenig über Null Grad Celsius, wie sie heute z. B. in Anchorage vorherrschen. In jedem Falle müssen die Temperaturen und Lichtverhältnisse in den Wintermonaten so extrem gewesen sein, daß die Pflanzen zum Winterschlaf gezwungen waren.

Die »Blütezeit« der Pole währte jedenfalls nur eine relativ kurze Zeitspanne während der Kreide. Es gibt Beweise dafür, daß sich das Klima am Ende des Mesozoikums leicht abzukühlen begann, mit verhängnisvollen Folgen für das empfindliche Gleichgewicht des Lebens an den Enden der Welt.

In Stein verewigt: Dieser in Curio Bay in Neuseeland gefundene versteinerte Baumstamm ist 100 Millionen Jahre alt. Zu jener Zeit war diese Region Teil der antarktischen Landmasse und mit dichten Wäldern bewachsen.

Die Ursprünge der Baumfarne reichen bis in das Karbon zurück – sie entstanden also etwa 100 Millionen Jahre vor den Dinosauriern.

Obwohl die Polarwälder im Sommer 24 Stunden lang Licht hatten, stand die Sonne niemals sehr hoch am Himmel, so daß die Pflanzen die in einem extrem niedrigen Winkel einfallenden Strahlen optimal ausnutzen mußten.

Erstes Tageslicht

JULI – DAS ENDE DES WINTERS

Das erste Licht des Morgengrauens erhellt eine von Wald bedeckte Landschaft. Flüsse ziehen sich wie silberne Linien durch die dichte Vegetation, und an ihren Ufern beginnt das Eis der Tümpel zu schmelzen. Es wird Frühling am Südpol. In der übrigen Welt sind die Jahreszeiten noch nicht sehr ausgeprägt, es ist zwar manchmal feucht und manchmal trocken, aber der Jahreszeitenwechsel macht sich kaum bemerkbar. Hier am Südpol jedoch erwacht im Frühling das Leben. In den vergangenen beiden Monaten gab es keinerlei wärmende Sonnenstrahlen, und der Wald befand sich in einer Art Winterschlaf. Das Leuchten am Horizont zeigt den Beginn der Jahreszeit des wieder einsetzenden Wachstums an. Das Licht ist für die Pflanzen wie für die hier lebenden Tiere eine Art Startsignal.

Das lange winterliche Schweigen des Waldes wird von gutturalen Lauten durchbrochen. Auf dem Stamm einer riesigen umgestürzten Steineibe sitzen sich zwei kleine braun-grüne Dinosaurier in Drohhaltung gegenüber, während Artgenossen von ihnen in den Farnen, die den Waldboden bedecken, zetern, schimpfen und schrille Warnrufe ausstoßen. *Leaellynasaura* ist ein in Familienverbänden lebender Dinosaurier. Das normalerweise streng geregelte soziale Gefüge gerät während der Paarungszeit ins Wanken. Den ganzen Winter über war die herrschende Hierarchie Garant dafür, daß die Tiere überleben konnten. In Zeiten des knappen Nahrungsangebots erhalten die stärkeren vor den schwachen Tieren Nahrung, ohne darum kämpfen zu müssen. Doch in der Paarungszeit werden diese Regeln außer Kraft gesetzt – vielleicht, um eine neue Rangordnung einzuführen.

Zu diesem Familienverband gehören etwa 20 Tiere, darunter erwachsene Paare, einzelne Männchen und Jungtiere. *Leaellynasaura*-Familien werden von einem einzigen Paar dominiert, und obwohl sich alle erwachsenen Tiere paaren und viele der Weibchen Eier legen, zieht meistens nur das dominante Weibchen erfolgreich Junge groß. Von den ca. 200 Jungen, die die Weibchen des Familienverbandes in einer Saison ausbrüten, lebt etwa ein Viertel nicht einmal lange genug, um das Nest zu verlassen. Weitere 50 Prozent fallen schon in den ersten Monaten ihres Lebens Raubtieren zum Opfer oder sind nicht stark genug, um den nächsten Winter zu überstehen. Wenn 15 Jungtiere eines Jahrgangs überleben, kann man bereits von einem erfolgreichen Jahr sprechen.

Während der kurzen Paarungszeit herrscht ein erbitterter Konkurrenzkampf zwischen den Männchen, bei dem die jüngeren Tiere versuchen, die ranghöhe-

DINOSAURIER DER POLARREGION

DIE BESCHREIBUNG der in diesem Kapitel genannten Tiere basiert auf Funden, die in Australien gemacht wurden. In der Zeit der Dinosaurier lagen die Landmassen, die heute Australien bilden, wesentlich weiter südlich und waren Teil eines riesigen Polarkontinents. Fossilien, die heute in der Nähe Melbournes ausgegraben werden, sind also Spuren von Lebenwesen, die einst die Polarregion bewohnten. Obwohl diese Gegenden bewaldet und nicht mit Schnee und Eis bedeckt waren, herrschten extreme Klimabedingungen. Die dort lebenden Tiere mußten 24 Stunden Sonne im Sommer und andauernde Dunkelheit in den langen kalten Wintern überstehen.

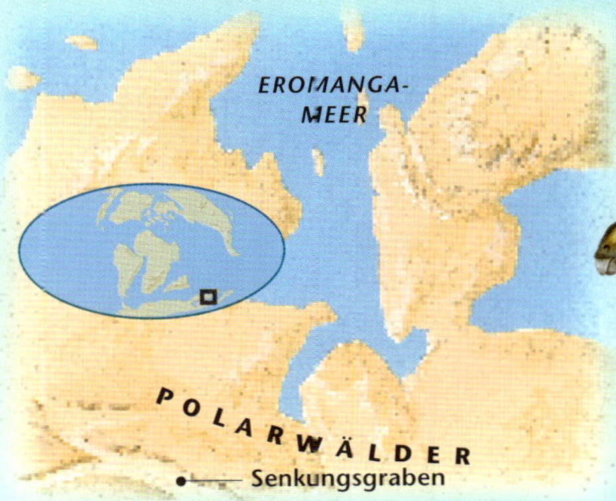

Der heutige Bundesstaat Victoria lag am Rand eines großen Binnensees, der zu jener Zeit Australien in zwei Hälften teilte. Im Nordosten befand sich Hochland, im Süden ein Senkungsgraben.

LEAELLYNASAURA

Kleiner eleganter Zweifüßer, der in Familienverbänden in den Wäldern lebte. Die Tiere verfügten über große Augen und erweiterte für das Sehvermögen zuständige Gehirnlappen, was das Sehen in der Dunkelheit ermöglichte. Die Tiere waren für das Leben in den polaren Wäldern gut ausgerüstet.

NACHWEIS: Ein Schädel wurde in den Otway-Bergen (Dinosaur Cove) südlich von Melbourne gefunden.

GRÖSSE: Erwachsene Tiere erreichten 2 Meter Länge und 50 Zentimeter Hüfthöhe, aufgerichtet erreichten sie eine Höhe von 1,30 Meter. Der Kopf maß etwa 17 Zentimeter. Das Gewicht betrug annähernd 10 Kilogramm.

NAHRUNG: Pflanzen wie Farne, Moose und Bärlappgewächse. Vielleicht war *Leaellynasaura* auch auf nährstoffhaltigere Pflanzenteile wie Früchte oder frische Triebe spezialisiert.

ZEIT: Vor 112–104 Millionen Jahren.

MUTTABURRASAURUS

Großer kräftiger und entfernt mit dem *Iguanodon* verwandter Herbivore, der sich durch eine

vergrößerte Schnauze auszeichnete, die vielleicht dazu diente, charakteristische Laute zu erzeugen. *Muttaburrasaurus* war in der Lage, zwischen gemäßigteren Zonen und der antarktischen Polarregion hin und her zu wandern, um die Sommerweiden abzugrasen.

NACHWEIS: Ein Teilskelett wurde 800 Kilometer nördlich von Melbourne in der Nähe von Muttaburra in Queensland gefunden.

GRÖSSE: *Muttaburrasaurus* erreichte bis zu 9 Meter Länge und 2 Meter Hüfthöhe, aufgerichtet etwa 5 Meter. Das Gewicht betrug 3–4 Tonnen.

NAHRUNG: Aufgrund seiner Größe war er vermutlich in der Lage, fast alle Gewächse abzuweiden – Cycadeen, Farne und Koniferen.

ZEIT: Vor ca. 110 Millionen Jahren.

ZWERG-ALLOSAURIER

Kleiner Abkömmling des furchterregenden jurassischen Carnivoren *Allosaurus*, dennoch das größte Raubtier der Region.

NACHWEIS: Ein Fußknochen wurde in den Otway-Bergen nahe Melbourne in Australien gefunden. Um die Zuordnung zu den Allosauriern bestehen Kontroversen.

GRÖSSE: Etwa 6 Meter lang, 1,5 Meter Hüfthöhe, aufgerichtet erreichte er vermutlich 2,20 Meter Größe. Der Kopf maß ca. 60 Zentimeter, das Gewicht betrug über eine halbe Tonne.

NAHRUNG: Fleisch- und Aasfresser.

ZEIT: Vor 112–104 Millionen Jahren.

KOOLASUCHUS

Koolasuchus war ein Relikt aus vergangenen Zeiten, als die Amphibien noch die Erde beherrschten. Er überlebte lediglich in den Polarwäldern, wo das Wasser für Krokodile zu kalt war, die die äquatornahen Regionen dominierten. Obwohl fähig, an Land zu laufen, bevorzugte er Gewässer. Bemerkenswert ist der mächtige Schädel.

NACHWEIS: Zwei Kieferknochen wurden in den australischen Strzelecki-Bergen südlich von Melbourne gefunden.

GRÖSSE: Annähernd 5 Meter lang, aber nur 30 Zentimeter hoch. Das Gewicht betrug über eine halbe Tonne, der Schädel maß an der breitesten Stelle 50 Zentimeter.

NAHRUNG: Fisch, Flußkrebse, Mollusken. Alle Wasserlebewesen, die *Koolasuchus* mit seinem breiten Maul verschlingen konnte.

ZEIT: Vor 140–112 Millionen Jahren.

ren herauszufordern. Allerdings beschränken sich die Streitigkeiten für gewöhnlich auf lautes Schimpfen und Drohgebärden. Nur selten kommt es vor, daß sich die rivalisierenden Dinosaurier tatsächlich treten oder beißen. Bei Tieren, die sich angesichts von Gefahr auf ihre Schnelligkeit und Beweglichkeit verlassen müssen, würde sich selbst eine kleine Verletzung fatal auswirken.

Das auf dem Baumstamm mit einem Rivalen streitende dominante *Leaellynasaura*-Männchen ist etwa sechs Jahre alt und mißt von der Spitze des langen, starren Schwanzes bis zum gekrümmten Schnabel fast drei Meter. Wie bei seinen Artgenossen ist auch sein Körper vorwiegend graubraun, nur über den Rücken läuft ein leuchtend grünes Muster. Was dieses Männchen allerdings von den anderen Tieren unterscheidet, ist die Größe. Sein Herausforderer ist nur etwa drei Jahre alt und mindestens 50 Zentimeter kleiner – kein ernst zu nehmender Gegner. Schon bald signalisiert das jüngere Männchen seine Unterwerfung, indem es sich mit gesenktem Kopf auf den breiten Stamm der Steineibe preßt. Das größere Männchen könnte den Herausforderer jetzt aus dem Familienverband

jagen und ihn so zwingen, entweder allein im Wald zu überleben oder sich einer anderen Gruppe anzuschließen. Doch statt dessen wendet es sich einfach ab. Der Gegner ist zu schwach, um ernsthaft bestraft zu werden.

Allmählich legt sich die Spannung, und die Tiere beginnen wieder zu fressen, wobei sie beständig nach Raubtieren Ausschau halten. Doch viele der größeren Fleischfresser, die den Winter weiter im Norden verbracht haben, sind noch nicht wieder in die Region zurückgekehrt. Deshalb können die *Leaellynasaura*-Gruppen, die den ganzen Winter im dunklen Wald ausgeharrt haben, nun relativ ungestört das frische Grün abgrasen, das jetzt überall um sie herum zu sprießen beginnt. Dieses Privileg werden sie allerdings nicht lange genießen können. Wenn die Tage länger werden und die Temperaturen steigen, kommen größere Herbivoren aus dem Norden auf der Suche nach Nahrung in den Wald. Und in ihrem Gefolge wandern auch Raubtiere wie die Polar-Allosaurier ein, die größten und wildesten Fleischfresser der gesamten Region. Schon acht Wochen nach der Paarung legen die *Leaellynasaura*-Weibchen Eier, weitere drei Wochen später schlüpfen die Jungen, die sofort mit den ausgewachsenen Tieren des Familienverbandes durch die Wälder streifen können. Die Fortpflanzung erfolgt also sehr schnell, denn nur so sind diese kleinen und potentiell gefährdeten Tiere ihren Feinden immer einen Schritt voraus.

LINKS **Zeit der Herausforderung: In der Paarungszeit kommt es zu Rivalenkämpfen innerhalb der *Leaellynasaura*-Gruppen. Eine gefährliche Zeit für die kleinen Herbivoren, doch so ist gewährleistet, daß sich nur die kräftigsten Tiere fortpflanzen.**

Die Dinosaurier der Gattung *Leaellynasaura* sind vor allem eins – Überlebenskünstler. Sie gehören der Familie der Hypsilophodontiden an, kleinen, bipeden Pflanzenfressern, die es mindestens seit der mittleren Jurazeit gab. Die flinken Tiere mit ihren kräftigen Hinterbeinen und den Greifarmen bevölkern seit Millionen von Jahren die Hochlandregionen des Globus. Die Exemplare des Polarkreises verfügen darüber hinaus über eine einmalige Eigenschaft, die sie von allen ihren Verwandten unterscheidet. Da sie einen großen Teil des Jahres im Dunkel oder Halbdunkel leben, haben sie einen außergewöhnlichen Sehsinn entwickelt. Ihre Augen sind riesig, und die Schädel weisen auf der Rückseite zwei winzige Ausbuchtungen auf, die ein vergrößertes cerebrales Sehzentrum beherbergen.

Im Halbdunkel der Lichtung äsen die Tiere an Farnen, Moosen und Lebermoosen. Mit ihren scharfen Krallen sind sie in der Lage, ganze Bäume zu entlauben und Löcher in den Waldboden zu graben, um die Rhizome der Farne

freizulegen. Sie gehen schnell und präzise beim Fressen vor, während sie mit gesenkten Köpfen im abgestorbenen Farnkraut des Vorjahres nach Eßbarem suchen. Eines der Tiere ist als »Wache« abgestellt, um die anderen vor Gefahren zu warnen. Auf einem nahen Baumstumpf steht es hoch aufgerichtet auf den Hinterbeinen, wobei es durch kaum wahrnehmbare Bewegungen mit dem Schwanz das Gleichgewicht hält. Den Kopf in alle Richtungen drehend, sucht es den Wald ab, um selbst das kleinste Geräusch oder die geringste Bewegung wahrzunehmen. Die ausgewachsenen Tiere des Familienverbandes wechseln sich ab beim Wachehalten, so daß jedes die Möglichkeit bekommt, in Ruhe zu fressen. Im Moment ist alles ruhig, und der Wächter produziert mit seinem Schnabel einen klappernden Laut, der den anderen Tieren, die mit ins Unterholz vergrabenen Köpfen fressen, »keine Gefahr« signalisiert.

In dieser Jahreszeit gilt die Hauptsorge der Dinosaurierherde rivalisierenden Familienverbänden, die in ihr Gebiet eindringen und ihnen die ohnehin nur spärlich vorhandene Nahrung streitig machen könnten. Obwohl sie keine ein-

EINGEFRORENE ZEIT

Bis lange ins 20. Jahrhundert hinein glaubte man, daß Dinosaurier nicht an den Polen gelebt haben konnten. Wenn es auch keine permanenten Eiskappen gab, so lagen Nord- und Südpol doch die Hälfte des Jahres in Dunkelheit, und die Temperaturen müssen auf ein Niveau gesunken sein, auf dem nach allgemeiner Ansicht Dinosaurier nicht leben konnten. Als in den 60er Jahren in Alaska versteinerte Dinosaurierknochen gefunden wurden, mußte man diese These jedoch revidieren. Da sie Ähnlichkeiten mit Knochenfunden aus dem amerikanischen Mittelwesten aufwiesen, ging man zunächst davon aus, daß diese Dinosaurier wie Karibus möglicherweise in Herden nach Norden zogen, um dort während des Sommers zu weiden. Unlängst in Australien gemachte Funde lassen allerdings auch einen anderen Schluß zu – es wäre denkbar, daß sich einige Dinosaurier dem Leben an den Polen angepaßt hatten.

Vor vielen Millionen Jahren, während Australien allmählich von Antarktika wegdriftete, wurde mit dem Absinken des Senkungsgraben zwischen den Kontinenten eine Schwemmebene unter der Erdoberfläche begraben. Im Verlauf der letzten 30 Millionen Jahre wurde dieses Areal in Form der harten Sandsteinschichten der Otway- und Strzelecki-Berge südlich von Melbourne wieder nach oben gedrückt. An der Küste legte das Meer die

Dinosaur Cove ist recht unzugänglich. Die Paläontologen, die die im Süden von Melbourne liegende Bucht erforschten, konnten nur mit Hilfe von Freiwilligen und Bergbauspezialisten bis zu den Fossilien in den Klippen vordringen.

deutig definierten Territorien kennen und es tolerieren, wenn einzelne Tiere zwischen verschiedenen Familienverbänden hin und her wechseln, verhalten sich die Gruppen äußerst aggressiv gegeneinander. So ist gewährleistet, daß die Populationen über den ganzen Wald gleichmäßig verteilt leben. Bietet ein Gebiet ein besonders reichhaltiges Nahrungsangebot, beschränken sich die einzelnen Familien bei der Nahrungssuche auf kleinere Areale. Dadurch werden trotz hoher Populationsdichte Auseinandersetzungen vermieden. Sobald ein Familienverband zu groß wird, teilt er sich. Wird hingegen durch Nahrungsmangel ein Verband stark dezimiert, so daß er sich nicht länger gegen andere Gruppen behaupten kann, löst er sich auf oder geht in einer anderen Familie auf.

Eine Stunde nach der Morgendämmerung wird es bereits wieder dunkel. Der erste Frühlingstag ist zu Ende. So flüchtig er war, hat er doch das Leben in den Tiefen des Polarwaldes unwiderruflich verändert. Pflanzen wie Tiere werden nun aus ihrem Winterschlaf erwachen und sich auf eine Zeit vorbereiten, in der die Sonne 24 Stunden am Tag scheint.

120 Millionen Jahre alten Überreste der Schwemmebene und der mit ihr begrabenen Lebewesen frei. Unter der Leitung von Thomas und Pat Rich begann eine Gruppe von Paläontologen in den 80er Jahren diesen Küstenstreifen zu untersuchen. Keine leichte Aufgabe, denn in der Gegend, die heute als Dinosaur Cove bekannt ist, mußten Bergbaugerätschaften eingesetzt werden, um Stollen in die Felsen zu treiben. Dafür erwartete die Forscher allerdings eine Ansammlung von Dinosaurierskeletten, die einer bis dahin noch unbekannten Gruppe angehörten und sich offenbar an die in den Polarwäldern herrschenden einmaligen Verhältnisse von Licht und Dunkelheit angepaßt hatten.

Vorherrschend unter diesen Tieren waren die Hypsilophodontiden – eine Gruppe kleiner bipeder Herbivoren, deren Vorkommen man bis dahin nur in Hochlandregionen anderer Erdteile dokumentiert hatte. Man entdeckte zwar verschiedene Arten, *Leaellynasaura* (nach der Tochter der Richs benannt) wurde jedoch besonderes Interesse zuteil: Ein gut erhaltener Schädel wies nicht nur große Augenhöhlen auf, sondern auch Ausbuchtungen am Hinterkopf, die möglicherweise vergrößerte, für das Sehvermögen zuständige Gehirnlappen enthalten hatten. Thomas Rich schlug vor, dies als eine spezifische Anpassung zu interpretieren, die den Tieren das Sehen und damit das Überleben in den dunklen Wintermonaten ermöglichte.

Keine unumstrittene These, bedeutet sie doch, daß *Leaellynasaura* Temperaturen unter null Grad vertragen konnte und einen Weg gefunden hatte, Körperwärme zu erzeugen (s. S. 104). Wenn aber eine Gruppe von Dinosauriern in der Lage war, sich polaren Bedingungen anzupassen, warum hat sie dann nicht überlebt?

Selbst wenn Dinosaurier dort länger als in jeder anderen Region der Erde gelebt haben sollten, so gibt es in Australien leider zuwenig fossile Funde, um dies stichhaltig zu beweisen.

Ein Juwel im Stein: Die versteinerte Schädeldecke eines *Leaellynasaura*. Das Erstaunlichste daran sind die großen Augenhöhlen und die Ausbuchtung am Hinterkopf, die auf einen vergrößerten, für das Sehvermögen zuständigen Gehirnlappen hinweisen könnten. Rich ist der Ansicht, daß die Pflanzenfresser auch bei Dunkelheit ausgezeichnet sehen konnten und so die langen polaren Winter überlebten.

Der Wald erwacht

AUGUST – FRÜHLING

Die Tage werden rasch länger, der allmorgendliche Frost bleibt aus. Die Sonnenwärme sorgt für die Entstehung dichter Nebelschwaden, die kurz unterhalb der Kronen der höchsten Bäume hängen. Unter den Baumfarnen breitet sich ein dichter Teppich aus niedrigen Farnen aus, an denen sich der *Leaellynasaura*-Familienverband gütlich tut. Die Tiere grasen am Rand einer Bodensenke, die sich mit Wasser gefüllt hat, so daß ein dunkler, stiller Teich entstanden ist. Plötzlich schlägt das »keine Gefahr« signalisierende Klicken des »Wächters« in einen schrillen Warnruf um. Kurz oberhalb des Sees befindet sich eine dunkle Höhle, in der das Tier Bewegungen wahrgenommen hat.

Ein aus dem Winterschlaf erwachtes riesiges *Koolasuchus*-Weibchen erhebt sich im hinteren Teil der Höhle von seinem Lager aus trockenem Laub und schiebt den massigen Kopf aus dem Höhleneingang, um Witterung aufzunehmen. Die gesamte *Leaellynasaura*-Familie konzentriert sich nun auf das große Amphib. Seine schwarzen lidlosen, auf der flachen Oberseite des Kopfes sitzenden Augen ermöglichen eine perfekte Rundumsicht. Das Tier öffnet sein Maul und zeigt zwei Reihen furchterregender Zähne, mit denen es die Fische, von denen es sich in der Hauptsache ernährt, reißt und zerteilt.

Das *Koolasuchus*-Weibchen zieht sich aus der Höhle und kriecht auf das Ufer zu. Der fischähnliche Körper ist vergleichsweise klein und steht in merkwürdigem Kontrast zu dem beeindruckenden Gebiß und dem schweren, spatenförmigen Schädel. Außerhalb des Wassers wirkt *Koolasuchus* extrem unbeholfen, besonders im Vergleich zu den geschickten, flinken Dinosauriern. Die meisten der großen Amphibien, die vor langer Zeit die Erde bevölkerten, sind längst ausgestorben, in fast allen Teilen der Welt haben Krokodile ihren Platz eingenommen. Allein am Südpol mit seinen antarktischen Wintern, wo Reptilien nicht überleben können, hat sich *Koolasuchus* noch zu behaupten vermocht.

Die feuchte Höhle ist zwar ein idealer Ort für den Winterschlaf des Amphibs, da der Eingang hoch genug liegt, um eine Überschwemmung durch den nahen Fluß zu verhindern. Doch der direkt davor liegende kleine Teich bietet nicht annähernd genug Nahrung für ein Tier von der Größe des *Koolasuchus*-Weibchens. Es wird den Sommer in den fischreichen Wassern des Flusses verbringen und ganze Fischschwärme verschlingen ebenso wie Schildkröten, Muscheln und Krebse. Doch der Fluß ist gut 100 Meter entfernt, und das *Koolasuchus*-Weibchen hat noch einen gefährlichen Weg vor sich.

An Land sind seine Bewegungen außerordentlich unbeholfen. Mühsam robbt es durch das Laub, der Bauch schleift über den Boden, und der breite

EIN GIGANTISCHES RELIKT

UM SICH EIN BILD von *Koolasuchus* zu machen, einer der mächtigsten Amphibien, die jemals in den Gewässern der Erde gejagt hat, stelle man sich einen Salamander von einer halben Tonne Gewicht mit bis zu zehn Zentimeter langen Zähnen vor. *Koolasuchus* besaß einen großen flachen, spatenförmigen Kopf mit mächtigen Kiefern. Die Augen auf der Kopfoberseite verliehen ihm eine exzellente Rundumsicht. Der Fund eines fossilen *Koolasuchus*-Schädels zeigt, daß die Oberfläche der Schädeldecke von Rinnen durchzogen ist, die mit Nervengewebe gefüllt waren und das Tier in die Lage versetzten, Erschütterungen im Wasser wahrzunehmen und so die Annäherung anderer Lebewesen zu spüren, so zum Beispiel Beuteltiere, die das bewegungslos am Grund verharrende Amphib überraschte.

Der Beweis, daß *Koolasuchus* in den Polarwäldern gejagt hat, rührt von zwei 80 Zentimeter langen Kieferknochen her, die in der australischen Provinz Victoria ausgegraben worden sind. Bemerkenswert an diesem Fund ist vor allem seine Datierung. Denn *Koolasuchus* gehörte zur Gruppe der Labyrinthodontia, eine Amphibiengruppe, die bereits im Niedergang begriffen war, als die ersten Dinosaurier ihren Fuß auf die Erde setzten. Man hatte immer angenommen, daß diese Amphibien gegen Ende des Juras, also etwa 50 Millionen Jahre früher als dieser Fund datiert wird, ausgestorben beziehungsweise in den entsprechenden Ökosystemen von Krokodilen verdrängt worden waren. Dagegen scheint nun festzustehen, daß sie im äußersten Süden noch geraume Zeit überlebt hatten. Der Paläontologe Thomas Rich hält diesen Fund für den Beweis, daß am Südpol eine »anachronistische« Fauna existierte. Mit anderen Worten, weil die Polarwälder eine extreme Umwelt darstellten, der sich viele Lebewesen nicht anpassen konnten, genossen diejenigen, denen diese Anpassung gelungen war, Schutz vor jenen Tieren, die sie aus anderen Lebensräumen mit milderen klimatischen Bedingungen verdrängt hatten.

Auch vom carnivoren *Allosaurus* hatte man geglaubt, daß er lange vor der Zeit, auf die die in Australien gemachten Funde zu datieren sind, ausgestorben sei. Doch zu den dortigen Entdeckungen gehört auch ein kleiner Fußknöchel, den einige Forscher einer *Allosaurus*-Zwergart zuordnen, die ihre Vettern überlebte, indem sie sich den Bedingungen des kalten Südens anpaßte.

Letzte Zuflucht: Während auf der ganzen Welt bereits Krokodile die Gewässer dominierten, waren die mächtigsten Raubtiere in den Flüssen der Polarregionen noch immer Amphibien wie dieser *Koolasuchus*.

Das feine Netz von Rinnen, die über den Kopf und um die Augen von *Koolasuchus* verliefen, beherbergte Nerven, mit denen das Tier Vibrationen im Wasser ausmachte. So war es in der Lage, selbst in trübem, schlammigem Wasser Beute aufzuspüren.

Kopf macht es ihm beinahe unmöglich, sich durch das Gewirr der abgestorbenen Farne zu schieben. Ein großes Raubtier könnte leicht kurzen Prozeß mit dem *Koolasuchus*-Weibchen machen, doch zu seinem Glück sind die einzigen Tiere, die sich in diesem Augenblick im Unterholz aufhalten, die Dinosaurier, und auch sie beginnen schon das Interesse zu verlieren. Der »Wächter« beobachtet das riesige Amphib zwar nach wie vor, stößt aber inzwischen wieder den »keine Gefahr« signalisierenden Klicklaut aus. Den Körper eines verwundet oder tot am Boden liegenden *Leaellynasaura* würde das *Koolasuchus*-Weibchen auf seinem Weg zwar unter sich zerquetschen, doch um ein gesundes Tier an Land zu jagen, ist *Koolasuchus* weder schnell noch beweglich genug. Selbst wenn es auf eine ganze Gruppe grasender Dinosaurier stoßen würde, hätte das Amphib kaum Chancen, Beute zu machen.

Nach einer anstrengenden Reise erreicht das *Koolasuchus*-Weibchen endlich das Ufer des breiten, grünen Flusses. Es kriecht über den Kiesstrand, wobei es ein paar Schachtelhalme unter sich begräbt, und gleitet schließlich in den träge dahinfließenden Strom, in dem es nur so wimmelt von Wasserflöhen, Muschelkrebsen und den Algen, die für seine grüne Farbe verantwortlich sind. Das Wasser ist trübe, und das Weibchen kann nicht weit sehen. Aber nun, da es sich wieder in seinem Element befindet, braucht es seine Augen auch nicht. Ein Netzwerk aus blassen Linien, die über den Kopf verlaufen, stellt ein ausgeklügeltes sensorisches System dar, mit dem das Tier Vibrationen im Wasser wahrnimmt. Während es reglos auf dem Grund des Flusses sitzt, zeichnet sein kleines Gehirn eine »Bewegungskarte« der Umgebung auf. Sobald irgend etwas, das sich als Nahrung eignen könnte, die Muster dieser Karte stört, wird sich das Weibchen aus seinem dunklen Versteck heraus darauf stürzen.

Brutzeit

OKTOBER – SPÄTES FRÜHJAHR

Bis zum März wird die Sonne nun nicht mehr untergehen. Statt dessen berührt sie nur alle 24 Stunden einmal kurz den Horizont, als wolle sie an die Existenz der Nacht gemahnen. Alle Gewächse des Waldes haben sich so entwickelt, daß sie den größtmöglichen Nutzen aus dem in einem sehr spitzen Winkel einfallenden Licht ziehen. Die höchsten Bäume, riesige Steineiben und Araukarien, haben weit ausladende, aber nicht sehr dichte Kronen, so daß ausreichend Licht auf die zwischen ihnen stehenden, niedrigeren Baumfarne und Cycadeen fällt. Der äußerst fruchtbare Waldboden schließlich ist mit Pflanzen bedeckt, die nur wenig Licht benötigen. Nachdem all diese Pflanzen sechs Monate lang Winterruhe gehalten haben, wachsen sie nun um so schneller, leuchtend grüne junge Wedel sprießen aus den Kronen der Baumfarne.

Primitive Vögel wie *Nanantius*, deren leuchtend blaue Rücken im Sonnenlicht glänzen, fliegen zwischen den Bäumen von Ast zu Ast. *Nanantius* kann nicht singen, doch die kleinen Vögel zwitschern aufgeregt, während sie in der warmen Frühlingsluft balzen und sich zur Schau stellen. In diese Geräuschkulisse mischt sich das Summen von frisch geschlüpften Insekten – der pulsierende Lärm des Lebens hat die Stille des Winters verdrängt. Irgendwo in der Ferne ist das Bellen eines großen Raubtieres zu hören. Für den *Leaellynasaura*-Familienverband kein sonderlich willkommenes Geräusch.

Die Weibchen der Familiengruppe werden bald ihre Eier legen. Wie schon während der Paarung, stehen die Tiere auch jetzt unter Zeitdruck. Die Jungen müssen vor Einbruch des nächsten Winters eine bestimmte Größe erreichen, um die Kälte überleben zu können. Wie die meisten Dinosaurierarten baut auch *Leaellynasaura* seine Nester am Boden. Das hat zu Folge, daß die Tiere in der Zeit des Brütens besonders gefährdet sind. Der Familienverband hat als Brutplatz eine leichte Bodenerhöhung unter einem Baumfarn ausgewählt. Vom Baumstumpf einer vor langer Zeit umgestürzten Araukarie aus läßt sich hervorragend nach Feinden Ausschau halten. Ein junges Männchen hat bereits Posten bezogen, um den Wald zu beobachten. Mit den charakteristischen Klicklauten signalisiert es »keine Gefahr«. Zwar haben schon die Vorfahren der *Leaellynasaura*-Familie diesen Ort als Brutplatz genutzt, aber trotzdem scheint die Suche nach einem geeigneten Fleckchen Erde für den Bau der Nester jedes Jahr von neuem zu beginnen.

»Die Jungen müssen vor Einbruch des nächsten Winters eine bestimmte Größe erreichen, um die Kälte überleben zu können.«

Emsig häufen die *Leaellynasaura*-Weibchen Blätter auf und formen daraus perfekte Brutkästen – die Wärme des verrottenden Laubes wird dafür sorgen, daß die Eier selbst bei starken Temperaturschwankungen immer gleichmäßig temperiert bleiben. Das dominante Weibchen baut sein Nest auf dem höchsten Punkt des kleinen Erdhügels, während die anderen Nester darum herum gruppiert werden. Die meisten der im äußersten Zirkel angelegten Nester gehören jungen Weibchen. In dieser exponierten Position sind sie relativ ungeschützt, das heißt, sie sind nicht nur den Übergriffen von Raubtieren ausgesetzt, sondern auch größeren Temperaturschwankungen als das Nest des dominanten Weibchens. Kaum eines der Jungen in diesen Nestern wird überleben. Das verschafft den Jungen des dominanten Paares eine höhere Überlebenschance. Sie sind nicht nur mit den besten Genen ausgestattet, sondern auch mit fast allen Mitgliedern des Familienverbandes eng verwandt. Sobald sie geschlüpft sind, werden sich daher alle Tiere der Familie um sie kümmern. Die meisten Jungen dieses Wurfes werden überleben.

Sind die Eier gelegt, müssen die Nester ständig beaufsichtigt und gepflegt werden. Dazu gehört die Überwachung der Temperatur und die regelmäßige Erneuerung der Blätter. Die Eltern wechseln sich bei der Nestpflege ab, so daß jeweils ein Tier auf Nahrungssuche gehen kann. Eine Gefährdung stellt die Brutzeit aber dennoch dar, da die Tiere an den Nistplatz gebunden sind. *Leaellynasaura* ist zwar in der Lage, selbst auf der Flucht durch das dichte Unterholz unglaubliche Geschwindigkeiten zu erzielen. In der Regel fliehen die Tiere rennend und springend, sobald sie den Warnschrei ihres »Wächters« hören. Ihren Nistplatz lassen sie allerdings nur unter extremen Bedingungen im Stich, also versuchen sie, sich während des Brütens möglichst unauffällig zu verhalten, um nicht von Raubtieren entdeckt zu werden.

Eine kleine *Leaellynasaura*-Gruppe hat sich vom Brutplatz entfernt und bis an den Waldrand vorgewagt, um in der Nähe des Flusses zu grasen. Dort, wo ein kleiner Nebenfluß in den grünen Strom mündet, sind die Steine mit einer dichten Moosschicht bedeckt, dazwischen sprießen junge Farne und Lebermoose hervor. Es ist ungewöhnlich, daß die normalerweise extrem scheuen Dinosau-

Ein dominantes *Leaellynasaura*-Weibchen prüft mit der Schnauze, ob sein Nesthügel die richtige Temperatur für die Eier hat.

rier an einer derart ungeschützten Stelle weiden, doch angelockt durch das reichhaltige Nahrungsangebot, sind sie unvorsichtig geworden.

Etwa 100 Meter flußabwärts lauert, verborgen hinter einigen niedrigen Steineiben, ein ausgewachsener Polar-Allosaurier, der die *Leaellynasaura*-Gruppe bereits entdeckt hat. Es war sein Bellen, das eine Weile zuvor durch den Wald hallte. Er gehört nicht zu den Tieren, die hier überwintern, doch die steigenden Temperaturen haben ihn für die Dauer der Sommermonate in den Süden gelockt. Wie *Koolasuchus* ist auch er der letzte Vertreter einer nahezu ausgestorbenen Gruppe, die nur in dieser polaren Nische überlebt hat. Die Allosauriden waren die beherrschenden Raubtiere des Juras, doch nun, in der Kreidezeit, sind sie von in Rudeln jagenden, häufig wesentlich kleineren Räubern verdrängt worden. Dieses Männchen ist nur etwa fünf Meter lang, ein Zwerg verglichen mit seinen Vorfahren, doch noch immer groß genug, um *Leaellynasaura* ohne große Mühe zu töten.

Langsam arbeitet er sich durch das dichte Gebüsch flußaufwärts, während seine runden gelben Augen immer wieder den Abstand zur Beute prüfen. Der Kopf ist massig, über dem furchterregenden Maul treten zwei Ausbuchtungen aus Horn hervor, die den Eindruck vermitteln, als habe er die Stirn zornig gerunzelt. Der »Wächter« hat ihn noch nicht bemerkt – das Rauschen des Flusses übertönt jedes andere Geräusch, und im dichten Gebüsch bietet der grün-gelb gefleckte Rücken des Allosauriers eine perfekte Tarnung. So kommt es, daß die *Leaellynasaura*-Gruppe unbekümmert weiter frißt. Nur ab und zu hebt ein Tier den Kopf, um sich umzuschauen und Witterung aufzunehmen.

Der Allosaurier schleicht sich vorsichtig an. Beim Erreichen der letzten ihm Deckung gebenden Pflanzen am Flußufer – er hat sich bis auf fast 20 Meter den weidenden Tieren genähert – hält der Allosaurier inne. Das Raubtier ist fast dreimal so groß wie seine Beute, und auf ebenem Grund hätte er keine Schwierigkeiten, sein Opfer zu verfolgen und zur Strecke zu bringen. Doch hier am Flußufer ist der Boden weder eben noch flach, und *Leaellynasaura* ist außerordentlich beweglich und schnell. Unter diesen Bedingungen besteht die einzige Chance des Allosauriers darin, sein Opfer zu überraschen. Doch auch dies gelingt ihm nicht. Ob der »Wächter« nun eine Schwanzbewegung des Räubers wahrgenommen, den charakteristischen Geruch des Fleischfressers gewittert oder einfach nur das Rumoren seines Magens gehört hat, jedenfalls stößt er im nächsten Moment einen schrillen Warnschrei aus. Sofort stieben die Mitglieder der *Leaellynasaura*-Gruppe in alle Richtungen auseinander. Mit aufgerissenem Maul und ausgefahrenen Klauen springt der Allosaurier aus seinem Versteck.

Eines der Tiere läuft unglücklicherweise direkt auf das Raubtier zu. Der Allosaurier will sich gerade auf das Tier stürzen, da springt der kleine Pflanzenfresser in die Höhe. Dabei bringt er seinen starren Schwanz in Seitenlage, wodurch es ihm gelingt, in der Luft einen Haken zu schlagen. Die weit geöffneten Kiefer des Allosauriers schnappen ins Leere. Als er sich umwendet, um sein Opfer zu verfolgen, verliert er auf den mit Moos bewachsenen Steinen den Halt. Mit den Armen rudernd, kann er das Gleichgewicht zurückgewinnen. Nur ein leichtes, ärgerliches Zucken des Schwanzes verrät seine Enttäuschung. Mit ausdruckslosem Gesicht sucht er das Ufer ab, doch die *Leaellynasaura*-Gruppe ist wie vom Erdboden verschluckt.

Schon im nächsten Moment wird seine Aufmerksamkeit durch tiefe, donnernde Rufe von weiter flußabwärts erregt. Der Räuber hebt den Kopf und nimmt die vertraute Witterung von *Muttaburrasaurus* auf, einem Dinosaurier, der zu seinen bevorzugten Beutetieren zählt. Im gleichen Augenblick sieht er eine drei Tonnen schwere Kuh an einer Flußbiegung. Ihr folgt ein weiteres Tier,

Leiser Jäger: Ein Polar-Allosaurier-Männchen lauert unter einem Baumfarn auf Beute. Da die Augen seitlich am Kopf sitzen, hat er eine ausgezeichnete Rundumsicht und kann vollkommen reglos die Gegend nach potentiellen Opfern absuchen.

dann noch eins – eine kleine *Muttaburrasaurus*-Herde, bestehend aus insgesamt etwa 30 Tieren, watet durch das seichte Wasser. Die Tiere haben 800 Kilometer zurücklegen müssen, um von ihrem Winterquartier an den Ufern des Eromanga-Meeres hierher zu gelangen. Auf ihrem Weg entlang der Küste haben sie sich zu riesigen Herden von mehreren Tausend Tieren zusammengeschlossen. Doch nun, am südlichsten Punkt ihrer Reise, haben sich die großen Herden aufgelöst, und die Tiere wandern auf der Suche nach sommerlichen Weidegründen in kleineren Gruppen durch die Flußtäler.

Der Polar-Allosaurier hat sie fast den ganzen Weg über verfolgt. Er ist zwar nicht groß genug, um es mit einem ausgewachsenen *Muttaburrasaurus* aufzunehmen, und in der Herde sind auch die Jungtiere vor ihm sicher. Doch die Anstrengungen der Wanderung schwächen die kleineren Tiere, und es sind vor allem schwache und kranke Tiere, die einem Allosaurier zum Opfer fallen. Deshalb besteht auch diese Herde vor allem aus älteren, großen Tieren, von denen einige die Wanderung in den Süden schon seit Jahrzehnten mitmachen.

Heimkehrer: Nach einer mehr als 800 Kilometer weiten Wanderung erreicht eine *Muttaburrasaurus*-Gruppe den Polarwald, der den Tieren während des Sommers Nahrung bieten wird.

Muttaburrasaurus ist entfernt mit *Iguanodon* verwandt. Er hat kräftige Hinterbeine und kürzere Vorderbeine, geht trotzdem meist auf allen vieren. Ein großes Männchen kann von der Nase bis zum Schwanz gemessen eine Gesamtlänge von bis zu acht Metern erreichen. Eine aus Tieren dieser Größe bestehende Herde wirkt wie eine undurchdringliche Wand aus Muskeln. Die Tiere haben einen blaßgrünen Körper, der Rücken ist schwarz gefleckt, die Unterseite des Bauches weiß. Das auffälligste Merkmal von *Muttaburrasaurus* aber ist die große »römische« Nase, die zu beiden Seiten von einem leuchtend orangefarbenen Streifen flankiert wird. Die Haut neben der Nase bildet eine Tasche, die *Muttaburrasaurus* beim Rufen aufbläst, um dann die Luft wieder durch das Maul auszustoßen.

GEWALTIGE LAUTE

Um *Muttaburrasaurus* gibt es viele Kontroversen. Das Wissen um ihn gründet sich lediglich auf ein einziges Teilskelett. Während einige Forscher davon ausgehen, daß er mit dem *Iguanodon* verwandt ist, wird dies von anderen Paläontologen bestritten.

Zumindest eine Tatsache aber läßt sich aus dem Fossilfund schließen, der 1981 in der Nähe des australischen Muttaburra gemacht wurde: Das Tier hatte eine sehr große Nase. Komplexe vergrößerte Nasenhöhlen sind ein Charakteristikum der Entenschnabel-Dinosaurier oder Hadrosaurier, die ihre Blütezeit in der Kreide hatten und ebenfalls mit den *Iguanodontidae* verwandt sind. Seit Beginn des 20. Jahrhunderts hat die Paläontologie das Rätsel dieses erstaunlichen Kopfschmucks zu lösen versucht. Bei einigen Arten ist der Nasenknochen zu einem hohen Kamm ausgebildet, bei anderen zu einem flachen helmartigen Schädelfortsatz, und in einem Fall – beim *Parasaurolophus* – ragt der mit hohlen Gängen versehene Schädelaufsatz wie ein Schnorchel nach hinten. Ursprünglich ging man davon aus, dieses Rohr habe den Entenschnabel-Dinosauriern unter Wasser das Atmen ermöglicht, während sie Wasserpflanzen abweideten. Dann aber stellte man fest, daß es sich dabei um ein »geschlossenes Rohr« handelt, das wie ein umgedrehtes U gebogen ist und keine Öffnung nach außen aufweist. Ebenso unwahrscheinlich ist die Annahme, daß die Röhrengänge in irgendeiner Beziehung zum Geruchssinn standen. Denkbar ist, daß diese Schädelaufsätze eine bunte Färbung aufwiesen und die Unterschiede in Form und Größe Differenzierungsmerkmale für Artzugehörigkeit und Geschlecht waren.

Unlängst hat der Paläontologe David Weishampel nach umfangreichen Untersuchungen des nasalen Schädelfortsatzes von *Parasaurolophus* eine neue Hypothese vorgetragen. Er erforschte die Luftkanäle innerhalb des Fortsatzes und gelangte zu dem Schluß, daß sie wie geschaffen waren, um Töne zu erzeugen. Ein kräftiges Schnauben hätte beispielsweise einen tiefen klangvollen Hupton erzeugt. Tiere unterschiedlicher Größe – Junge, ausgewachsene Männchen oder Weibchen – hätten unterschiedliche Töne erzeugt. Weishampel untermauerte seine These durch einen Nachbau des Fortsatzes: Durch Hineinblasen konnte er einen an den Klang des Didjeridu der Aborigines erinnernden Ton erzeugen. Mittels eines Computers errechnete er daraufhin die Resonanzfähigkeit der Kanäle sowie den Luftstrom, den die Lungen eines *Parasaurolophus* hätten produzieren können. Der Computer erzeugte eine Reihe von merkwürdigen Lauten, deren Bandbreite von langen tiefen Huptönen bis zu gellenden Alarmschreien reichte.

Eine derart detaillierte Untersuchung ist für andere Hadrosaurier bisher nicht erfolgt, aber die Schlußfolgerung liegt durchaus nahe, daß sie allesamt in der Lage waren, charakteristische Laute auszustoßen, mittels derer sie sich untereinander verständigten.

Fossilienfunde deuten darauf hin, daß *Muttaburrasaurus* eine recht ausgeprägte »römische« Nase hatten. Möglicherweise konnten sie damit eine Reihe von differenzierten Lauten produzieren.

Die Nasenhöhlen verleihen dem Ton die notwendige Resonanz, wodurch das charakteristische tiefe Röhren entsteht, das kilometerweit zu hören ist und mit dem die Mitglieder einer Herde untereinander Verbindung halten. Preßt er bei geschlossenem Maul die Luft durch die Nasenlöcher, ist *Muttaburrasaurus* außerdem in der Lage, einen hohen, durchdringenden Warnschrei zu erzeugen.

Die Rufe werden von einer zweiten Herde auf der anderen Seite des Flusses beantwortet, die flußaufwärts, nicht weit von dem Brutplatz des *Leaellynasaura*-Familienverbandes entfernt, eine große, mit Farnen bestandene Schwemmebene entdeckt hat. Hier haben sich die riesigen Pflanzenfresser niedergelassen, um ihre Nester zu bauen. Einige der Weibchen haben bereits damit begonnen, für die spätere Eiablage Löcher zu graben, die in einem bestimmten Abstand voneinander angelegt sind, so daß die Tiere sich beim Bau und der Pflege der Nester nicht gegenseitig behindern. Jedes Loch ist annähernd einen Meter tief und von einem etwa 50 Zentimeter hohen Erdwall umgeben. Nachdem die Weibchen die Erde ausgehoben haben, kleiden sie das Nest mit Blättern aus, legen ihre Eier hinein und dekken diese mit Laub ab. Anders als bei den »Komposthaufen« von *Leaellynasaura* dient das Laub hier vor allem dazu, die Eier kühl zu halten und vor den Sonnenstrahlen zu schützen.

Die Aktivitäten der Herde haben die Aufmerksamkeit des Allosauriers erregt. Reglos steht er am Waldrand und hält Ausschau nach schwachen Tieren. Doch seine Chancen stehen schlecht, die alten und kranken Tiere haben die lange Reise in den Süden gar nicht erst bis hierher überstanden. Noch dazu hat die *Muttaburrasaurus*-Herde auf ihrem Weg flußaufwärts reichlich Nahrung gefunden und sich gestärkt. Aber schon bald werden die Jungen schlüpfen, ihre Mütter werden von der Nahrungssuche und der Versorgung ihres Nachwuchses geschwächt sein – und irgendwann wird der Allosaurier schließlich Beute machen.

Bis es soweit ist, erkundet er das Verhalten der Herde und nähert sich einem einzelnen Weibchen. Doch als er die Deckung verläßt, beginnen die Tiere der Herde Warnschreie auszustoßen. Einige größere Herdenmitglieder unternehmen Scheinangriffe, um ihn zum Rückzug zu bewegen. Erst als der Räuber nicht mehr zu sehen ist, beruhigt sich die Herde allmählich wieder.

Mit der Ankunft der *Muttaburrasaurus*-Herde ist die Verwandlung des Waldes abgeschlossen. Wo noch vor wenigen Monaten Dunkelheit und Stille herrschten, profitieren jetzt unzählige Lebensformen von den Strahlen der nicht untergehenden Sonne.

»Das charakteristische, tiefe Röhren, mit dem die Mitglieder einer Herde untereinander Verbindung halten, ist kilometerweit zu hören.«

Die neue Generation

NOVEMBER – FRÜHSOMMER

Hoch über den Wipfeln der Steineiben zieht eine Reihe von Pterosauriern nach Süden. Die feuchte Warmluft, die vom Wald aufsteigt, sorgt für einen mühelosen Flug. Als sie eine Hügelkette erreichen, steigen sie in steilen Kurven noch höher in die Lüfte und lassen sich dann im Gleitflug kilometerweit über die dunkelgrüne Landschaft tragen. Unter ihnen, im Unterholz der Baumfarne, haben die *Leaellynasaura*-Weibchen inzwischen ihre Eier gelegt. Im Schutz eines aufmerksamen »Wächters« kümmern sich die Eltern um ihre Nester. Die kleinen Dinosaurier müssen hart arbeiten, um die Temperatur im Innern des Nestes bei konstant 31–32°C zu halten, weil die Lufttemperatur an einigen Tagen weit über diesem Wert liegt. Im Schatten der Baumfarne testen die Tiere immer wieder mit ihren Schnäbeln die Temperatur in den Nestern. Sobald es im Innern zu heiß wird, entfernen sie einen Teil des Laubes,

NACHWUCHS

OBWOHL DIE ERSTEN Dinosauriereier bereits im Jahre 1859 in Frankreich entdeckt wurden und zwischen 1922 und 1925 in der Mongolei sogar komplette Gelege ausgegraben werden konnten, widmet sich die Paläontologie erst seit relativ kurzer Zeit ihrer Erforschung. Die genaue Untersuchung winziger Eifragmente und hervorragend erhaltener Nester hat mittlerweile zu einer Fülle wissenschaftlicher Ergebnisse geführt.

Als nahezu sicher gilt, daß alle nicht flugfähigen Dinosaurier Bodennester für ihre Gelege anlegten. Die Form dieser Nester reicht von einfachen geraden Furchen bis zu sorgfältig ausgehobenen kreisförmigen Mulden mit erhabenen Rändern an den Außenseiten. Die Eier variieren in Größe und Form, sind aber selten größer als ein Fußball. Die harte äußere Schale war porös, um einen Gasaustausch zu gewährleisten. Die Oberfläche wies häufig feine Höcker und Knubbel auf, um zu verhindern, daß die Eier zu dicht nebeneinander gelegt wurden. Dies stellte die Versorgung eines jeden Eis mit Sauerstoff sicher und scheint darauf hinzudeuten, daß die Gelege mit Pflanzenmaterial oder Sand bedeckt wurden.

1922 entdeckte der Paläontologe Roy Chapman Andrews auf einer Expedition durch die Mongolei versteinerte Dinosauriergelege, in denen die Eier akkurat im Kreis angeordnet waren. Über Jahrzehnte betrachtete man diese Gelege lediglich als interessante Kuriositäten, bevor die Wissenschaftler erkannten, welch aufschlußreiche Informationen sie über das Verhalten der Dinosaurier geben.

Einige fossile Gelege beweisen, daß Dinosaurierweibchen bestimmter Arten offenbar große Sorgfalt auf die Anordnung der Eier legten. In einem in Montana gefundenen, kreisförmig angelegten Nest mit 24 länglichen *Troodon*-Eiern weisen die Eispitzen zum Zentrum. Eine andere Fundstelle in Montana läßt den Schluß zu, daß andere Dinosaurierarten ihre Eier an gemeinsamen Brutplätzen ablegten, wobei der Abstand zwischen den Nestern etwa eine Körperlänge betrug.

Die Gelegegrößen variieren zwar beträchtlich, aber Dinosaurier tendierten grundsätzlich dazu, möglichst viele Eier zu legen. Sie verwendeten dafür aber kaum Sorgfalt auf die Aufzucht ihres Nachwuchses (im Gegensatz zu den Säugetieren, die weniger Nachkommen zeugen, diese dafür aber über einen verhältnismäßig langen Zeitraum aufziehen). Diese Erkenntnis spielt eine entscheidende Rolle bei der Beurteilung der Überlebenschancen von Dinosaurierjungen.

droht die Temperatur unter die kritische Marke zu sinken, schichten sie neue Blätter auf die Eier.

Temperaturschwankungen sind jedoch nicht die einzige Bedrohung für die Eier. Durch das Laub des Polarwaldes streifen verschiedene Säugetierarten. Nur wenige sind zwar länger als drei oder vier Zentimeter, doch einige von ihnen sind immerhin groß genug, um ein Dinosaurierei zu verspeisen. Über Millionen von Jahren hinweg hatten die Säugetiere im unerbittlichen Lebensdrama zumeist die Opferrolle inne. Trotzdem waren sie nie vom Aussterben bedroht – im Gegenteil, seit einiger Zeit wächst ihre Zahl ständig. Dies gilt vor allem für die Polarregion, wo sie sich aufgrund ihrer Warmblütigkeit und der Fähigkeit, einen Winterschlaf halten zu können, den klimatischen Bedingungen wesentlich besser angepaßt haben als die Reptilien. Ihr wachsender Erfolg birgt auch Gefahren für *Leaellynasaura*. Nicht nur, daß einige

Fossilfunde von Eiern einer bestimmten Dinosaurierart zuzuordnen, ist normalerweise problematisch. Doch in einigen Fällen läßt sich die Zugehörigkeit über den vollständig fossilisierten Embryo, hier ein *Mussaurus*-Junges, bestimmten. *Mussaurus* gehörten zu den Prosauropoden, die wahrscheinlich Brutpflege betrieben.

Eine Reihe von Funden legt allerdings den Schluß nahe, daß es auch unter Dinosauriern liebevolle Muttertiere gab. Ein einzigartiges Fossil aus der Mongolei zeigt einen bipeden *Oviraptor* über einem Gelege, der aufgrund seiner Körperhaltung durchaus den Eindruck erwecken könnte, als ob er die Eier ausbrütete. Auf der Grundlage von Funden in Montana konnte Jack Horner nachweisen, daß frisch geschlüpfte *Maiasaura*-Junge auf die Brutpflege der Elterntiere angewiesen waren. Unmittelbar nach dem Schlüpfen waren ihre Knochen noch weich. Überdies fand Horner in den Nestern zertretene Eierschalen, was darauf hindeuten könnte, daß die Jungtiere noch eine Weile in den Nestern verblieben. Auch für die Fütterung der Jungen mit pflanzlicher Nahrung finden sich Hinweise.

Weitere Fossilienfunde legen jedoch den Schluß nahe, daß die Muttertiere anderer Arten wenig Sorgfalt auf ihre Nachkommen verwendeten oder sie gänzlich sich selbst überließen.

Es sind einige versteinerte Gelege mit vergleichsweise gering beschädigten Schalen aufgefunden worden, die darauf hindeuten könnten, daß die frisch geschlüpften Jungtiere entwickelt genug waren, um das Nest sofort nach dem Schlüpfen verlassen zu können, ohne dabei die leeren Eier zu zertreten. Fußspuren zeigen häufig Gruppen von Jungtieren ohne ausgewachsene Tiere sowie Herden mit Tieren ab einer bestimmten Größe. Höchst unwahrscheinlich erscheint auch, daß ein Sauropode von 60 Tonnen mit seinem zwölf Meter langen Hals ein geeignetes Muttertier für die Aufzucht von Jungtieren abgegeben hätte, die nicht größer als ein Meter waren.

Der Brutpflegeinstinkt der einzelnen Arten war also verschieden stark ausgeprägt. Meistens lebten die Jungtiere fern der Herden in kleinen Gruppen zusammen und eroberten sich eigene Nischen, die ihr Überleben sicherten. Wovon sie sich ernährt haben, ist ungeklärt. Untersuchungen des Feinbaus der Knochen beweisen jedoch, daß Dinosaurierjungtiere sehr schnell wuchsen. Einige nahmen zwei bis drei Kilogramm am Tag zu, was etwa der Gewichtszunahme eines jungen Blauwals entspricht, der von seiner Mutter gesäugt wird. Pflanzliche Nahrung aus Koniferen und Farnen enthält sehr wenig Nährstoffe, daher bleibt die Frage offen, welche Nahrungsquellen sie hatten, um so rasant zu wachsen.

Glückliche Kindheit: Nachdem sie geschlüpft sind, bleiben die *Leaellynasaura*-Jungen noch bis zu zwei Wochen in den Hügelnestern. Während dieser Zeit werden ihre Knochen härter und sie lernen, sich wie die erwachsenen Tiere zu bewegen. Das Muttertier und andere Mitglieder des Familienverbandes füttern sie mit vorverdauter Pflanzennahrung.

Säugetierarten Eier fressen, andere ernähren sich inzwischen nicht mehr von Insekten, sondern von Samen und Pflanzensprößlingen. Dadurch sind sie in direkte Konkurrenz zu *Leaellynasaura* getreten. Mit aggressiven Gebärden scharren die pflanzenfressenden Dinosaurier im Laub, sobald sie einen der pelzigen Köpfe auftauchen sehen.

»Risse in der Eischale werden sichtbar, die sich allmählich ausdehnen, bis sich die Jungen schließlich, mit den Beinen und dem Rücken gegen die Schale drückend, ins Freie schieben.«

Ein *Leaellynasaura*-Weibchen entdeckt unweit eines der außen liegenden Nester einen *Steropodon*. Er gehört zu den größeren Säugetieren, hat einen schwarzen Pelz und kräftige Zähne, die ohne Mühen eine Eischale zerstören können. Das Weibchen stößt einen tiefen Warnschrei aus und schießt auf den *Steropodon* zu. Doch das Säugetier läßt sich nicht so einfach vertreiben. Es richtet sich auf und fletscht die Zähne. Das Dinosaurierweibchen ist auf der Hut – es weiß aus Erfahrung, daß das Säugetier ihm schmerzhafte Bisse zufügen kann. Daher dreht es ihm nun den Rücken zu und schleudert durch die Hinterbeine hindurch mit seinen Greifhänden Erde und Laub in Richtung des Räubers. Ein weiteres Familienmitglied kommt ihm zu Hilfe, woraufhin das Säugetier aufgibt und sich in den Wald zurückzieht. Doch es kennt nun den Brutplatz der Dinosaurier – und es wird zurückkehren.

Im Laufe der nächsten Wochen werden die *Leaellynasaura*-Nester immer wieder von Säugetieren angegriffen. Wie zu erwarten, sind es vor allem die äußeren Nester, die den größten Schaden davontragen, obwohl der *Leaellynasaura*-Familienverband seine Nester Tag und Nacht bewacht. 20 Tage nach der Eiablage beginnt der Boden plötzlich zu singen. Es sind die Jungen, die zum Schlüpfen bereit sind und unter den Bergen von Laub und Farnwedeln rufen, während sie die Eischale zu durchstoßen versuchen. Behutsam entfernen die Eltern das Laub von den Nestern, bis die Eier freigelegt sind. Risse in der Eischale werden sichtbar, die sich allmählich ausdehnen, bis sich die Jungen schließlich, mit den Beinen und dem Rücken gegen die Schale drückend, ins Freie schieben.

Die noch feuchten Jungen sind nicht länger als 30 Zentimeter. Verglichen mit den ausgewachsenen Tieren haben sie kurze Schwänze, lange Vorderbeine und große Augen. Am auffälligsten allerdings sind die stachelartigen Borsten an Hals und Rücken, zwischen denen sich eine Art isolierendes Luftpolster bildet. Sollte es zu einem überraschenden, für die Jahreszeit untypischen Temperatursturz kommen, schützen sie die Jungtiere vor dem Erfrieren. Während sie heranwachsen und immer aktiver werden, bilden sich die Borsten allmählich zurück. In den ersten Tagen ihres Lebens bleiben die Jungen im Nest oder zumindest doch in seiner Nähe – noch sind sie nicht schnell und beweglich genug, um mit den ausgewachsenen Tieren auf Nahrungssuche zu gehen. Sollte

GEGENÜBERLIEGENDE SEITE **Aufräumen: Nachdem die Jungen geschlüpft sind, beseitigt das *Leaellynasaura*-Weibchen die Eierschalen. Eier mit nicht geschlüpften, abgestorbenen Embryos werden wegen der in ihnen enthaltenen Nährstoffe vom Muttertier aufgefressen.**

sich ihnen allerdings ein Raubtier nähern, sind sie durchaus imstande, auf allen vieren aus dem Nest zu klettern, um sich zu verstecken.

Im Nest des dominanten Paares sind aus zwei der insgesamt zwölf Eier keine Jungen geschlüpft. Dies ist nicht ungewöhnlich, selbst erfahrene Eltern müssen mit Verlusten in ihrem Gelege rechnen. Sobald deutlich wird, daß sich in diesen Eiern nichts mehr regen wird, frißt die Mutter sie auf, um die in ihnen enthaltenen Nährstoffe aufzunehmen und zugleich zu verhindern, daß Säugetiere von ihrem Geruch angezogen werden.

Auf dem Nistplatz wechseln sich von nun an rege Betriebsamkeit mit absoluter Stille ab. Über lange Zeiträume hinweg ist es in den Nestern vollkommen ruhig. Die winzigen grün-braunen Nestlinge hocken reglos da, während um sie herum die Luft vom Summen der Insekten erfüllt ist. Nur ab und an zuckt eines der Tierchen, wenn es von einer Milbe gebissen wird. Ein »Wächter« bleibt immer bei den Jungen, während der Rest des Familienverbandes auf Nahrungssuche geht. Die älteren Tiere verdauen nicht alle Nahrung, die sie aufnehmen, sondern behalten einen Teil im Kropf zurück, um damit die Jungen zu füttern. Bei ihrer Rückkehr zum Nistplatz machen sich die ausgewachsenen Dinosaurier bei dem »Wächter« durch laute Klicklaute bemerkbar, und sofort antworten ihnen die Jungen, die durch Rufe auf sich aufmerksam machen. Das dominante Weibchen würgt ein Knäuel zerkauter Blätter hervor und legt ihn auf den Rand des Nestes, wo sich die Jungen um die Nahrung zu streiten beginnen.

Glückliches Wiedersehen: Ein Junges, das sich vom Nest entfernt, ist großen Gefahren ausgesetzt. Mit kurzen, durchdringenden Schreien macht es die ausgewachsenen Tiere auf sich aufmerksam, die es in die Gemeinschaft zurückholen.

Der Ruf eines einzelnen Tieres unterbricht die Fütterung. Ein Junges hat sich zu weit vom Nistplatz entfernt und findet nun nicht mehr zurück. Auf der Stelle machen sich zwei Weibchen auf die Suche nach dem Tier. Es hat sich noch nicht sehr weit vom Nistplatz entfernt, scheint aber die Orientierung verloren zu haben, da es emsig in die falsche Richtung krabbelt. Eines der Weibchen hebt es mit den Vorderpfoten auf und trägt es zum Nest zurück. Die beständige Sorge aller ausgewachsenen Mitglieder des Familienverbandes um den Nachwuchs garantiert, daß fast alle Jungtiere diese erste Phase ihres Heranwachsens überleben – vorausgesetzt, der Nistplatz bleibt unentdeckt.

Regenwolken

JANUAR – HOCHSOMMER

Im Westen ziehen riesige Regenwolken auf. Der Polarwald bereitet sich auf einen der in dieser Jahreszeit häufigen Regengüsse vor. Der Niederschlag wandelt das orangefarbene Licht der Sommernacht in ein schmutziges Braun. Es ist fast windstill und es fallen kalte, große und schwere Tropfen. Die *Muttaburrasaurus*-Weibchen haben sich schützend über die Nester gestellt, Wassertropfen prasseln auf ihre gefleckten grünen Rücken. Das Trommeln des Regens übertönt alle anderen Geräusche des Waldes, und das Wasser des Flusses schimmert im trüben Licht. Die *Leaellynasaura*-Gruppe ist unter dem dichten Blätterdach der Farne vor dem direkten Einfall des Regens geschützt, doch schon bald rinnt Wasser über die Farnwedel und tropft auf den Nistplatz. Die Jungen, die inzwischen alle »flügge« sind, haben sich um ein erwachsenes Tier geschart.

Die ganze Nacht hindurch und auch am folgenden Vormittag läßt der Regen nicht nach. Der Fluß beginnt anzuschwellen, so daß die Sandbänke eine nach der anderen in den Fluten versinken. Noch verhält sich die *Muttaburrasaurus*-Herde auf ihrem Nistplatz in der Schwemmebene ruhig, doch sollte der Regen anhalten, könnten die Nester bald in Gefahr geraten. Im Vergleich zu ihnen ist der *Leaellynasaura*-Familienverband wesentlich mobiler, wenngleich sich auch der Waldboden wie ein riesiger Schwamm vollsaugt, was zur Folge hat, daß sich mehr und mehr Tümpel bilden.

Dann, wie auf ein unsichtbares Zeichen hin, hört es plötzlich zu regnen auf, innerhalb von wenigen Minuten reißt die Wolkendecke auf und am Himmel zeigt sich eine strahlende Mittagssonne. Obwohl die Sonne in der Antarktis zu keinem Zeitpunkt so hoch am Himmel steht wie am Äquator, ist sie doch stark genug, um die Temperaturen innerhalb von kurzer Zeit wieder in die Höhe zu treiben. Schon eine Stunde später beginnt der Wald zu dampfen. Aus dem Unterholz steigen Nebelschwaden auf, die die einfallenden Sonnenstrahlen deutlich sichtbar machen. Viele der Tiere genießen dieses »Dampfbad« zwischen abgestorbenem Laub und den dicht stehenden Farnen. Doch unglücklicherweise kehren mit der Sonne auch die Insekten zurück, unter ihnen auch Mücken. Die Weibchen sind auf das Blut der Dinosaurier angewiesen, um genügend Protein für die Produktion ihrer Eier zu bilden. Ihre potentiellen Opfer erkennen die Stechmücken am Kohlendioxid, das diese beim Ausatmen ausstoßen.

Die meisten Körperpartien der Dinosaurier sind unempfindlich gegen Insektenbisse. In die dichten Schuppen, die die Haut der Dinosaurier bedecken, kann der Rüssel der Mücken nicht eindringen. Doch selbst die Giganten des

Mesozoikums haben ihre Achillesferse. Während die *Muttaburrasaurus*-Herde sich auf der dampfenden Schwemmebene ausruht, attackieren Mücken Augen, Nasen und Ohren. Ganze Schwärme dieser Insekten lassen sich auf der weichen Haut der orangefarbenen Nasensäcke nieder und verderben den Dinosauriern das Vergnügen ihres »Dampfbads«. Die erwachsenen Tiere schütteln irritiert die Köpfe und beginnen, unruhig hin und her zu laufen, um die lästigen Insekten loszuwerden. Innerhalb weniger Minuten gelingt es den nur einige Millimeter großen Insekten, die drei Tonnen schweren Dinosaurier von ihrem Ruheplatz aufzuscheuchen.

Die frisch geschlüpften *Muttaburrasaurus*-Jungen in ihren Nestern vermögen den Insekten noch nicht zu entfliehen, und so fällt der Schwarm schon bald über sie her. Die Mücken können eine Krankheit übertragen, die zu Anämie führt, wenngleich Anämie selten die primäre Todesart darstellt, weil die Blutarmut die betroffenen Tiere derart schwächt, daß sie damit zu einer leichten Beute für Raubtiere werden.

BLUTSAUGER

IN DEM BUCH *Jurassic Park* werden Dinosaurier aus dem genetischem Material einer fossilisierten Mücke erzeugt. Das Insekt war, nachdem es Dinosaurierblut getrunken hatte, in einem Harztropfen eingeschlossen worden, aus dem in Millionen von Jahren massiver Bernstein geworden war. Wie immer in guten Science-Fiction-Stories ist die Geschichte zur Hälfte wahr – anhand von Bernsteinfunden ließ sich tatsächlich belegen, daß die Dinosaurier von winzigen blutsaugenden Insekten heimgesucht wurden.

Die Entomologie ist in der Lage, eine Reihe von Schlußfolgerungen aus den Mundwerkzeugen von Insekten zu ziehen. Fossile Mükken, die in Kanada gefunden wurden, lassen noch heute Aussagen über die riesigen Beutetiere zu, deren Blut sie einst getrunken haben. Heute lebende Mücken ernähren sich häufig von besonderen Wirtstieren, seien es nun Vögel, Säugetiere, Reptilien oder sogar andere Insekten. Sinneshaare, die das von den Tieren bei der Atmung freigesetzte Kohlendioxid aufspüren, führen sie zu ihrer Beute. Mücken, die auf das Blut kleiner Wirtstiere wie Vögel oder Insekten spezialisiert sind, verfügen über mehrere dieser Sinneshaare, während jene, deren Beutetiere größer sind, weniger Sinneshaare aufweisen. Die aufgefundenen fossilen Insekten gehören zu der Gruppe mit wenigen Sinneshaaren, sie müssen sich also von großen Tieren ernährt haben – zu jener Zeit waren dies ausschließlich Dinosaurier.

Hautabdrücke von Dinosauriern zeigen, daß die meisten über einen dichten Schuppenpanzer verfügten. Demnach mußten sich die Mücken auf weiche Hautpartien wie Augenlider, Nüstern und Ohren beschränken. Einige Forscher zogen nun aus dem Vorhandensein nur weniger hitzesensorischer Tasthärchen bei den kanadischen Mückenfunden den Schluß, daß Dinosaurier warmblütig waren. Zieht man aber in Betracht, daß heute lebende Mückenarten, die auf kaltblütige Fische spezialisiert sind, trotzdem Hitzesensoren aufweisen, scheint dieses Argument nicht ganz stichhaltig zu sein.

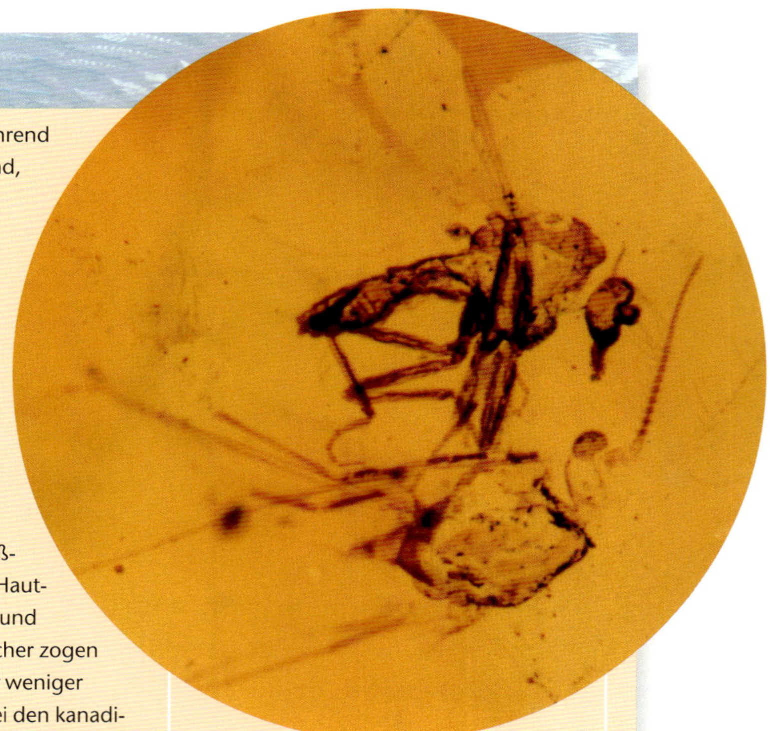

Bernstein konserviert Insekten selbst über Millionen von Jahren hinweg. Bernsteinfunde aus der Kreidezeit zeigen, daß die Dinosaurier unter Stechmücken gelitten haben müssen.

Ein Allosaurier kommt an den Fluß, um zu trinken. Wie an seiner blutverschmierten Schnauze zu erkennen ist, hat er gerade ein Tier erlegt. Auch er wird von den Stechmücken heimgesucht. Unwirsch schüttelt er den Kopf und versucht mit den vorderen Gliedmaßen den Schwarm Insekten zu vertreiben, die sich auf seinen Augenlidern niederzulassen versuchen. Um sich wenigstens vorübergehend Erleichterung zu verschaffen, taucht er den Kopf ins Wasser und schwenkt ihn im kühlenden Naß von einer Seite zur anderen.

Die Tiere der *Leaellynasaura*-Gruppe sind an die Stechmücken gewöhnt. Nicht die Insekten schrecken sie aus dem Schlaf auf, sondern ihre eigenen Jungen, die in der dampfenden Luft umhertollen. Zwischen den ausgewachsenen Tieren hin und her springend, lernen die Jungen Bewegungen, die ihnen einmal das Leben retten werden. Sie wachsen jetzt sehr schnell heran, und ihre Schwänze haben bereits an Beweglichkeit verloren. Viele der Jungen tragen nicht mehr die Borsten, mit denen sie geboren wurden. Und sie haben damit begonnen, selbständig nach Nahrung zu suchen, probieren verschiedene Moos-

Insektenplage: Ein ausgewachsener *Muttaburrasaurus* ist von einem Mückenschwarm umgeben. Da der Dinosaurier durch seine dicke Haut vor ihren Bissen fast am ganzen Körper geschützt ist, konzentrieren sie sich auf die empfindlichen Partien an den Augen und Ohren.

arten, Lebermoose, junge Farne und Steineibensämlinge, die sie am Waldboden finden.

Nach ein paar Stunden Sonnenschein lösen sich die Nebelschwaden auf, und ein leichter Wind zerstreut die lästigen Insektenschwärme. Die *Leaellynasaura*-Gruppe zieht zum Flußufer, um zu grasen. Wie immer sind die ausgewachsenen Tiere schon bald emsig damit beschäftigt, an Farnen und Bäumchen zu knabbern, während ein »Wächter« auf einem umgestürzten Cycadeenbaum nach Gefahren Ausschau hält. Ab und zu tritt eines der Tiere nah ans Wasser, um aus dem Fluß zu saufen. Angelockt durch ihr Planschen ist ein *Koolasuchus* aus seinem Versteck auf dem Grund des Flusses hervorgekommen. Obwohl das Amphib kaum in der Lage sein wird, ein ausgewachsenes Tier zu erbeuten, könnte ein Junges ihm schon zum Opfer fallen.

Glück gehabt: Ungeachtet der im Wasser lauernden Gefahren, entfernt sich ein junger *Leaellynasaura* von seinem Clan, um am Fluß zu saufen. Nur seinem raschen Reaktionsvermögen hat er es zu verdanken, daß er dem Angriff eines *Koolasuchus* entkommen kann. An Land bewegt sich *Koolasuchus* unbeholfen und träge, im Wasser aber ist er ein todbringendes Raubtier.

Als der *Koolasuchus* in die seichteren Gewässer nahe am Flußufer vordringt, kann er nicht nur die Bewegungen der Dinosaurier im Wasser spüren, dank seiner auf dem Kopf sitzenden Augen kann er auch die am Ufer grasenden Tiere sehen. Trotz seiner beeindruckenden Länge sind Körper und Kopf des *Koolasuchus* außerordentlich flach, so daß er sich selbst in nur 60 Zentimeter tiefem Wasser unbemerkt fortbewegen kann. So kommt es, daß ein am steil abfallenden Ufer saufendes *Leaellynasaura*-Junges nicht bemerkt, daß nur wenig entfernt unter der Wasseroberfläche ein riesiges Amphib lauert.

Der *Koolasuchus* schießt aus dem Wasser. Während die *Leaellynasaura*-Gruppe auseinanderstiebt, bleibt dem Jungen zur Flucht keine Zeit. Statt dessen springt es in die Luft, eine Bewegung, die es im Spiel schon oft geübt hat. Als der *Koolasuchus* zuschnappen will, ist das Junge bereits auf seinem Kopf gelandet. Im nächsten Moment verliert es das Gleichgewicht und fällt auf das Ufer zurück. An Land kann sich die Amphibie nicht schnell genug bewegen, um dem flüchtenden Jungtier nachzustellen. Mittlerweile sind die anderen Mitglieder des Familienverbandes wieder näher gekommen, und obwohl das Junge ängstliche Schreie ausstößt, haben die ausgewachsenen Tiere rasch erkannt, daß der *Koolasuchus* keine Gefahr darstellt. Also beginnen sie ihn herauszufordern. Während die kleinen Dinosaurier ihn mit Kieseln und Schlamm bewerfen, kehrt die Amphibie, um ihre Beute betrogen, frustriert in den Fluß zurück.

Letztes Aufblühen

FEBRUAR – SPÄTSOMMER

Noch sind die Tage warm und lang, aber es gibt bereits Anzeichen für den nahenden Herbst. Die Steineiben haben rote »Früchte« ausgebildet, und viele Farne neigen sich unter der Last ihrer Sporen. Die jungen Dinosaurier haben Gewicht zugelegt und können inzwischen mit den ausgewachsenen Tieren Schritt halten. Am Rand der Schwemmebene hat ein Allosaurier ein altes *Muttaburrasaurus*-Männchen angefallen und getötet. Scheinbar unbeeindruckt grasen die anderen Tiere der Herde in der Nähe weiter. Es ist ungewöhnlich, daß es dem vergleichsweise kleinen Räuber gelungen ist, ein derart großes Tier zu erlegen. Möglicherweise war der alte Bulle verletzt oder krank – in jedem Falle aber ist er zu groß, als daß der Allosaurier ihn allein auffressen könnte.

Vom Geruch des toten Bullen angezogen, tritt ein zweiter Allosaurier aus dem Farndickicht. Er ist kleiner und nähert sich mit gesenktem Kopf. Es könnte eine Geste der Unterwerfung sein, versetzt den Neuankömmling zugleich aber auch in die Lage, sich sofort zurückzuziehen, sollte der größere Allosaurier aggressiv auf ihn reagieren. Und eine feindliche Reaktion ist mehr als wahrscheinlich – Allosaurier sind Einzelgänger, die ihre Beute nur ungern mit einem

Artgenossen teilen. Das größere Raubtier hält im Fressen inne, erstarrt in Angriffspose und zischt dabei wütend. Der kleinere Räuber kommt trotzdem näher und stellt damit sein Gegenüber vor ein Dilemma. Die Beute ist viel zu groß für ihn allein, und schon bald werden weitere Fleischfresser eintreffen. Soll er Zeit und Kraft darauf verwenden, den Neuankömmling zu verjagen oder sich einfach satt fressen und dann den Kadaver dem Rivalen überlassen? Er entscheidet sich für die weniger aggressive Variante und wendet sich wieder dem Kadaver zu. Kommt ihm allerdings der andere Allosaurier zu nahe, faucht er oder schnappt nach ihm. Während die beiden Raubtiere fressen, nähern sich kleinere Dinosaurier und sogar einige Säugetiere. Im Farndickicht warten sie darauf, die Reste fressen zu können. Der tote *Muttaburrasaurus* wird einige Tage lang verschiedenen Tieren Nahrung bieten, doch am Ende wird nichts mehr von ihm übriggeblieben sein.

Im Innern des Waldes ist plötzlich aufgeregtes Schreien zu hören. Die *Leaellynasaura*-Gruppe fühlt sich bedroht, doch dieses Mal nicht durch ein

Raubtier oder ein Rudel Säugetiere, sondern durch Artgenossen. Der »Wächter« hat einen rivalisierenden Familienverband entdeckt, der ganz in der Nähe weidet. Bedrohlich bellend und springend, nähern sich die ausgewachsenen Tiere der Familie den Eindringlingen, die ihrerseits einen gewaltigen Lärm machen, aber nicht zurückweichen. Im Gegenteil, sie kommen näher und beginnen schließlich, ihre Rivalen mit Erde und Laub zu bewerfen. Doch es handelt sich nur um eine Kraftprobe, bei der die Neuankömmlinge herausfinden wollen, ob ihre Artgenossen durch Krankheit oder Verletzungen geschwächt sind. Als sich die erste Familie tatkräftig zur Wehr setzt, geben die Eindringlinge bald nach und ziehen sich in ihren Teil des Waldes zurück.

Später am Tag sucht die *Muttaburrasaurus*-Herde in den Zweigen der Bäume am Waldrand nach den Früchten von Steineiben und Cycadeen. Auf den Hinterbeinen stehend, erreichen sie selbst Früchte in einer Höhe von fünf und mehr Metern. Obwohl sie ihre Vorderbeine vor allem zur Fortbewegung nutzen – die Spitzen der Finger sind mit hufartigen Nägeln versehen – können sie mit ihnen auch Zweige herunterziehen, um an Nahrung zu gelangen. Die Jungtiere wandern mittlerweile mit den ausgewachsenen Tieren und fressen wie sie so

Gesetz des Stärkeren: Ein Zwerg-Allosaurier hat einen alten *Muttaburrasaurus* gerissen und sich an ihm satt gefressen. Die Überreste des vier Tonnen schweren Kadavers werden noch viele andere Raubtiere mit Nahrung versorgen.

OBEN **Die im Spätsommer heranreifenden Früchte der Steineiben stellen eine wichtige Nahrungsquelle für die Pflanzenfresser des Waldes dar. Was aussieht wie rote Beeren, sind in Wahrheit geschwollene Stiele, an deren Ende die Samen sitzen.**

ziemlich alles, was sich nicht bewegt. Der riesige Verdauungsapparat ist in der Lage, Nährstoffe selbst aus so wenig einladenden Pflanzenteilen wie den scharfkantigen, harzigen und giftigen Blättern der Cycadeen zu ziehen.

Der *Leaellynasaura*-Familienverband ist von den Geräuschen, die die *Muttaburrasaurus*-Herde beim Fressen erzeugt, angelockt worden. Sie wissen, daß die riesigen Pflanzenfresser keine Gefahr für sie bedeuten – im Gegenteil, im Schutz ihrer massigen Körper können sie sich vor Raubtieren sicher fühlen. Hinzu kommt, daß beim Fressen immer wieder Steineibenfrüchte herunterfal-

LINKS Dinosaurier im Nebel: Im Licht der tief stehenden Herbstsonne weidet eine *Muttaburrasaurus*-Gruppe junge Steineiben ab. Zu ihren Füßen tummelt sich eine *Leaellynasaura*-Gruppe, um die zu Boden gefallenen Früchte zu fressen (OBEN).

len. Für die Mitglieder des *Leaellynasaura*-Familienverbandes ist es also durchaus lohnend, sich unter die Herde zu mischen, um die am Boden liegenden Überreste aufzusammeln. Allerdings gehen sie damit auch ein Risiko ein. Um nicht unter den Füßen der drei Tonnen wiegenden Giganten zerquetscht zu werden, müssen sie sich außerordentlich geschickt zwischen ihnen bewegen und jederzeit bereit sein auszuweichen.

Vorboten des Winters

MÄRZ – HERBSTANFANG

Wieder einmal ist ein heftiger Regenguß niedergegangen, bald darauf geht die Sonne im Westen unter. In den nächsten Monaten werden die Tiere keine »Dampfbäder« mehr genießen können. Von jetzt ab werden die Nächte immer länger, bis die Heimat von *Leaellynasaura* schließlich wieder ganz in Finsternis gehüllt sein wird. Die Luft ist kühl, und der Wald beginnt sich zu verändern. Die Pterosaurier haben den zunehmend dunkler werdenden Süden bereits verlassen, und viele Vogelarten schließen sich ihnen an.

Beim ersten Licht des Sonnenaufgangs wird die *Muttaburrasaurus*-Herde unruhig. Ihr lautes, tiefes Bellen hallt durch den Wald und wird von anderen, weit entfernten Herden beantwortet. Nachdem die Tiere den Sommer über verstreut in den reichen Weidegründen des Polarwaldes gelebt haben, sammeln sie sich jetzt zu Tausenden, um nach Norden zu ziehen – der Sonne entgegen.

Bedenkt man, daß die meisten Tiere im Begriff stehen, den Wald zu verlassen, mutet es merkwürdig an, daß es gerade jetzt hier besonders laut zugeht. Die *Leaellynasaura*-Herde, die am Waldrand auf Nahrungssuche ist, wird von einer vorbeiziehenden *Muttaburrasaurus*-Gruppe aufgescheucht und aus dem Schutz der Bäume vertrieben. Sofort sucht sich eines der Tiere einen höher gelegenen Standort, um als »Wächter« zu fungieren. Doch die großen Pflanzenfresser mit ihrem beständigen Rufen erzeugen eine derartige Geräuschkulisse, daß er sich auf seinen Hörsinn nicht mehr verlassen kann. Unglücklicherweise treibt die *Muttaburrasaurus*-Herde die kleinen Dinosaurier geradewegs auf ein Allosaurier-Weibchen zu.

Als die Tiere näher kommen, streckt der Allosaurier seine Krallen aus und verlagert langsam sein Gewicht von einem Bein auf das andere. Der »Wächter«, der nichts von dieser Gefahr ahnt, springt von seinem Ausguck herunter. Die Tiere zerstreuen sich – offenbar haben sie vor, durch die *Muttaburrasaurus*-Herde hindurch in den Schutz des Waldes zu laufen. In diesem Moment schlägt das Allosaurier-Weibchen zu. Die *Leaellynasaura*-Gruppe hat es noch gar nicht bemerkt, da ihre ganze Aufmerksamkeit der *Muttaburrasaurus*-Herde gilt – ideale Voraussetzungen für einen geschickten Räuber wie den Allosaurier. Seine Zähne bohren sich in ein junges Männchen, bevor dieses seinen Angreifer überhaupt nur gesehen hat, und mit einem einzigen Biß bricht das Weibchen ihm das Genick.

LINKS **Eine kleine *Muttaburrasaurus*-Herde macht sich auf den langen Weg nach Norden, als die Tage kürzer werden. Hinter sich lassen sie Wälder, in denen schon bald 24 Stunden am Tag Dunkelheit herrschen wird.**

Mit einem Hautstreifen des *Leaellynasaura* zwischen den Zähnen steht das Allosaurier-Weibchen über seiner Beute. Seiner Atmung ist die Anstrengung der Jagd nicht anzumerken. Der Räuber senkt den Kopf und beschnüffelt seine Beute, bevor er einen Fuß auf den Brustkorb des *Leaellynasaura* setzt, die Zähne in einen Oberschenkel schlägt und ein Bein aus dem Kadaver reißt. Dann hebt er den Kopf und befördert das Bein mit einer einzigen ruckartigen Bewegung des Kopfes in den Rachen, um es ganz hinunterzuschlucken.

Nicht weit davon entfernt, in der Sicherheit des Waldes, hat sich der *Leaellynasaura*-Familienverband schon bald wieder zusammengefunden. Während die Tiere zu jagen beginnen, bezieht erneut ein Wächter auf einem Steineibenstamm seinen Posten.

Gefahren des Waldes: Der Allosaurier ist ein Stoßräuber, der seiner Beute aus dem Hinterhalt auflauert. Ein *Leaellynasaura* ist zwar schneller, hat aber keine Chance dem Räuber zu entkommen, wenn der sich nah genug herangeschlichen hat.

Es wird dunkel

APRIL – DER WINTER KOMMT

Die Dämmerung bricht nun jeden Tag früher herein. Winterliche Stille legt sich über die Ebene. Selbst wenn die Sonne den höchsten Stand erreicht hat, dringt ihr schwaches, graues Licht kaum noch bis auf den Waldboden vor. Die *Leaellynasaura*-Gruppe ist noch immer emsig auf Nahrungssuche. Die meisten Farne sind zwar inzwischen holzig und braun geworden, verfaulende Früchte und Pilze hingegen gibt es noch in Hülle und Fülle. Auch auf das Ausgraben von Wurzeln verstehen sich die Tiere.

Die extrem feuchte Luft lockt das *Koolasuchus*-Weibchen vom Grund des Flusses an das Ufer, wo es wartet, bis die Tage so kurz sind, daß es im Schutz der Dunkelheit in seine Höhle im Wald zurückkehren kann. Wie schon im Frühjahr ist auch dieser »Landgang« für das Tier gefährlich, da es sich außerhalb seines Elementes bewegen muß. Mühsam schiebt das Weibchen seinen schwarzen, glänzenden Körper aus dem Wasser und kriecht das Ufer hinauf in den Wald hinein. Die *Leaellynasaura*-Gruppe ist weit weg, und so erreicht das Amphib nach einer Stunde ungehindert den Teich. Es schiebt sich über das morastige Ufer und sucht nach dem Eingang der Höhle. Im Laufe des Sommers ist er zwar zugewachsen, doch das Tier erkennt den Geruch und kriecht ins Innere. Dort läßt es sich auf dem feuchten Laub nieder und bereitet sich auf seinen Winterschlaf vor.

Eisige Kälte: Ein *Leaellynasaura*-Weibchen durchbricht mit seinem Schnabel das Eis eines Tümpels, um zu saufen. Die selbst für hiesige Verhältnisse außergewöhnlich extreme Kälte macht den kleinen Pflanzenfressern schwer zu schaffen.

Als die Sonne ein letztes Mal im Westen untergeht, reißt der Himmel auf, so daß die Wolken glutrot erstrahlen. Der klare Himmel ist ein untrügliches Anzeichen dafür, daß die Nachttemperaturen zum ersten Mal in diesem Herbst unter den Gefrierpunkt fallen werden. Die Tiere des *Leaellynasaura*-Familienverbandes drängen sich in Gruppen zusammen, um sich gegenseitig zu wärmen. Finsternis und absolute Stille haben sich über den Wald gesenkt. Hoch über den Kronen der Bäume jedoch zucken grüne und violette Blitze im Nachthimmel – Polarlichter, die zum ersten Mal seit Monaten wieder sichtbar sind.

Die Wochen sind vergangen und eisige Kälte hat im Wald Einzug gehalten. Nach wärmeren Perioden zu Beginn der langen polaren Nacht bedeckt nun Reif die Blätter der Pflanzen auch im Innern des Waldes. Säugetiere wie *Steropodon*, die im Sommer überall zu sehen waren, sind, im wahrsten Sinne des Wortes, wie vom Erdboden verschluckt – sie haben sich in ihre Erdhöhlen zurückgezogen.

Die Tiere des *Leaellynasaura*-Familienverbandes dagegen sind auch jetzt noch aktiv. Mit ihren außerordentlich scharfen Augen suchen die Tiere in der Dunkelheit nach Nahrung, die der Wald nun noch zu bieten hat. Zwar fallen sie nicht wie die Säugetiere in einen Winterschlaf, doch auch ihr Verhalten verändert sich, wenn die Temperaturen sinken. Dicht aneinander gedrängt, schlingen die Tiere ihre langen Gliedmaßen und Hälse zu einem unentwirrbaren Knäuel zusammen. Nacheinander stellen sie ihre Bewegungen ein. Die Kälte zwingt sie in einen Zustand der Starre, der ähnlich wie der Winterschlaf vor allem dazu dient, wertvolle Energie zu sparen, aber von wesentlich kürzerer Dauer ist. Zumeist verfallen sie im Verlauf eines Winters mehrere Male in eine solche Starre. Sobald die Temperaturen steigen, werden sie wieder lebendig und machen sich erneut auf Nahrungssuche.

Der Kreis schließt sich

DIE RÜCKKEHR DES FRÜHLINGS

Die Sonne geht auf und ergießt ihr Licht über eine stille Landschaft. Der Frühling kehrt in den Polarwald zurück. Unter dem Dach der Steineiben und Baumfarne steigt Wasserdampf auf, als die Sonne auf einen dunkelbraunen, noch halb zugefrorenen Teich fällt. An seinem Ufer liegt der gefrorene Kadaver eines kleinen grün und braun gefleckten Dinosauriers. Es ist das dominante Weibchen der *Leaellynasaura*-Gruppe. Aus der Haltung ihres durch den Frost vollkommen erhaltenen Körpers läßt sich schließen, daß sie von einem plötzlichen Kälteeinbruch überrascht wurde und erfroren ist.

In der Mitte des Teiches taucht ein riesiger, flacher Kopf mit einem Paar leerer, schwarzer Augen auf. Reglos wartend liegt der gigantische Kopf auf dem Wasser, die Augen auf das Ufer geheftet, wo das tote *Leaellynasaura*-Weibchen liegt. Als sich nichts regt, bewegt er sich auf das Ufer zu. Das *Koolasuchus*-Weibchen ist in diesem Jahr ungewöhnlich früh aus seinem Winterschlaf erwacht und benötigt nun Nahrung. Am Ufer angekommen, steigt es aus dem Wasser und ergreift mit dem Maul den leblosen Körper. Langsam zieht es seine Beute ins Wasser.

Ganz in der Nähe sind die anderen Mitglieder des *Leaellynasaura*-Familienverbandes damit beschäftigt, ihre letzten Wintervorräte aus dem Boden zu holen. Den Platz des dominanten Weibchens hat ein anderes Tier eingenommen, und die Männchen beginnen mit ihren die Paarungszeit einleitenden Rivalenkämpfen. Der Kreis der Jahreszeiten hat sich geschlossen.

VOR 65 MILLIONEN JAHREN

Untergang einer Dynastie

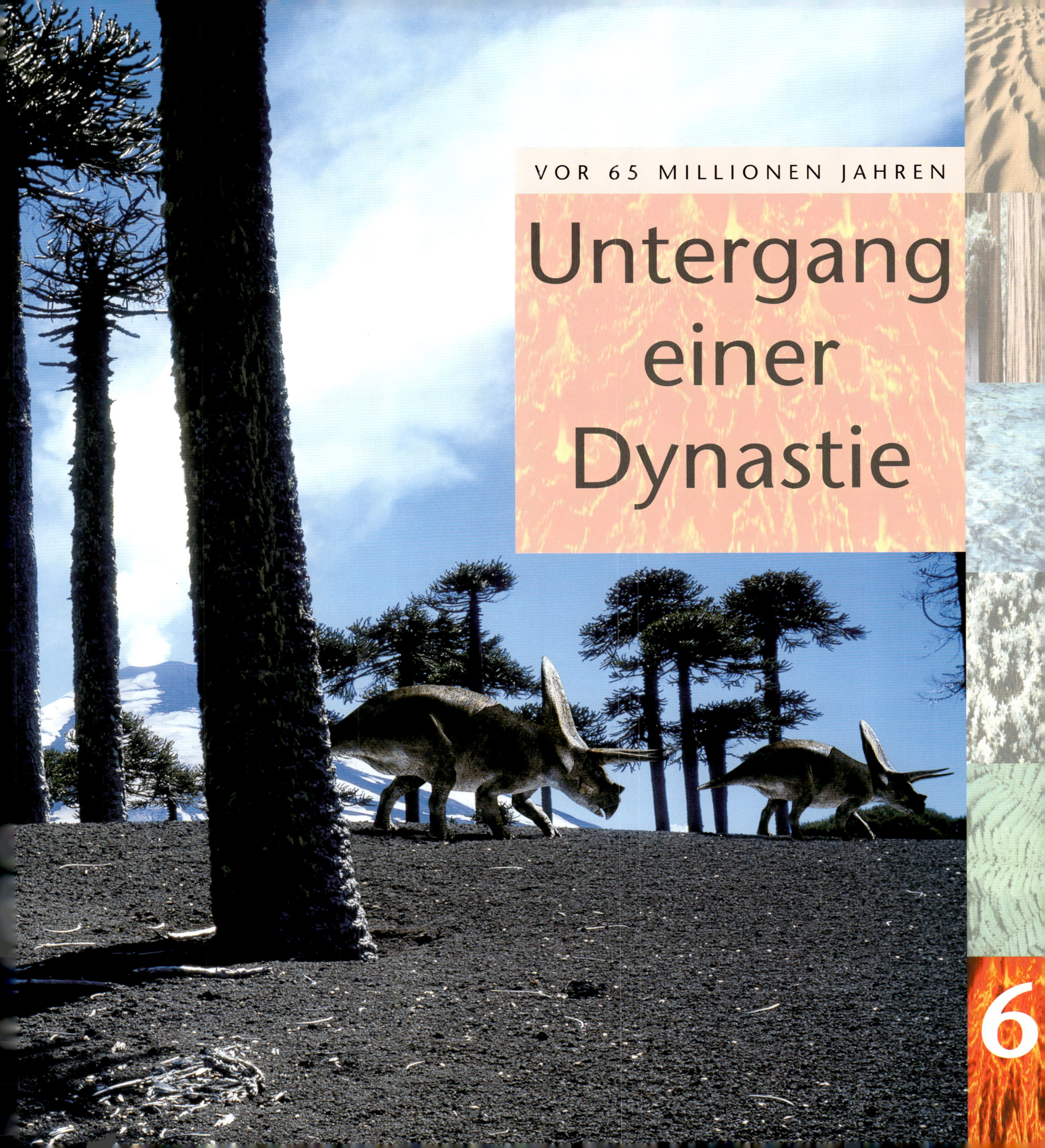

6

VOR 65 MILLIONEN JAHREN. Das Mesozoikum neigt sich dem Ende zu, und die meisten der einst riesigen Landmassen haben sich inzwischen in kleinere Kontinente geteilt. 180 Millionen Jahre lang hatte auf der Erde ein gleichbleibend warmes, kaum von Temperaturschwankungen geprägtes Klima geherrscht. Doch der Eindruck der Stabilität täuscht, denn zugleich war dieses Zeitalter auch Schauplatz großer Veränderungen und Voraussetzung für die Evolution der meisten modernen Tiergruppen.

Aus den vormals trockenen, mit Koniferenwäldern bestandenen Landschaften sind unter dem Einfluß des feuchteren Klimas fruchtbare grüne Regionen geworden, in denen Blütenpflanzen dominieren. Dadurch begünstigt, haben die Insekten sowie die Gruppen der kleineren Säugetiere und Vögel ihre Zahl und Artenvielfalt erhöht. Doch es hat auch Verlierer gegeben. Ichthyosaurier und Pliosaurier sind aus den Meeren ver-

Szene der Verwüstung: Vor dem Hintergrund des noch immer rauchenden Vulkans zieht eine *Torosaurus*-Gruppe über ein Aschenfeld. Die einzigen Pflanzen, die überlebt haben, sind Araukarienbäume, deren Zweige die Dinosaurier nicht erreichen können.

schwunden, die Ammoniten vom Aussterben bedroht. Von den großen Pterosauriern existieren nur noch ein oder zwei Arten. Die Dinosaurier hingegen dominieren weiterhin die Fauna. Riesige Herden neuartiger Pflanzenfresser grasen die blühende Vegetation ab. Im Gegenzug sind auch neue Raubtierarten entstanden, darunter niemand Geringeres als der gefürchtete *Tyrannosaurus.*

Doch noch weitaus radikalere Veränderungen kündigen sich an, das Leben auf der Erde steht vor einem Umbruch, wie es ihn seit dem Massensterben im Perm nicht mehr gegeben hat: Das Zeitalter der Riesenreptilien wird ein abruptes Ende finden.

Prächtige Blumen: Am Ende des Mesozoikums sind Blütenpflanzen ungemein erfolgreich. Während sie bis kurz vor Ende der Kreidezeit nur kleinere Sträucher bildeten, entstehen nun auch Blüten tragende Bäume, die dichte Wälder bilden.

DIE VORHERRSCHAFT DER DINOSAURIER

AUCH VOR DEM EINSETZEN der Katastrophe, die das Ende des Mesozoikums markiert, war die späte Kreide eine Ära des Wandels. Weltweit begannen die Temperaturen zu fallen. Zwar führte dies noch nicht zu einer Vereisung der Polkappen, aber dennoch veränderte sich dort die Vegetation entscheidend. Die üppigen polaren Wälder, die holzreich genug waren, um Kohlevorkommen entstehen zu lassen, gingen zugrunde und wurden durch eher offene Lebensräume ersetzt. Gleichzeitig fiel der Meeresspiegel, wodurch die epikontinentalen Meere verschwanden. Gegen Ende der Kreide waren die Pterosaurier so gut wie ausgestorben. Die einzigen überlebenden Formen waren die großen zahnlosen Spezies, die vor allem auf Fischfang spezialisiert waren. Dafür hatte eine weitere Artenvermehrung der Vögel eingesetzt – unter den neu entstandenen Spezies befanden sich unter anderem auch flugunfähige marine Formen, ähnlich den heutigen Tauchvögeln. Aber es war nicht der Konkurrenzdruck durch die Vögel, der zum Aussterben der Pterosaurier führte. Als die Temperaturen überall auf der Welt fielen und sich die um die Kontinente herum verlaufenden Meeresströmungen änderten, wurde auch das Wetter unberechenbarer und verschlechterte die Flugbedingungen für diese großen Lebewesen. Das Verschwinden der flachen warmen Meere beraubte sie überdies ihrer bevorzugten Jagdgebiete. Von nun an war diese Gruppe dem Untergang geweiht.

Auch der Bestand der im Wasser lebenden Reptilien ging zurück. Bereits ausgestorben waren die Ichthyosaurier, während Plesiosaurier und Mosasaurier im stetigen Rückgang begriffen waren. Aber auch andere im Meer lebende Tiere verschwanden – Riffe bildende

Schlangen treten am Ende des Zeitalters der Dinosaurier in Erscheinung. Eine der Theorien, die das Fehlen von Beinen zu erklären sucht, besagt, daß sie ursprünglich zugunsten einer Anpassung an das Leben im Wasser verlorengingen.

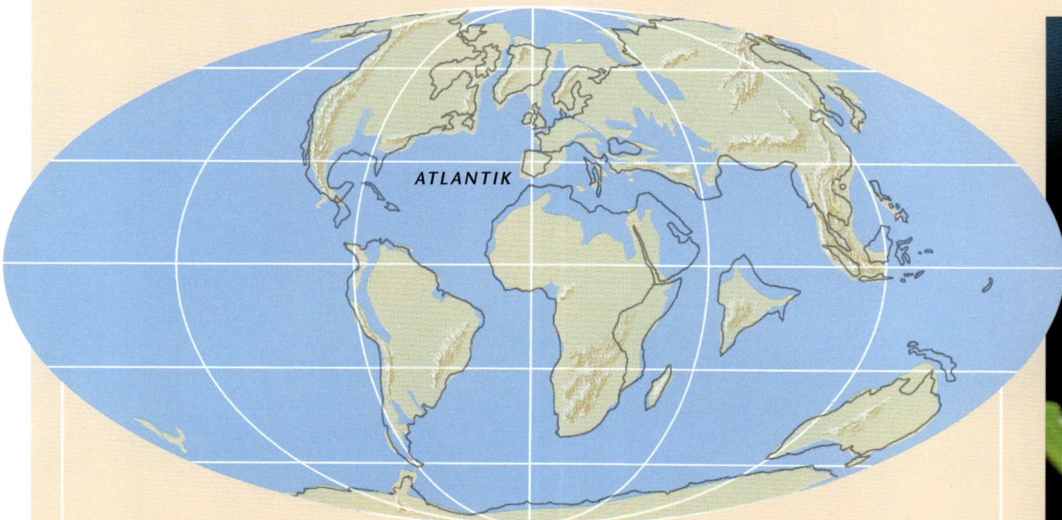

Vor 65 Millionen Jahren hatten die Kontinente damit begonnen, ihre moderne Gestalt anzunehmen. Der Atlantik hatte nahezu vollständig die Alte von der Neuen Welt getrennt. Der riesige Südkontinent Gondwana zerbrach, als Australien sich nordwärts bewegte und Antarktika sich über den Südpol schob. Indien rückte in nördlicher Richtung weiter auf einem Kollisionskurs mit Asien vor. Der Meeresarm, der die nordamerikanische Landmasse über Jahrmillionen geteilt hatte, bildete sich zurück. Der Meeresspiegel variierte, dadurch entstanden zeitweise Landbrücken zwischen Asien und Europa, zwischen Afrika und Europa sowie zwischen Nord- und Südamerika. Trotzdem entwickelte sich auf den einzelnen Kontinenten eine spezifische Flora und Fauna, die sich beispielsweise in Australien oder Madagaskar bis auf den heutigen Tag in ihrer Einzigartigkeit erhalten haben.

Muscheln, Belemniten und selbst die so erfolgreichen Ammoniten.

Auf dem Land wurden Blütenpflanzen zu den dominanten Gewächsen, sie repräsentierten mittlerweile zwischen 50 und 80 Prozent aller Pflanzenarten. Damit einher ging der zunehmende Rückzug von Cycadeen und Farnen. Auf bestimmte Insekten spezialisierte Blüten waren entstanden ebenso wie in Staaten lebende Bienen. Der Großteil der Blumen war aber noch auf die Befruchtung durch den Wind oder durch weniger spezialisierte Insekten angewiesen. Nur wenige Blütenpflanzen hatten sich zu Bäumen entwickelt, wenn auch rund um den Äquator Palmen in größerer Zahl gediehen. In den meisten Gegenden dominierten die Koniferen weiterhin die Waldvegetation – Kiefern und Mammutbäume im Norden, Steineiben und Araukarien im Süden.

Palmen gehörten zu den ersten Blütenpflanzen, die als Bäume wuchsen. Mit ihrer weit ausladenden Blätterkrone und den zähen Stämmen ähneln sie Cycadeen.

Die erfolgreiche Evolution vieler Insekten scheint mit der zunehmenden Komplexität der Blüten einhergegangen zu sein. Fossilien aus der Oberkreide belegen Blütenformen, die von der Bestäubung durch Insekten abhängig waren.

Die Tierpopulationen variierten von Kontinent zu Kontinent zwar beachtlich, Dinosaurier aber bevölkerten fast jeden Landstrich. Zu den im Westen Nordamerikas lebenden Herbivoren gehörten die gepanzerten Ankylosaurier, die den Straußen ähnelnden Ornithomimiden und die Pachycephalosaurier. Die erfolgreichsten jedoch waren die Entenschnabel-Dinosaurier, die Hadrosaurier. In der späten Kreide nahm die Zahl der Horndinosaurier beständig zu und machte sie zur zweitgrößten Pflanzenfressergruppe. Gejagt wurden sie von kleinen Carnivoren wie den Raptoren und beträchtlich größeren Jägern wie *Tyrannosaurus*. Ein weiterer Räuber war *Troodon*, der mit seinen Greifhänden und den großen Augen vermutlich ein auf nächtliche Jagden spezialisierter Jäger war. Seine bevorzugte Beute waren Säugetiere, die zahlenmäßig rapide zunahmen. Ein zu dieser Zeit aufkommendes Säugetier war *Didelphodon*, ein Beuteltier, das mit dem heutigen Opossum verwandt ist.

Viele der in Amerika heimischen Lebewesen gab es auch in Asien, da die beiden Kontinente zeitweise durch eine Landbrücke an der Bering-Straße miteinander verbunden waren. Dennoch scheint das trockene Zentralasien einen ganz eigenen, einzigartigen Reichtum an kleinen bipeden Dinosauriern sowie Vögeln aufgewiesen zu haben.

Auch in Europa, das zu dieser Zeit aus einer Ansammlung großer Inseln bestand, sind für die mittlere Kreide viele Dinosaurierarten nachweisbar, die ebenfalls in Amerika vorkamen. Mit der Ausdehnung des Atlantiks und der damit einhergehenden Abtrennung von Amerika entwickelten sich in Europa spezifische Raptoren, Entenschnabel- und Panzerdinosaurier. Die Isolierung der europäischen Landmassen führte dazu, daß auf einigen Inseln bereits an anderen Orten ausgestorbene Tiere überlebten und Zwergspezies ausbildeten.

In den letzten Jahrmillionen des Mesozoikums waren die Entenschnabel-Dinosaurier oder Hadrosaurier die bei weitem erfolgreichste Gruppe der Dinosaurier.

Die Südkontinente Südamerika, Afrika, Madagaskar, Australien, Indien und Antarktika hatten sich zwar voneinander getrennt, wiesen aber dennoch eine Gemeinsamkeit auf, die sie vom Norden unterschied: die hier lebenden dominanten Herbivoren gehörten alle zur Gruppe der Titanosauriden oder südlichen Sauropoden, die Carnivoren zur Gruppe der Abelisauridae. *Tyrannosaurus* scheint niemals bis nach Süden vorgedrungen zu sein, obwohl wahrscheinlich eine Landbrücke zwischen Nord- und Südamerika bestand. Ursache dafür ist unter Umständen, daß einige Abelisaurierarten genauso groß und kräftig wie *Tyrannosaurus* werden konnten. Leider ist der Fossilbericht für diese Zeitperiode in den südlichen Kontinenten wenig ergiebig, so daß es unmöglich ist, ein Gesamtbild der Erde zu entwerfen. Festzuhalten ist jedoch, daß nichts auf das bevorstehende Aussterben der Dinosaurier hinwies.

Motten gehören zu einer weit verbreiteten Gruppe von modernen Insekten, den Lepidoptera. Im Laufe der Zeit haben sie sich darauf spezialisiert, sich von Blüten zu ernähren.

Der Untergang

7 MONATE VOR DEM EINSCHLAG

Es ist Regenzeit an der Ostküste von Laramidia, und dichter Nebel zieht vom Pierre-Meeresarm herüber – nicht untypisch für diese Jahreszeit. Manchmal hängt die feuchtwarme, dunstige Luft tagelang über den Ebenen, gefangen zwischen den austauscharmen Luftschichten über den Bergen und den küstennahen Flachwassergebieten. Die Wälder in dieser Region sind einzigartig. An den Bäumen wachsen Pflanzen, die die zu ihrem Überleben notwendige Feuchtigkeit einzig der Luft entnehmen. An den Stämmen der gigantischen Steineiben ranken hellgrüne Flechten und verhüllen einem Schleier gleich die rissige Rinde. Von den Zweigen der Scheinbuchen, aber auch von niedrig wachsenden Sträuchern wie Magnolie und Lorbeer hängen Moose herab. In morastigen Gebieten ist dieser grüne Teppich, der sich über alles zu legen scheint, noch dichter, so daß die riesigen Sumpfzypressen kaum zu erkennen sind. Von oben betrachtet sieht die ganze Region so aus, als habe man eine dikke grüne Decke über sie gebreitet. Daher rührt auch ihr Name: Blanket Forest.

Doch dieser herrliche Wald ist bedroht. Nur ein paar hundert Kilometer weiter nördlich, wo sich die Ebene ausdehnt, gibt es weder Moose noch Flechten an den Bäumen. Jedes Jahr zieht sich das Wasser des Meeresarms weiter nach Süden zurück, und mit ihm verschwindet auch der Nebel. Die Fläche des Blanket Forest ist auf ein paar tausend Quadratkilometer zusammengeschrumpft und macht damit nur noch einen Bruchteil der einstigen Größe aus. Die Aussicht auf das Überleben dieses einzigartigen Lebensraumes wird durch die nahen Berge weiter verschlechtert. Über dem Hochland ragen mit wenigen Kilometern Abstand voneinander und aufgereiht wie auf einer Perlenschnur schneebedeckte Vulkane auf. Sie sind noch jung und sehr aktiv. Erkaltete Lavaströme strecken sich an einigen Stellen wie schwarze Zungen bis in den Wald. Aus vielen der Vulkane tritt beständig Rauch. Der darin enthaltene Schwefel vermischt sich mit dem Nebel und macht ihn sauer. Einige empfindlichere Pflanzenarten sind bereits ausgestorben, ungeschützte Bäume haben ihr Laub verloren. Und schließlich sind auch etliche der vielen Tierarten, die sich dem Leben in dieser feuchten, waldreichen Region angepaßt haben, gefährdet.

Auf einer kleinen Anhöhe am Waldrand fressen zwei *Ankylosaurus*-Weibchen Moose und Flechten. Obwohl diese Saurier nicht vom Aussterben bedroht sind, kommen sie doch sehr selten vor. Hier im Wald sind sie nur Besucher, das reichliche Angebot an frischem Grün hat die Tiere angelockt. In der Auswahl ihrer Nahrung sind sie nicht wählerisch, mit ihren langen Zungen und scharfen Schnäbeln grasen sie alles ab, was in ihrer Reichweite ist – Blätter, Flechten oder Zweige. Dabei beschränken sie sich allerdings auf den Wald-

EIN LETZTER TRIUMPH

DIE BESCHREIBUNG ALLER in diesem Kapitel genannten Tiere basiert auf den spektakulären Funden, die in der Hell-Creek-Formation im Westen der USA (s. S. 211) oder in angrenzenden Gesteinsformationen gemacht wurden. Alle diese Lebewesen scheinen bis zum plötzlichen Verschwinden der Dinosaurier besonders erfolgreich gewesen zu sein. Gerade aus dieser Zeit finden sich einige der größten bzw. auffälligsten Vertreter der jeweiligen Tiergruppe. Früher diente dieser Umstand als Beweis für die These, daß die Dinosaurier ausstarben, weil sie irgendwann zu groß wurden, um erfolgreich zu überleben. Dabei wurde aber ebensowenig die Existenz der riesigen Sauropoden berücksichtigt wie die Tatsache, daß sich die Dinosaurier im Verlauf ihrer langen Stammesgeschichte mehrfach »neu erfanden«. Es gibt keinen offensichtlichen Grund dafür, daß die Hell-Creek-Dinosaurier tatsächlich auch die letzten waren.

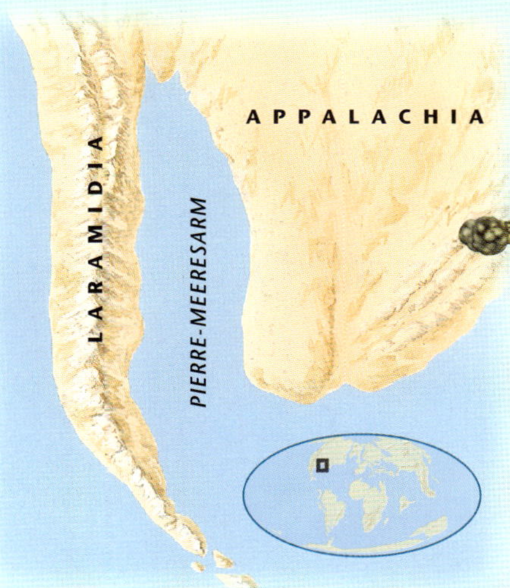

Der Pierre-Meeresarm ist das letzte Überbleibsel des großen Meeresarms, der einst Laramidia von Appalachia trennte und sich allmählich weiter nach Süden zurückzog. Vulkane bestimmen die sich durch Laramidia ziehende Gebirgskette, auf deren östlichen Hängen der Blanket Forest liegt.

TYRANNOSAURUS

Als erfolgreichstes Raubtier auf seinem Kontinent verfügte der *Tyrannosaurus* über längere Zähne und einen größeren Kopf als alle anderen landlebenden Carnivoren, Körper und Arme waren dagegen relativ kurz.

NACHWEIS: Über 20 Skelettreste wurden gefunden, vorwiegend in den letzten Jahren. Dabei nur 3 vollständige Schädel. Die Funde reichen von Alberta bis nach New Mexico.

GRÖSSE: Etwa 14 Meter lang, Gewicht wahrscheinlich bis zu 5 Tonnen. Wenn der *Tyrannosaurus* sein Maul aufriß, betrug der Abstand zwischen Ober- und Unterkiefer mehr als 1 Meter. So konnte das Tier vermutlich Fleischbrocken von 70 Kilogramm aus seiner Beute reißen.

NAHRUNG: Ausschließlich Fleisch, stand an der Spitze der Nahrungskette.

ZEIT: Vor 67–65 Millionen Jahren.

ANKYLOSAURUS

Der größte unter den Panzerdinosauriern entwickelte im Laufe seiner Evolution einen extrem massiven Körper. Der Schädel war derart stark bewehrt, daß kaum noch Raum für das Gehirn blieb, dagegen faßte der mächtige Rumpf ein riesiges Verdauungssystem, das nahezu alle pflanzliche Nahrung verwerten konnte.

NACHWEIS: Es wurden 3 nahezu vollständige Skelette in Alberta, Wyoming, und in der Hell-Creek-Formation in Montana gefunden.

GRÖSSE: 10 Meter lang, 3 Meter Hüfthöhe. Für seine Größe war das Tier mit ca. 7 Tonnen außerordentlich schwer.

NAHRUNG: Pflanzliche Nahrung, weidete jedoch nur niedrig wachsende Vegetation.

ZEIT: Vor 70–65 Millionen Jahren.

TOROSAURUS

Typischer Horndinosaurier. Charakteristisch ist sein wie ein »Kragen« wirkender Nackenschild, der vor allem der Zurschaustellung diente.

NACHWEIS: Sieben Schädelfragmente und einige dazugehörige Skelettfragmente wurden zwischen Alberta und New Mexico gefunden.

GRÖSSE: Beinahe 8 Meter lang, allein Schädel und Nackenschild waren über 2 Meter lang. Gewicht etwa 7 Tonnen.

NAHRUNG: Mit seinem äußerst kräftigen Schnabel vermochte *Torosaurus* selbst härteste Pflanzen und kleine Äste abzuweiden, beschränkte sich jedoch auf niedrig wachsende Vegetation.

ZEIT: Vor 67–65 Millionen Jahren.

ANATOTITAN

Anatotitan ist eng verwandt mit *Edmontosaurus.* Beide zählten zu den größten Vertretern der Entenschnabel-Dinosaurier.

NACHWEIS: 3 verschiedene *Edmontosaurus*-Arten konnten anhand von Funden (16 Schädel und Skelettfragmente) in der Hell-Creek-Formation und in nahegelegenen Schichten bisher identifiziert werden. Ebenfalls in der Hell-Creek-Formation wurden 3 Schädel und Teilskelette eines Lebewesens gefunden, das den Namen *Anatotitan* erhielt. Unlängst wurde jedoch die Behauptung aufgestellt, daß es sich hierbei um einen großen *Edmontosaurus* handeln könnte und *Anatotitan* keine eigene Spezies darstellte.

GRÖSSE: *Edmontosaurus* war bei einer Hüfthöhe von 3,5 Meter etwa 12 Meter lang und wog etwa 4 Tonnen. *Anatotitan* war größer, mit etwa 13 Metern Länge wog er 5 Tonnen.

NAHRUNG: Pflanzenfresser.

ZEIT: Vor 67–65 Millionen Jahren.

rand, ihre Größe verbietet es ihnen, in das dichte Unterholz des Waldinneren vorzudringen.

Ankylosaurus gehört zur Gruppe der Panzerdinosaurier. Seit den Tagen des entfernt verwandten Vorfahren *Polacanthus* hat diese Gruppe eine immer massiver werdende Verteidigungspanzerung entwickelt. Anstelle des leichten, stabilen Knochenbaus, den andere Dinosaurierarten aufweisen, haben sich bei ihnen Wirbel, Rippen und Knochenplatten zu einer undurchdringlichen Rüstung ausgebildet. Mit einer Länge von etwa zehn Metern und einem Gewicht von über sieben Tonnen ist *Ankylosaurus* der größte Panzerdinosaurier. Sein gepanzerter Rücken ist mit Knochenplatten versehen, der Kopf massig und kantig.

Selbst die Augenlider sind gepanzert. Und als ob all dies noch nicht ausreichte, warten die kräftigen, versteiften Schwänze an der Spitze mit einer knochigen Verdickung auf, die wie eine Keule eingesetzt werden kann. Während die Weibchen grasen, pendelt diese tödliche Waffe scheinbar harmlos hin und her. Bei Bedarf jedoch ist sie in der Lage, selbst dem größten Raubtier empfindliche Verletzungen zuzufügen.

Diese beeindruckenden Verteidigungswaffen ermöglichen es *Ankylosaurus*, ohne den Schutz einer Herde zu leben; abgesehen davon, scheint dieser Dinosaurier auch nicht intelligent genug zu sein, um komplexere soziale Strukturen aufzubauen. Die enorme Verdickung der Schädelknochen hat nur wenig Raum für das Gehirn gelassen. Und auch die Sinne sind, bis auf den Geruchssinn, nicht sonderlich gut ausgebildet. Gelegentlich werden mehrere Weibchen wie hier im Blanket Forest vom Geruch frischer Pflanzen angezogen und weiden dann gemeinsam. Die Männchen hingegen sind aggressive Einzelgänger, die nur zur Paarungszeit die Gesellschaft ihrer weiblichen Artgenossen suchen.

Nachdem sie die Flechten am Stamm einer großen Araukarie ringsherum abgeweidet haben, ziehen die Weibchen weiter in Richtung eines großen Mooskissens. Auf dem Weg dorthin müssen sie eine kleine Lichtung überqueren, auf der nackte Vulkanfelsen aus dem lockeren Farnbewuchs ragen. Die Lichtung wird von einigen riesigen Bäumen gesäumt, deren Kronen im Nebel verschwinden. In ihrer Mitte liegt ein großer Haufen aus Moos und Flechten, der aus den hohen Zweigen heruntergefallen zu sein scheint. Die Ankylosaurier bleiben an dem Mooshaufen stehen und nehmen Witterung auf, nervös bewegen sich ihre Schwänze von einer Seite zur anderen. Etwas an dem Geruch dieses Haufens beunruhigt sie. Plötzlich bellt das eine Weibchen kurz auf und verläßt eilig die Lichtung, das zweite folgt ihm unmittelbar.

Bei dem Haufen aus Moos und Flechten handelt es sich um das Nest eines *Tyrannosaurus*. Die Weibchen haben den Geruch dieses grausamen Räubers erkannt. Normalerweise würde ein *Tyrannosaurus*-Weibchen sein Nest nie unbeaufsichtigt lassen, doch es herrscht eine eigenartige Stille auf der Lichtung. Dem Nest entströmt noch ein anderer Geruch – es stinkt nicht nur nach Raubtier, sondern auch nach Verwesung.

LINKS **Zum Überleben geschaffen: Ein sieben Tonnen schwerer *Ankylosaurus* macht sich über die frischen Triebe einer Scheinbuche her. Sein mit Knochenplatten bewehrter Rücken, der mächtige Keulenschwanz und der gepanzerte Kopf machen selbst für *Tyrannosaurus* einen Angriff aussichtslos.**

Der Lärm, den die davonlaufenden *Ankylosaurus*-Weibchen machen, hat ein kleines pelziges *Didelphodon* aufgestört, das am Rand des Nestes einen Bau gegraben hat. Aufrecht sitzend prüft es die Luft. Seine Schnurrbarthaare zucken, während es den allmählich im Nebel verschwindenden *Ankylosaurus*-Weibchen nachsieht. *Didelphodon* gehört zu den größten Säugetieren des Waldes und bringt es immerhin auf ein Gewicht von mehreren Kilogramm. Das schwarzgraue Fell dieses Männchens glänzt vor Nässe, als es aus dem feuchten Mooshaufen hervorkriecht. Als es sich davon überzeugt hat, daß die Dinosaurier die Lichtung verlassen haben, beginnt es sich zu putzen. Mit größter Sorgfalt reinigt es das Bauchfell, um Milben zu entfernen. Der Gestank, der die *Ankylosaurus*-Weibchen vertrieben hat, wirkt auf dieses in puncto Nahrung extrem anspruchslose Säugetier anziehend. Das Ei eines *Tyrannosaurus* stellt für einen Säuger wie *Didelphodon* ein wahres Festmahl dar. Gerade als das *Didelphodon* damit beginnt, seinen Kopf zu reinigen, fällt auch schon ein großer schwarzer Schatten auf ihn.

»*Tyrannosaurus*-Weibchen verteidigen ihre Nester bis zum letzten Blutstropfen, vor allem aber sind sie größer und kräftiger als die Männchen.«

Eigentlich ist der Säuger äußerst flink, doch in dieser Situation hat selbst er keine Chance mehr zu entkommen. Unbemerkt hat sich ihm ein *Tyrannosaurus*-Männchen bis auf ein paar Meter genähert. Ein einziger Sprung genügt dem Raubtier, um das Säugetier zu ergreifen, es mit seinen langen Zähnen aufzuspießen und unzerkaut zu verschlingen. *Tyrannosaurus* ist das mächtigste Raubtier dieses Kontinents und zählt zu den größten je existierenden Räubern überhaupt. Dieses junge Männchen ist zwölf Meter lang und wiegt annähernd fünf Tonnen. Allerdings ist es nicht gekommen, um die Brut zu beschützen, sondern aus dem gleichen Grund wie das *Didelphodon* – es hat das Nest gerochen und ist hungrig. Für das Männchen stellt ein Gelege mit zwölf oder mehr großen Eiern nicht nur eine willkommene Mahlzeit dar, seine Zerstörung bietet ihm auch die Gelegenheit, potentielle Konkurrenten aus dem Weg zu räumen, noch bevor sie geschlüpft sind. Das Männchen weiß aber, daß es mit größter Vorsicht zu Werke gehen muß. *Tyrannosaurus*-Weibchen verteidigen ihre Nester bis zum letzten Blutstropfen, vor allem aber sind sie größer und kräftiger als die Männchen.

Die Furcht vor einem das Nest bewachenden Weibchen ist der Grund dafür, daß sich das junge Männchen derart vorsichtig angeschlichen hat und folglich von dem *Didelphodon* auch nicht bemerkt wurde. Vermutlich hat der *Tyrannosaurus* die Lichtung sogar eine ganze Weile beobachtet, bevor er sich vorwagte, denn es kommt durchaus vor, daß sich ein Weibchen in der Nähe seines Nestes versteckt, um seine Brut von dort aus zu bewachen. Doch nachdem die *Ankylo-*

saurus-Weibchen unbehelligt das Nest beschnüffelt haben, wiegt sich der *Tyrannosaurus* in Sicherheit. Über dem Nest stehend, prüft er die von ihm ausgehenden Geruchssignale. Unter normalen Umständen kümmert sich ein *Tyrannosaurus*-Weibchen sehr aufmerksam um sein Gelege, ordnet das Nistmaterial immer wieder neu an und sorgt so für eine gleichbleibende Bruttemperatur. Doch dieses Nest ist merkwürdig kalt. Aus der Nähe nimmt das Männchen nun ebenfalls den Verwesungsgestank wahr. Mit den Hinterbeinen zieht er das Nistmaterial auseinander und greift dann mit seinen kurzen Vorderbeinen hinein, um die Eier hervorzuziehen.

Schon bald liegt das Gelege aus länglichen, cremefarbenen Eiern frei. Während er sich immer wieder vorsichtig umsieht, ob das Weibchen nicht doch noch auftaucht, verschlingt der *Tyrannosaurus* ein Ei nach dem anderen. Seine langen Zähne sind dabei etwas hinderlich, und so zerbrechen einige Eier, aus denen noch nicht ausgereifte *Tyrannosaurus*-Embryos gleiten. Auch diese wer-

Riskante Mahlzeit: Ein *Didelphodon* frißt ein *Tyrannosaurus*-Embryo. Normalerweise beschützen *Tyrannosaurus*-Weibchen ihre Gelege auch gegen kleine Säugetiere. Wenn aber die Brut noch im Ei stirbt, verlassen die riesigen Raubtiere die Nester und bereiten kleineren Lebewesen wie dem *Didelphodon* ein Festmahl.

GEGENÜBERLIEGENDE SEITE Königin des Waldes: Ein weiblicher *Tyrannosaurus* streift durch einen Araukarienwald. Ein mächtiger Nacken, kräftige Kiefer und lange Zähne machen den Kopf des riesigen Fleischfressers zur schrecklichsten Waffe der Kreidezeit.

den aufgefressen. Betrachtet man die Eierschalen genauer, wird klar, warum das Weibchen das Nest aufgegeben hat. Viele Eier waren offenbar schon lange vor dem Eintreffen des Männchens beschädigt und die Embryos in ihrem Innern abgestorben, was den Verwesungsgestank verursachte. Bei derart großen Eiern ist die exakte Dicke der Schale von entscheidender Bedeutung. Das Muttertier produziert die Schale erst kurz vor dem Legen der Eier. Offenbar ist dieser Prozeß gestört worden: Die Eischalen sind unterschiedlich dick, an einigen Stellen ersticken sie die Embryos unter etlichen Schichten von Kalzium, und an anderen sind sie so dünn, daß Risse aufgetreten sind.

Ursache für diese Störung ist mit großer Wahrscheinlichkeit die erhöhte Aktivität der Vulkane in dieser Region. Der daraus resultierende saure Regen schädigt den Wald und entzieht der Umwelt wichtige Nährstoffe, die die *Tyrannosaurus*-Weibchen benötigen, um intakte Eischalen zu produzieren. Obendrein haben Lavaströme aus dem Norden die jährlichen Wanderungen eines der wichtigsten Beutetiere von *Tyrannosaurus* verhindert, des Entenschnabel-Dinosauriers *Edmontosaurus.* Diese Herbivoren folgen den Regenfällen und legen auf ihrem immer wiederkehrenden Zug von Norden nach Süden und wieder zurück eine Strecke von gut 1000 Kilometern zurück. Durch die Lavaströme ist der Rhythmus dieser Wanderungen jedoch durcheinandergeraten, die Herden brechen erst verspätet auf und gelangen nicht mehr bis in den äußersten Süden. Wahrscheinlich befand sich das *Tyrannosaurus*-Weibchen also, das wie seine Artgenossen auf diese Beutetiere angewiesen ist, durch die Abwesenheit der Herden kurz vor dem Legen der Eier in einer akuten, die Produktion der Schale beeinflussenden Streßsituation. Trotzdem hat es die Eier gelegt und beschützt, bevor sein Geruchssinn ihm verriet, daß das Gelege dem Untergang geweiht war.

Noch während das Männchen die letzten Eier verschlingt, hallt ein tiefes Bellen durch den Wald. Es ist der klagende Schrei eines zur Paarung bereiten *Tyrannosaurus*-Weibchen. In dieser Region beansprucht jedes Weibchen ein Revier von mehreren hundert Quadratkilometern, vermutlich handelt es sich bei dem schreienden Tier also um das Weibchen, das sein Nest auf der Lichtung aufgegeben hat. Ohne Eier oder Junge, um die es sich kümmern müßte, wird ein *Tyrannosaurus*-Weibchen schon bald wieder fruchtbar. Bis ein geeignetes Männchen zur Paarung gefunden ist, kann allerdings einige Zeit vergehen. Die Populationsdichte von *Tyrannosaurus* ist im starken Maße vom Nahrungsangebot abhängig. Aber selbst in der Nähe der fruchtbaren Weidegründe im Norden mit ihren riesigen Herden von Entenschnabel- und Horndinosauriern beschränken sich die Beutezüge der Weibchen auf ein Revier von einigen zehn Quadratkilometern. Die Männchen hingegen durchstreifen Tausende von Quadratkilometern. Sie sind Einzelgänger und zudem seltener als Weibchen.

Das Revier eines männlichen Tieres umfaßt die Reviere mehrerer Weibchen und überschneidet sich nicht selten mit denen anderer Männchen. Ein ausgewachsenes *Tyrannosaurus*-Männchen ist vor allem damit beschäftigt, gegen Rivalen zu kämpfen und nach empfängnisbereiten Weibchen zu suchen. In diesem Fall haben die beiden also Glück: sie, weil sie nicht tagelang nach einem Männchen rufen muß, und er, weil er der erste sein wird, der auf ihr Rufen reagiert.

Bei derart großen Raubtieren gestalten sich selbst natürlichste Vorgänge äußerst kompliziert. Das Männchen reagiert auf den Paarungsruf, indem es den Kopf auf die Seite legt. Die dichte Vegetation und die vor Feuchtigkeit schwere Luft erschweren eine klare Ortung, doch ohne Zweifel muß das Weibchen ganz in der Nähe sein. Jeder neue Schrei löst eine wahre Geräuschkaskade von aufgeschreckten Vögeln und kleineren Dinosauriern aus. Das Männchen weiß, daß

Abseits der Herde: Ein *Anatotitan* hat zum Trinken am Waldrand innegehalten. *Anatotitan* ist einer der größeren, in Herden lebenden Repräsentanten der Entenschnabel-Dinosaurier oder Hadrosaurier, der erfolgreichsten Dinosauriergruppe in Laurasia.

es sich nicht einfach dem Weibchen nähern und mit ihm paaren kann – ein derartiger Versuch würde ihm nur Narben eintragen. *Tyrannosaurus* bevorzugt statt dessen das Ritual der sogenannten »Balzfütterung«. Dabei tötet das Männchen ein Beutetier und nutzt dessen Kadaver, um das Weibchen anzulocken. Während sie frißt, versucht er sich mit ihr zu paaren. Je größer das Beutetier, desto länger bleibt das Weibchen in der Nähe. Da das Männchen es mehrmals begatten muß, damit eine erfolgreiche Befruchtung gewährleistet ist, wagt es sich oft auch an gefährlich große Beutetiere. Viele Männchen sterben bei der Jagd – aufgespießt von den Hörnern eines ausgewachsenen *Triceratops* oder zerquetscht von einem *Anatotitan*. Doch *Tyrannosaurus*-Männchen kennen keinen anderen Lebenszweck als den der Paarung und sind daher bereit, ihr Leben für die »Balzfütterung« aufs Spiel zu setzen. Jetzt stößt das Männchen ein Bellen aus, mit dem es auf die Rufe des Weibchens antwortet, und setzt eine Kotmarkierung auf das verlassene Nest. Dadurch läßt sich das Weibchen zwar nicht anlocken, aber es wird die Gegenwart des Männchens registrieren und vielleicht darauf verzichten, in einen anderen Teil seines Reviers zu wechseln.

»Unter normalen Bedingungen lauert *Tyrannosaurus* seiner Beute aus dem Hinterhalt auf und nutzt den Überraschungseffekt, um seine Opfer zur Strecke zu bringen.«

Der frühe Morgen, noch bevor die ersten Nebel aufziehen, ist die beste Zeit, um diesen Teil der Küste von Laramidia zu betrachten. Hinter dem sumpfigen Küstenstreifen, der den Pierre-Meeresarm säumt, liegt ein schmales Stück Schwemmland mit zahlreichen klaren blauen Seen. Die Vegetation besteht hier vor allem aus Sträuchern und einigen kleinen Baumgruppen. Im Licht der noch tief stehenden Sonne ist eine Herde Entenschnabel-Dinosaurier auszumachen, die am Ufer grasen. Hinter der Ebene erhebt sich der blaßgrüne Blanket Forest. Hier steigt das Land allmählich an, bevor es in das Gebirge mit seinen Vulkanen übergeht.

Das *Tyrannosaurus*-Männchen verläßt den Wald. Es senkt den Schwanz und richtet sich zu voller Größe auf, um seinen Blick über das Schwemmland schweifen zu lassen. Im noch trüben Licht der Morgensonne verleiht ihm der schwarz und grau gefleckte Körper eine perfekte Tarnung, doch im Moment kommt es ihm gar nicht darauf an, ungesehen zu bleiben. Unter normalen Bedingungen lauert es seiner Beute aus dem Hinterhalt auf und nutzt den Überraschungseffekt, um seine Opfer zur Strecke zu bringen. Doch die Paarungsrufe des Weibchens haben eine Veränderung seines Jagdverhaltens bewirkt. Ohne Deckung zu suchen, nähert er sich jetzt einer unweit grasenden *Anatotitan*-Gruppe. Ein ausgewachsener *Anatotitan* ist etwas größer und wesentlich massiger als ein *Tyrannosaurus*. Überdies leben diese Tiere in fest gefügten Herden zusammen, was sie zu keiner leichten Beute macht. Die Pflanzenfresser stoßen Warnschreie

aus und beginnen sich in Bewegung zu setzen. Doch der *Tyrannosaurus* kommt ihnen näher und zwingt die *Anatotitan*-Herde, ihr Tempo zu erhöhen. Einige der Tiere richten sich auf ihre Hinterbeine auf und laufen mit lauten Warnrufen zu einem nahen See. Ein paar große Männchen stellen sich dem Raubtier entgegen. Der Angreifer weicht ihnen aus, nähert sich aber in einem Bogen wieder der Herde. Indem er sie bedrängt, hofft der *Tyrannosaurus* ein altes oder krankes Tier von der Herde zu isolieren. Erneut stellen sich ihm die *Anatotitan*-Männchen in den Weg. Der Räuber macht kehrt und versucht es nun von der anderen Seite. Doch inzwischen ist dichter Nebel heraufgezogen, und es zeichnet sich ab, daß der *Tyrannosaurus* nur dann Beute machen wird, wenn er ein gesundes Männchen direkt angreift. Doch an diese Aufgabe wagt er sich nur unwillig.

Eine Reihe kurzer bellender Laute vom jenseitigen Ufer des Sees eröffnet ihm eine andere Möglichkeit. Langsam löst sich aus dem Nebel vor ihm eine *Torosaurus*-Herde. Diese riesigen, gehörnten Pflanzenfresser erreichen ein Gewicht von bis zu acht Tonnen und dominieren die Küstenebenen. Von allen Horndinosauriern verfügt *Torosaurus* über den eindrucksvollsten Nackenschild, der über den drei Hörnern wie ein großer Kragen zwei Meter hoch aufragt. Damit hat *Torosaurus* nicht nur den größten Schädel aller Dinosaurier, sondern aller landlebenden Tiere. Obwohl dieser riesige Kopfschmuck auch als Schutz dient, setzen die Tiere ihn vor allem ein, um sich bei der Paarung zur Schau zu stellen und Rivalen einzuschüchtern. Auch die Weibchen haben Nackenschilde, aber nur bei den Männchen schwillt er während der Paarungszeit durch vermehrte Blutzufuhr rot an und zeigt zwei leuchtende, wie Augen wirkende Punkte.

Es sind die farbenprächtigen Schilde, die der *Tyrannosaurus* zuerst wahrnimmt, als er sich der Herde nähert. Die Tiere befinden sich in der Paarungszeit, die Bullen kämpfen also miteinander. Bei jedem Kampf gibt es einen Verlierer, und die Verlierer sind erschöpft, vielleicht sogar verletzt – ideale Opfer für den Räuber. Er beobachtet die Paarungsrituale. Innerhalb der Herde herrscht keine feste Hierarchie, daher müssen die Bullen in der Paarungszeit um die Weibchen kämpfen. Dazu gehört, daß sich der Bulle neben eine Kuh stellt und sie »bewacht«. Sobald sich ihm ein Rivale nähert, senkt er den Kopf, um die prächtigen Farben seines Nackenschildes zur Schau zu stellen. Manchmal genügt dies schon, um den Rivalen einzuschüchtern, mindestens ebenso häufig aber beginnt der Herausforderer die Zurschaustellung des Nackenschildes nachzuahmen. Um ihre Stärke zu demonstrieren, vollführen die Kontrahenten eine Reihe von komplexen Bewegungen. Dazu gehört, daß sie immer wieder den Kopf senken und mit dem Nackenschild wackeln. Dieses Ritual spielt eine entscheidende Rolle bei der Festlegung der Hierarchie, nur sehr selten kommt es tatsächlich zum Kampf.

LINKS **Gefahr im Verzug: Ein *Torosaurus*-Weibchen ändert die Farbmuster seines Schildes und stampft mit den Füßen auf den Boden, um einen Angreifer zu vertreiben, der das neben ihm grasende Jungtier bedroht. Die enormen Hörner schrecken selbst große Raubtiere ab.**

Am Ufer des Sees konkurrieren schon seit Sonnenaufgang zwei ebenbürtige Bullen mit dem Zurschaustellen ihrer Schilde. Der eine ist ein erfahrenes, älteres Tier von wahrscheinlich gut 50 Jahren. Der Nackenschild weist einen langen Riß auf, der von einem früheren Kampf mit einem Artgenossen stammen dürf-

ALLES SHOW

DER ERSTE HORNDINOSAURIER, den man im Jahre 1889 entdeckte, war *Triceratops*. Er wies drei Hörner und einen beachtlichen Nackenschild auf, der von seinem Hinterkopf aufragte und aus massivem Knochen bestand. Man nahm damals an, daß es sich dabei um einen hervorragenden Verteidigungsmechanismus handelte, und diesem Gedanken wurde lange Zeit nicht widersprochen. Seitdem sind andere Horndinosaurier gefunden worden, doch *Triceratops* blieb der einzige mit einem massiven Nackenschild. Die anderen entdeckten Horndinosaurier verfügten über große Löcher in der Mitte des Nackenschilds, über die sich wahrscheinlich stark durchblutete Haut spannte. Damit schien die Funktion der Nackenschilde als Verteidigungswerkzeug unwahrscheinlich. Eine nächste Theorie besagte, daß an den Schilden mächtige Kiefermuskeln verankert gewesen sein könnten, die die Tiere in die Lage versetzten, mit ihren Schnäbeln auch noch so hartes Pflanzenmaterial zu durchtrennen. Dagegen spricht, daß Tiere wie *Torosaurus* Halsschilde hatten, die bis zu zwei Meter lang waren. Der Vorteil, den derart lang ausgezogene Muskeln gebracht hätten, wäre nur minimal gewesen.

In den letzten Jahren ist man zu der Überzeugung gekommen, daß diese Nackenschilde vor allem eine optische Signalfunktion während der Paarungszeit hatten, ähnlich den Kämmen und Hornauswüchsen anderer Dinosaurierarten. Massengräber von Horndinosauriern bewiesen, daß junge Tiere keine voll entwickelten Nackenschilde hatten, deren Größe also ein Zeichen für Geschlechtsreife war.

Untersuchungen der Hörner, die in allen Größen und Formen gefunden wurden, haben ergeben, daß einige von ihnen sehr gut dazu geeignet waren, sich beim Kampf ineinander zu verhaken, so wie dies heute bei miteinander kämpfenden Hirschen geschieht. Obwohl Verteidigungsmechanismen immer eine übergeordnete Rolle in der Evolution der Tiere gespielt haben (ganz besonders bei den Spezies mit langen einzelnen Hörnern), stand das Erkennen der eigenen Spezies bzw. des Geschlechts vermutlich bei der Herausbildung bizarrer Formen im Vordergrund. Diese These fand auch Anwendung zur Erklärung der Augenbrauen- und Nasenkämme der Theropoden, der Nasenformen von Entenschnabel-Dinosauriern und sogar der Dornen der Panzerdinosaurier. Und zwar aus einem guten Grund. Sex ist eine entscheidende Triebfeder in der Evolution und Hauptursache vieler extremer Wuchsformen auch bei modernen Säugern und Vögeln. Zudem können die engsten noch lebenden Verwandten der Dinosaurier, die Vögel und die Krokodile, Farben sehen, während die Mehrheit der Säugetiere lediglich schwarzweiß sieht. Man kann daher davon ausgehen, daß Dinosaurier ebenfalls Farben wahrnehmen konnten, und die Zurschaustellung für sie ein sehr wichtiger Lebensbestandteil war.

All die merkwürdigen Beulen und Höcker, die wir heute an vielen versteinerten Skeletten finden, sind vielleicht die Überbleibsel einer großen Palette bunt gefärbter Paarungssignale.

Die eigenartigen Kämme von Entenschnabel-Dinosauriern wie *Parasaurolophus* könnten sowohl der weit sichtbaren Zurschaustellung wie auch zum Erzeugen charakteristischer Töne gedient haben.

Der Nackenschild des *Triceratops* ist untypisch für einen Horndinosaurier, besteht er doch aus massivem Knochenmaterial. Normalerweise befanden sich zwei Löcher in der Mitte des Schildes, was darauf hindeutet, daß er nicht vorrangig der Verteidigung diente.

te. Auf dem Rücken zeugen etliche Narben von Raubtierangriffen. Der Rivale ist wesentlich jünger, aber fast genauso groß. Auf seinem Nackenschild prangen zwei prächtige dunkle »Augenpunkte«, die Haut ist glatt und kaum von Narben durchzogen. Allmählich werden die Bewegungen der Tiere immer spärlicher, bis sie das Kopfnicken und -wackeln schließlich ganz einstellen. Das ist ein schlechtes Zeichen. Das ältere Männchen bellt laut, dann springt der jüngere Herausforderer plötzlich vor und attackiert ihn mit seinen Hörnern. Die Wucht des Angriffs läßt den alten Bullen zurücktaumeln. Die Hörner der beiden Tiere – zwei längere, auf der Stirn sitzende und ein kürzeres Horn auf der Nase – haben sich fest ineinander verhakt. Mit gesenkten Köpfen halten die Tiere, sich Auge in Auge gegenüberstehend, erneut inne. *Torosaurus* ist ein großer, schwerer Dinosaurier, dessen leicht angewinkelten Vorderbeine ihn zwar nicht gerade zu einem schnellen Läufer machen, ihm dafür aber eine um so größere Standfestigkeit verleihen. Kopf an Kopf drücken die Bullen mit ihrem ganzen Körpergewicht gegen den Gegner, um ihn zum Zurückweichen zu zwingen. Die Belastung des Nackens bei diesem Kampf ist enorm.

Immer dichter wird der Nebel, während die Bullen miteinander kämpfen. Knirschend verhaken sich ihre Hörner noch fester ineinander. Die Tiere grunzen und schnauben vor Anstrengung, während sie vergeblich versuchen, den Gegner wegzudrücken. Plötzlich löst sich der ältere Bulle und zieht sich zurück. Der jüngere verfolgt ihn noch ein paar hundert Meter, während er seinen Sieg verkündet, indem er den Kopf hochwirft und brüllt. Schließlich läßt er seinen Gegner ziehen. In einiger Entfernung von der Herde bleibt der alte *Torosaurus* stehen. Nun wird auch deutlich, warum er sich geschlagen gegeben hat. Eines seiner Stirnhörner ist halb abgerissen. Die Wunde blutet stark.

Abgelenkt durch die Schmerzen, die ihm seine Hornverletzung bereiten, bemerkt er den *Tyrannosaurus* zu spät, der sich ihm im dichten Nebel genähert hat. Das Raubtier stürzt sich auf ihn und gräbt seine langen, spitzen Zähne in die Flanke des alten Bullen. Dann reißt er seinem Opfer ein etwa 30 Kilogramm schweres Stück Fleisch aus dem Körper. Angesichts der Körperkraft und -masse des Horndinosauriers wird sich der im Vergleich dazu eher leicht gebaute Räuber hüten, es auf einen Kampf mit seinem Opfer ankommen zu lassen. Nachdem er ihm die riesige Wunde zugefügt hat, zieht er sich zurück, um auf eine weitere Gelegenheit zum Angriff zu warten.

Obwohl er verletzt ist, dreht sich der *Torosaurus* mit erstaunlicher Geschwindigkeit um und stellt sich seinem Angreifer. Diese Wendigkeit ist es, die es allein jagenden Raubtieren so schwer macht, diesen Pflanzenfresser anzugreifen: trotz seiner enormen Größe reagiert *Torosaurus* extrem schnell, und präsentiert seinem Gegner die drei langen Hörner und den weit ausladenden Nackenschild.

FOLGENDE SEITE **Angriff: Ein *Tyrannosaurus* umkreist einen verwundeten *Torosaurus*. Auch wenn der riesige Herbivore eine Verteidigungsposition eingenommen hat, sein Ende steht bevor. Mit dem ersten, aus dem Hinterhalt erfolgten Angriff konnte der Räuber seinem Opfer tiefe Wunden zufügen und es tödlich verletzen.**

Doch der alte Bulle ist bereits schwer angeschlagen. Wütend und von Schmerzen gepeinigt, bellt er auf und sieht sich nach der Herde um. Doch die ist weit weg und kann ihm keinen Schutz bieten. Er versucht, seinen Peiniger anzugreifen, doch die Schmerzen, die ihm das verletzte, gegen den Nackenschild schlagende Horn bereitet, zwingen ihn schon nach wenigen Schritten zum Stehenbleiben. Der *Tyrannosaurus* beginnt ihn zu umkreisen.

Schließlich begeht der Bulle einen fatalen Fehler. Er gerät in Panik und versucht, zur Herde zurückzulaufen. Doch der Räuber hat ihn sofort eingeholt und schlägt ihm erneut die Zähne in die Flanke. Dieses Mal gelingt es ihm, den Hüftknochen seines Opfers zu zerschmettern. Der *Torosaurus* strauchelt. Das Raubtier beißt noch einmal zu.

Ein letztes Mal kommt der Herbivore hoch und stellt sich seinem Angreifer entgegen. Schock und Blutverlust haben ihn sichtlich geschwächt. Dennoch geht der *Tyrannosaurus* noch nicht zum letzten, tödlichen Angriff über. Als er sieht, daß ihm sein Opfer nicht mehr entkommen kann, ruft er mit kurzem, tiefem Bellen nach dem Weibchen im Blanket Forest.

Eine halbe Stunde später hält sich der alte Bulle noch immer auf den Beinen. Kurz bevor er das Bewußtsein verliert, sieht er, warum er sterben mußte. Aus dem Nebel taucht ein riesiges *Tyrannosaurus*-Weibchen auf. Narben verunstalten die eine Hälfte seines Gesichts, und es hinkt leicht beim Laufen. Die auf ihn gerichteten Augen sind dunkelrot, ein Zeichen dafür, daß es schon sehr alt ist. Das *Tyrannosaurus*-Männchen stößt jetzt höhere Schreie aus, achtet aber darauf, nicht zwischen das Weibchen und die Beute zu geraten. Langsam, das Männchen kaum eines Blickes würdigend, nähert sie sich dem mittlerweile am Boden liegenden *Torosaurus.* Sie schnüffelt an dem sterbenden Tier, lange Speichelfäden hängen aus ihrem Maul. Dann beginnt sie zu fressen und reißt mit ihren langen Zähnen große Stücke Haut, Fleisch und sogar Knochen aus dem Tierkörper. Ein solches Freßverhalten bringt es unweigerlich mit sich, daß der eine oder andere Zahn abbricht. Doch *Tyrannosaurus* benötigt seine Zähne nicht zum Kauen, die aus der Beute gerissenen Stücke werden ganz heruntergeschluckt. Vorsichtig nähert sich ihr das Männchen, den Kopf gesenkt und hustende Geräusche ausstoßend. Dann richtet es sich auf die Hinterbeine auf und bläst seinen roten Kehllappen auf, um das Weibchen zu beeindrucken. Doch als das Weibchen seine Absicht erkennt, wendet es sich mit weit aufgerissenem Maul zu dem Männchen um und zeigt dabei den bluttriefenden Rachen. Eine Warnung: Sie ist noch nicht bereit, sich zu paaren.

GROSSMÄULER

VERGLICHEN MIT DER großen Vielfalt der von den herbivoren Dinosauriern entwickelten Freßmethoden, nehmen sich die der Carnivoren recht konservativ aus. Die theropoden Dinosaurier waren die Fleischfresser-Dynastie des Mesozoikums, und alle Raubtiere dieser 160 Millionen Jahre entstammten dieser Gruppe. »Landhaie« hat man sie bisweilen genannt, weil ihr Jagdverhalten vermutlich dem der Haifische ähnelte – sie stürzten sich auf die Beute, rissen ein großes Stück Fleisch heraus und zogen sich zurück, um abzuwarten, wie groß die zugefügte Verletzung war. Von *Coelophysis* bis zu *Tyrannosaurus* verfügten diese Raubtiere alle über nach hinten gebogene Zähne. In dem Moment also, in dem sie ihre Zähne in das Opfer schlugen, wurde ein Stück Fleisch aus dem Körper des Opfers gelöst. Diese Dinosaurier entwickelten keinen Kaumechanismus, sie zerrissen ihre Beute und schlangen sie in großen Brocken herunter. Ein Fossilfund stellt die mit diesem Verfahren verbundenen Risiken eindeutig unter Beweis – ein großer Fleischfresser war offensichtlich beim Verschlingen seiner Beute erstickt, als zwei lange Knochen in seiner Speiseröhre steckenblieben. Einige Arten verbesserten im Laufe ihrer Entwicklung ihr Jagd- und Freßverhalten. Die Raptoren begannen Greifhände und lange Zehenklauen auszubilden, mit denen sie ihre Beute verletzen konnten, bevor sie zuschnappten.

Von allen Raubdinosauriern hatte *Tyrannosaurus* den größten Kopf, was die geringe Größe der Arme erklären könnte. Um auf zwei Beinen das Gleichgewicht halten zu können, mußte das Gewicht der Arme zugunsten der riesigen Kiefer reduziert werden.

Tyrannosaurus war lediglich eine große Beißmaschine.

Wenn man davon ausgeht, daß *Tyrannosaurus* möglicherweise warmblütig war, benötigte er bei seiner enormen Größe zum Überleben eine Menge Fleisch. Auf der Grundlage einer Szene aus *Jurassic Park*, in der das Raubtier einen Rechtsanwalt verschlingt, hat der Paläontologe James Farlow eine lehrreiche Berechnung aufgestellt. Bei einem angenommenen Gewicht von 4,5 Tonnen für einen *Tyrannosaurus* und 68 Kilogramm für einen Anwalt, benötigte ein Saurier pro Jahr 292 Juristen, um satt zu werden.

Als sich das Weibchen satt gefressen hat, kauert es nieder und legt den Kopf auf den Boden. Das Männchen umkreist es, doch das Weibchen zeigt noch immer kein Interesse. Fast den ganzen Tag über schläft das Weibchen. Mit Hereinbrechen der Abenddämmerung lichten sich die Nebel, und die untergehende Sonne taucht den Schauplatz des blutigen Geschehens in ein gespenstisches rotes Licht. Die *Torosaurus*-Herde ist weitergezogen. Mit den letzten Strahlen der Sonne erwacht sie, und endlich zeigt sie mehr Interesse an ihm. Als sie den Schwanz hebt, nähert er sich ihr schnell von hinten. Während der Paarung stützt er sich mit den kurzen vorderen Gliedmaßen ab. Die eigentliche Paarung ist nur von kurzer Dauer, wird dafür aber mehrfach wiederholt. Dazwischen schläft das Weibchen oder frißt, das Männchen aber verläßt niemals seinen Wachposten.

Zwei Tage lang paaren sich die beiden Carnosaurier immer wieder. Beim ersten Licht des dritten Tages geht plötzlich ein tropischer Regenguß hernieder. Der Regen durchtränkt den bereits stark verwesten Kadaver des *Torosaurus* und

spült kleine Käferlarven in übel riechenden Rinnsalen davon. Das Weibchen zeigt keine Bereitschaft mehr zur Paarung. Das Männchen ist gereizt, es ruft und macht immer wieder auf sich aufmerksam. Am späten Vormittag hört es auf zu regnen, und durch die feuchtkalte Luft dringt der Lärm der zurückkehrenden *Torosaurus*-Herde. Als sie auf das *Tyrannosaurus*-Paar treffen, führen ein paar der ausgewachsenen Tiere Scheinangriffe gegen die beiden Carnosaurier durch, die sich schließlich von dem Kadaver zurückziehen müssen. Noch während sie sich dem Waldrand nähern, zerreißt das dünne Band, das durch die Paarung zwischen ihnen bestanden hat. Ohne jede Vorwarnung stürzt sich das Weibchen auf seinen Partner. Er reagiert schnell, doch es gelingt ihr, die Zähne in seinen Hinterkopf zu schlagen. Er strauchelt, kann sich aber losreißen und fliehen. Bellend und beißend setzt das Weibchen ihm nach. Doch die Verfolgung währt nicht lange, und trotz der davongetragenen Wunde hat das Männchen Glück gehabt. Es ist davon auszugehen, daß seine Bemühungen erfolgreich waren, er also Nachkommen gezeugt hat.

In dieser Nacht ist an einem der 500 Kilometer entfernt im Norden liegenden Vulkane zunehmende Aktivität zu verzeichnen. Es beginnt mit einer Serie kleiner Eruptionen, die noch im Blanket Forest deutlich als ein Beben des Bodens zu spüren sind. Am nächsten Morgen steht am nördlichen Horizont eine dünne Rauchsäule. Geologisch betrachtet ist dieser Gebirgszug sehr jung und immer noch im Entstehen begriffen. Seinen Ursprung verdankt er der Verschiebung Laramidias nach Westen durch den größer werdenden Atlantik. Die Entstehung der Berge hat Umwelt und Klima in der ganzen Region nachhaltig beeinflußt. Aus Tiefebenen wurden Hochebenen, die Niederschlagszonen haben sich verlagert, Flüsse ihren Lauf geändert. Der Wandel vollzieht sich jedoch so langsam, daß Tiere und Pflanzen sich anpassen können. Einigen gelingt dies allerdings besser als anderen.

Die Katastrophe naht

5 MONATE BIS ZUM EINSCHLAG

Der Vulkan im Norden ist ausgebrochen. Eine gewaltige Explosion schleudert Millionen Tonnen von heißer Asche und Vulkangestein nach Osten und verwüstet einen Landstrich von 200 Kilometer Länge und 100 Kilometer Breite. Wälder, Grasland und Seen werden unter einer Ascheschicht begraben, die an manchen Orten bis zu 20 Meter dick ist. Hunderttausende von Tieren fallen dieser erdgeschichtlichen Katastrophe zum Opfer, am schlimmsten aber trifft es die *Edmontosaurus*-Herden. Durch den Vulkanausbruch sind in dieser Region 70 Prozent der globalen *Edmontosaurus*-Population begraben worden. Die noch lebenden Tiere sind in kleine, voneinander isolierte Gruppen versprengt. Einst zogen diese Entenschnabel-Dinosaurier zu Tausenden über die an den Ufern des Pierre-Meeresarms gelegenen Küstenebenen; nun umfaßt die größte Gruppe der überlebenden Tiere nicht mehr als 40 Tiere. Für ein in Herden lebendes Tier wie *Edmontosaurus* bedeutet dies eine Gefahr, benötigt es doch zahlenmäßig große Tiergruppen, um sich erfolgreich zu vermehren. So wird *Edmontosaurus* aussterben, weil nicht genug Nachwuchs gezeugt werden kann. Dadurch geraten wiederum andere Tiere, die von den Entenschnabel-Dinosauriern abhängen, unter Druck – nicht zuletzt auch ein Raubtier wie *Tyrannosaurus*. In einigen Regionen besteht die Nahrung dieses Großräubers zu mehr als der Hälfte aus *Edmontosaurus*.

500 Kilometer weiter südlich sind die Auswirkungen des Vulkanausbruchs nicht ganz so verheerend, aber immer noch beträchtlich. In der folgenden Nacht trägt ein Nordwind große Mengen feinen Staubes über das Land. Schon bald ist alles mit einer Staubschicht überzogen. Im Mondlicht wirkt die gespenstisch weiße Landschaft wie mit Rauhreif überzogen. Die Pflanzen benötigen dringend Regen, damit der Staub abgewaschen wird, andernfalls werden sie ersticken. Einer *Anatotitan*-Brutkolonie hat der nächtliche Staubregen bereits den Tod gebracht.

Anatotitan ist eng mit *Edmontosaurus* verwandt, mit einer Länge von etwa 13 Metern und fünf Tonnen Gewicht ist *Anatotitan* allerdings größer. Außerdem lebt *Anatotitan* nicht in großen Herden, sondern in kleineren Gruppen zusammen. Eine solche Gruppe hat am Seeufer eine Reihe von Hügelnestern angelegt, aus denen die Jungen alle gleichzeitig geschlüpft sind. Selbst bei Nacht streifen die Alttiere zwischen den Nestern entlang, um sich um ihre Nachkommen zu kümmern. Sie versorgen sie mit Pflanzensprößlingen und schützen sie vor Wind und Wetter. Doch gegen die von Norden hereingetragene Staubwolke vermögen sie nichts auszurichten. Die frisch geschlüpften Jungtiere hocken auf dem Boden großer Nestmulden, in denen sich der niederfallende Staub

GEGENÜBERLIEGENDE SEITE **Das Ende: Der im Norden gelegene Vulkan sprengt seine Spitze ab und schleudert riesige Mengen von Asche in die Atmosphäre. Läßt der Vulkanausbruch in seiner Heftigkeit nach, sinkt der Großteil des Staubes zu Boden und legt sich wie ein tödlicher Schleier über die Landschaft, der alles Leben unter sich begräbt.**

Vergiftete Erde: In einer vulkanisch aktiven Region gibt es viele heiße Quellen, die giftige Gase verströmen und so nicht selten den Tod von Herbivoren verursachen. Angesichts ihrer Kadaver wird *Tyrannosaurus* gelegentlich auch zum Aasfresser.

schon bald zu sammeln beginnt. Die Jungtiere sind zu klein, um aus dem Nest zu klettern. Die Nacht ist erfüllt von den besorgten Schreien der erwachsenen Entenschnabel-Dinosaurier und den verzweifelten Rufen der erstickenden Jungen. Die Alttiere, die nicht verstehen, was vor sich geht, reagieren auf die Rufe der Jungen, indem sie mit Staub bedeckte Nahrung zu den Nestern tragen. Durch ihr ununterbrochenes Hin- und Herlaufen wirbeln sie jedoch weiteren Staub auf, der sich in den Nestmulden absetzt.

Gegen Morgen sind nur noch wenige Jungtierrufe zu hören. Die erwachsenen Tiere sind über und über mit Staub bedeckt und verwirrt. In ein oder zwei Nestern ist es Jungtieren gelungen, aus der Staubschicht auf die von den Alten herbeigeschafften Pflanzen zu klettern. Aber es sind nur wenige, der überwie-

gende Teil der Jungen liegt tot auf dem Boden der Nestmulden. Solange noch ein paar Jungtiere leben, werden die erwachsenen Tiere die Nester nicht verlassen, doch gegen Mittag taucht ein weiteres Problem auf: Schwere Regenfälle setzen ein. Zwar reinigt der Regen die Pflanzen, zugleich verwandelt er aber auch den Staub in den Nestern in eine klebrige Masse. Die wenigen überlebenden *Anatotitan*-Jungtiere ersticken im Schlamm. Noch haben die Alten die Brutpflege nicht aufgegeben und versuchen ihre schlammbedeckten Nachkommen aus den Nestern zu fischen. Doch das Unterfangen ist hoffnungslos. Die gesamte Brut dieses Jahres ist tot, und in ein paar Tagen wird die Gruppe weiterziehen.

Andere Tiere hingegen profitieren von der vulkanischen Asche. Kleine fleischfressende Säugetiere wie *Didelphodon* sind kaum vom Aschenregen betroffen, da sie in Erdhöhlen leben. Als die *Anatotitan*-Herde schließlich ihre Nester aufgibt, um fortzuziehen, graben sich die Säuger auf der Suche nach den toten Saurierjungen durch den mittlerweile getrockneten Aschenschlamm. Nachdem die Herde abgezogen ist, wimmelt es in den Nestern von pelzigen Säugetieren, die um die kleinen Dinosaurierkadaver kämpfen.

Nach den heftigen Regenfällen sieht der Blanket Forest bald wieder so aus wie vor dem Vulkanausbruch, wenngleich viele Flüsse und Seen mit Schluff verstopft sind. Auf einer kleinen Anhöhe, unweit seines vor wenigen Monaten aufgegebenen Geleges, baut das alte *Tyrannosaurus*-Weibchen ein neues Nest. Bevor es mit dem Nestbau begann, war es drei Monate auf Jagd und hat so viele Tiere getötet und verschlungen, wie es nur fressen konnte. Wenn es erst einmal die Eier gelegt hat, wird es so lange hungern müssen, bis die Jungen geschlüpft sind. Normalerweise dauert das Heranreifen der Jungen im Ei etwa zwei Monate. Nicht nur die vielen kleinen Raubtiere sind eine ständige Bedrohung für das Gelege, sondern auch Artgenossen. Das Weibchen kann seine kostbaren Eier also nicht einen Moment unbewacht lassen. Mehrere Tage hat es Zweige, Blätter und Moos gesucht, um ein großes Hügelnest zu errichten. Nun ist es bereit, mit der Eiablage zu beginnen. Damit später die Jungen schlüpfen können, müssen die großen, länglichen Eier aufrecht, mit dem spitzen Ende nach oben im Nest stehen. Das Weibchen benutzt seine winzigen, aber kräftigen Arme, um die Eier äußerst behutsam in Form einer Spirale aufzustellen. So ist gewährleistet, daß die Jungen, wenn sie schlüpfen, das obere Ende des Eis aufstoßen und aus der Schale kriechen können, ohne den Rest der Brut zu stören oder gar zu beschädigen. Schon seit langer Zeit hat das Weibchen keine Eier mehr bis zu diesem Stadium heranreifen sehen. Und angesichts dessen, was das Muttertier bei einer Unterbrechung des Nestbaus mit der Witterung aufnimmt, stehen auch dieses Mal die Chancen nicht gut.

Zeit des Niedergangs

2 MONATE BIS ZUM EINSCHLAG

Von den warmen, mittäglichen Aufwinden in die Lüfte gehoben, gleitet ein großer *Quetzalcoatlus* über die vom Vulkanausbruch verwüstete Landschaft. Mit einer Flügelspanne von elf Metern beherrscht er die Kunst, sich mittels Luftströmungen fortzubewegen, derart meisterhaft, daß er kaum mit den Flügeln zu schlagen braucht. Vor dem Hintergrund der dunklen Vulkanasche jedoch hebt sich sein makellos weißer Körper in auffälligem Kontrast ab.

Ein *Quetzalcoatlus* ist hier ein äußerst seltener Anblick. Einst waren alle möglichen Arten von Pterosauriern Bestandteil fast jeden Ökosystems. Doch inzwischen ist diese Gruppe bis auf einige wenige Riesenexemplare ausgestorben, wofür eine ganze Reihe von Faktoren verantwortlich ist. Zum einen hat die Anzahl und Artenvielfalt der Vögel während der Kreide sprunghaft zugenommen, zum anderen haben sich die Vögel den Lebensbedingungen der immer dichter werdenden Vegetation besser angepaßt als die Flugsaurier. Hatte dies zunächst das Aussterben vor allem der kleineren Pterosaurier zur Folge, so wurden die Populationen der großen Flugsaurier durch das drastische Absinken des Meeresspiegels empfindlich dezimiert. Die meisten Riesenflugsaurierarten waren darauf spezialisiert, in den warmen, seichten Meeren zu fischen. So fliegt zum Beispiel *Quetzalcoatlus* auf der Nahrungssuche an der Wasseroberfläche entlang und taucht seinen zahnlosen Schnabel in das Wasser ein, um wie mit einer Schöpfkelle die Fische herauszuholen. Die epikontinentalen Meere, riesige überflutete Landflächen, stellten ideale Jagdgründe für die Riesenflugsaurier dar. Sie waren nicht nur fischreich, sondern auch ruhig und glatt, so daß die Pterosaurier leicht Beute machen konnten. Als dann jedoch der Meeresspiegel sank, verschwanden zuerst die epikontinentalen Meere. Die Flußläufe wurden immer länger, während das Wasser in die tieferen Meeresarme zurückwich. In dieser Region befindet sich auch der Pierre-Meeresarm auf dem Rückzug, bis Laramidia und Appalachia zum ersten Mal nach Millionen von Jahren wieder eine einzige, große Landmasse bilden werden. Angesichts des allmählichen, aber unaufhaltsamen Verlustes ihres Lebensraums sind die Zahlen der Pterosaurier stark rückläufig, und auch *Quetzalcoatlus* ist akut vom Aussterben bedroht.

»*Deinosuchus* erreicht mit einem Gewicht von über zwei Tonnen eine Länge von mehr als zwölf Metern und würde jederzeit einen *Tyrannosaurus* angreifen, der sich dem Wasser nähert.«

Wahrscheinlich wurde das Männchen durch den Vulkanausbruch hierher vertrieben. Daß es überlebt hat, ist reiner Zufall – wäre der große Pterosaurier in die Staubwolke geraten, hätte er sich nicht in der Luft halten können. In weiten

Kreisen steigt er immer höher über das Vorgebirge auf und wendet sich schließlich nach Süden, fort von der unter Asche begrabenen Landschaft. Am Horizont erkennt er das Grün lebender Pflanzen, und er riecht Wasser. Entfernungen bedeuten für ihn wenig, ist er doch in der Lage, fast ohne jede körperliche Anstrengung ganze Kontinente zu überqueren. Nördliche Winde beschleunigen seinen Flug, so daß er nach drei oder vier Stunden gut 100 Kilometer zurückgelegt hat. Fast den ganzen Nachmittag über ist er am Küstensaum entlanggeflogen, doch jetzt wendet er sich landeinwärts und beginnt seinen Sinkflug über einem Binnensee. Der lange sandige Strand am westlichen Ufer des Sees bietet einen idealen Lande- und Startplatz. Immer langsamer wird der Gleitflug des *Quetzalcoatlus*, bis er schließlich etwa einen Meter über dem Strand in der Luft stehenbleibt und auf den Hinterbeinen landet. Nachdem er seine empfindlichen Flügel und die Flügelfinger auf dem Rücken zusammengefaltet hat, watschelt er schwerfällig zum Saufen ans Ufer. Auf dem Boden ist er verwundbar und unsicher, und er verbringt mehr Zeit damit, sich nach Feinden umzusehen als zu saufen.

Dinosaurier-Killer: Seit dem frühen Mesozoikum sind Krokodile erfolgreiche Raubtiere des Süßwassers. Einige, wie *Deinosuchus*, erreichen eine enorme Größe. Dinosaurier, die sich den Flußufern nähern, um zu trinken, sind für sie eine leichte Beute.

Er hat tatsächlich allen Grund, wachsam zu sein. Die Gegend besteht zum überwiegenden Teil aus überflutetem Marschland, ein idealer Lebensraum für riesige, äußerst gefährliche Krokodile, denen es gelungen ist, die großen Raubsaurier fast vollkommen zu vertreiben. *Deinosuchus* erreicht mit einem Gewicht von über vier Tonnen eine Länge von mehr als zwölf Metern und würde jederzeit einen *Tyrannosaurus* angreifen, der sich dem Wasser nähert. *Deinosuchus* jagt sowohl in Süß- wie in Salzwasser. Er lauert landlebenden Tieren, die sich in der Nähe des Ufers aufhalten, im Wasser auf, um sich auf sie zu stürzen. In dem See, dessen Wasser der *Quetzalcoatlus* trinkt, leben mehrere große *Deinosuchus*-Exemplare. Doch er erkennt die Bedrohung nicht, weil kleine Wasserfarne einen Großteil der Wasseroberfläche bedecken und den Räubern eine perfekte Tarnung verschaffen. Als der Pterosaurier seinen Schnabel ins Wasser taucht, spüren die Krokodile die Bewegungen. In etwa 20 Meter Entfernung taucht ein mächtiger gepanzerter Schädel lautlos aus dem Wasser. Durchscheinende Augenlider wischen die Farnblätter von den orangefarbenen Augen des *Deinosuchus*, der seine Beute mustert. Dann verschwindet der Kopf wieder unter Wasser. Mit einer einzigen Bewegung seines Schwanzes gleitet das Raubtier durch die Farne auf sein Opfer zu. Der *Quetzalcoatlus* sieht die Gefahr zwar nicht, aber er scheint sie zu spüren, denn er wird zunehmend unruhig und wendet sich wieder vom See ab.

In diesem Moment explodiert direkt vor ihm das Wasser. Der *Deinosuchus* schießt auf ihn zu. Der Pterosaurier weicht zwar zurück, doch das Krokodil vermag seine Zähne in den rechten Flügel seines Opfers zu schlagen. Um den Angreifer einzuschüchtern, öffnet der *Quetzalcoatlus* den anderen Flügel und hackt mit dem Schnabel auf dessen Kopf ein. Doch seine Verteidigungsanstrengungen sind hoffnungslos. Durch den dicken Schuppenpanzer spürt das Krokodil die Attacken des Pterosauriers kaum, zumal dieser trotz seiner beeindruckenden Flügelspanne noch nicht einmal 100 Kilogramm wiegt. Zwischen den starken Kiefern des Raubtiers zerbrechen die leichten Knochen des rechten Flügels wie dürre Äste. Schon im nächsten Moment zieht das Krokodil sein sich verzweifelt wehrendes Opfer ins Wasser. Nun taucht noch ein weiteres Krokodil aus

INFORMATIONEN AUS DEN KNOCHEN

EIN VERSTEINERTES Skelett gibt nicht nur Aufschluß über die Körperformen eines Tieres, es lassen sich aus ihm auch Rückschlüsse auf den gesundheitlichen Zustand des jeweiligen Lebewesens ziehen. Zwar lassen nur etwa ein Prozent der Krankheiten Spuren an den Knochen zurück, doch dazu gehören u. a. Arthritis, die an zwei *Iguanodon*-Knöcheln festgestellt werden konnte, und Entzündungen, wie z. B. ein Abszeß, der am Kiefer eines Entenschnabel-Dinosauriers nachgewiesen wurde. In Armen und Zehen eines *Tyrannosaurus* diagnostizierte man Gicht, was nicht sonderlich überrascht, rechnet man doch auch beim Menschen den übermäßigen Genuß von rotem Fleisch zu den Ursachen dieser Krankheit.

Aus der Tatsache, daß die Rückenwirbel bei vielen Dinosaurierskeletten versteift sind, schloß man, daß viele der Tiere unter Arthritis gelitten haben müssen. Doch neuere Erkenntnisse legen nahe, daß es sich bei dieser Versteifung um eine sogenannte Diffuse idiopathische Skeletthyperostose, kurz DISH,

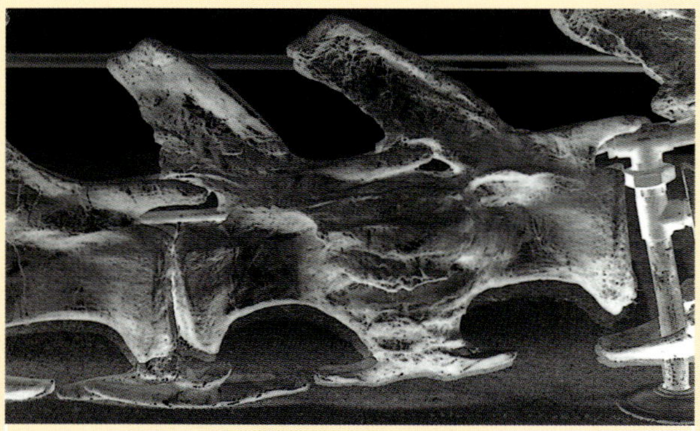

Die versteiften Wirbelknochen eines Sauropoden. Ursache könnte eine Krankheit gewesen sein, denkbar wäre aber auch, daß dies die Weibchen in die Lage versetzte, bei der Paarung das Gewicht der Männchen zu tragen.

handelt. Sie entsteht, wenn die entlang der Rückenwirbel verlaufenden Sehnen verkalken und das Rückgrat versteifen lassen. Ursache für diese körperliche Veränderung ist allerdings nicht eine Krankheit, vielmehr scheint sie bei den Dinosauriern eine Anpassung gewesen zu sein, um das Körpergewicht auf die Hinterbeine zu verlagern. Hadrosaurier, Horndinosaurier, Sauropoden und *Iguanodon* zeigen alle diesen spezifischen Zustand des Rückgrats, der den Tieren vermutlich dabei half, die Schwänze erhoben zu halten. *Stegosaurus* benötigte zur Verteidigung einen äußerst flexiblen Schwanz und zeigt daher auch keinerlei Anzeichen von DISH. Horndinosaurier wie *Triceratops* weisen überdies eine partielle Versteifung auch der Halswirbel auf, die möglicherweise notwendig war, um den mächtigen Kopf zu stützen.

Nicht nur Krankheiten, auch Verletzungen wie z. B. verheilte Brüche lassen sich an Knochen nachweisen. Ein *Tyrannosaurus*-Fund weist eine Verletzung auf, die derart schwer gewesen sein muß, daß er den Hals zurück und nach oben verdreht hat. Bestimmte Frakturen scheinen bei einigen Arten häufig gewesen zu sein und geben damit Hinweise auf das Leben der jeweiligen Spezies. Rippenbrüche sind bei Sauropoden nachgewiesen worden, die vielleicht dadurch entstanden, daß sich die Tiere gegen etwas gelehnt haben. Carnivoren weisen häufig verheilte Brüche der Gliedmaßen auf, was die Risiken ihrer Angriffe auf größere und schwerere Beutetiere deutlich macht usw.

dem Wasser auf, schnappt nach dem Hals des Pterosauriers und bricht ihm mit einer Drehung seines Körpers das Genick. Der Todeskampf des *Quetzalcoatlus* hat nur Sekunden gedauert. Über den Tieren schließt sich der Farnteppich.

Die Nacht ist kühl, und am darauffolgenden Morgen legt sich zum ersten Mal seit einigen Wochen wieder dichter Nebel auf den Blanket Forest. Feuchte Nebelschwaden kriechen über den Waldboden und hüllen das schlafende *Tyrannosaurus*-Weibchen ein. Tropfen bilden sich auf seinem Körper und laufen in kleinen Rinnsalen über seine Flanken. An den Nasenlöchern entstehen kleine Pfützen, aus denen bald ein Schmetterling zu trinken beginnt. Schmetterlinge vertreten nur eine von vielen »Baureihen« der außerordentlich erfolgreichen Insekten. Während des Zeitalters der Dinosaurier haben sich mehr und mehr Insektenarten entwickelt und sind in fast allen Lebensräumen der Erde heimisch geworden. Die Schmetterlinge mit ihren langen Saugrüsseln und den zarten Flügeln sind der jüngste Insektentyp und ernähren sich überwiegend von Blüten. Diesem Schmetterling jedoch gelingt es, das *Tyrannosaurus*-Weibchen zum Niesen zu bringen, so daß das Insekt in die Büsche geblasen wird. Der Räuber reckt den muskulösen Hals und hebt seinen von Narben gezeichneten Kopf. Das Weibchen sieht krank und ausgezehrt aus. Die roten, trüben Augen liegen tief in den Höhlen. Seit sieben Wochen hat es nichts gefressen. Etwa 25 Meter von seinem Versteck entfernt liegt sein Nest aus Moos und Blättern. Langsam erhebt sich das Weibchen und schreitet leicht hinkend hinüber – es leidet unter Gicht, die ihm immer mehr Schmerzen bereitet, je entkräfteter es ist. Zwei *Didelphodon*-Exemplare inspizieren das Nest. Als sie das Weibchen bemerken, flüchten sie. Es schnappt zwar noch nach ihnen, verfolgt sie aber nicht weiter. Statt dessen umkreist es schnuppernd das Nest und sucht nach Anzeichen für beschädigte oder sogar schon verwesende Eier. Offenbar scheint alles in Ordnung zu sein, denn schon bald darauf kehrt es in sein Versteck zurück.

Etwas ist ihm jedoch entgangen. In dem warmen Nesthaufen liegt zusammengerollt ein außergewöhnlich aussehendes, langes und dünnes Reptil – eine Schlange. Die Schlangen gehören zu einer Gruppe hochspezialisierter Echsen, die in der Kreidezeit entstanden sind und sich kriechend, ohne den Gebrauch von Gliedmaßen fortbewegen. Durch wechselseitige Kontraktionen der Längsmuskeln vermögen sie sich äußerst schnell zu bewegen und auf diese Weise ihrer Beute, warmblütigen Tieren, nachzustellen. Mit der zunehmenden Verbreitung der Säugetiere haben Schlangen die einzigartige Fähigkeit entwickelt, deren Wärmestrahlung wahrzunehmen. Ihre Temperatursinnesorgane, die Grubenorgane, sitzen zwischen Augen und Nasenlöchern und registrieren selbst Temperaturschwankungen von weniger als 0,03 Grad Celsius. Warmblüter haben kaum eine Chance, sich vor ihnen zu verbergen.

Der Anfang vom Ende

1 TAG BIS ZUM EINSCHLAG

Das Licht der aufgehenden Sonne fällt auf ein Bild der Verwüstung. In einem breiten Streifen entlang der südwestlichen Küste des Pierre-Meeresarms sind alle Wälder und Sümpfe tot. Über den einst fruchtbaren Ebenen liegt der Geruch verrottender Pflanzen, die feuchte Luft ist voller Insekten. Es gibt keinen Schatten – die Bäume haben alle Blätter verloren und sind nur mehr nackte Stümpfe. Jetzt wird ein verheerender Nebeneffekt des Vulkanausbruchs deutlich, der vor einigen Monaten stattgefunden hat. Tausende von Tonnen Staub, die sich über die Landschaft gelegt hatten, sind zwar teilweise von Bächen und Flüssen aus den Wäldern fortgespült worden, aber in den nur träge fließenden Wassern der Flußmündungen hat sich der vulkanische Staub abgelagert und das empfindliche Süßwasserökosystem zerstört, zuvor trockene Lebens-

räume werden überschwemmt und die Baumwurzeln erstickt. Es wird Jahre dauern, bis sich die Landschaft wieder erholt hat. Aber dann wird es für die großen Tiere dieser Region bereits zu spät sein. Überdies zeigt der riesige Vulkan, der hinter dem Blanket Forest aufragt, ebenfalls Anzeichen von Aktivität. Es ist nur eine Frage der Zeit, bis auch er, wie der im Norden gelegene, ausbrechen wird.

Unter einigen Palmen, deren braune Blätter schlaff herabhängen, sucht eine *Anatotitan*-Herde unter herabgefallenem Laub und abgestorbenen Pflanzen nach frischem Grün. Sie sind hungrig und stoßen immer wieder tiefe Laute aus, mit denen sie sich gegenseitig ihrer Gegenwart zu versichern scheinen. Diese Entenschnabel-Dinosaurier verfügen über eine äußerst effiziente Weidetechnik. Mit ihren breiten »Schnäbeln« können sie selbst extrem kurze Pflanzen abreißen, und die in ihrem Maul befindliche Zahnbatterie mit bis zu 700 Zähnen ermöglicht es ihnen, auch extrem hartes Pflanzenmaterial zu zerkleinern.

Vergebliche Mühen: Die Landschaft, in der zwei Mitglieder einer *Anatotitan*-Gruppe miteinander rivalisieren, bietet ein Bild der Verwüstung. Ein ehedem großer See ist durch einen Lavastrom von seiner Wasserversorgung abgeschnitten und nunmehr nur noch ein stehender Tümpel, in dem Krokodile lauern, um sich auf durstige Dinosaurier zu stürzen.

Verrottende, tote Pflanzen jedoch bieten ihnen nicht die notwendigen Nährstoffe. In der durch den Vulkanausbruch zerstörten Landschaft finden sie keine Nahrung mehr. Um ihr Überleben zu sichern, müßten sie also weiterziehen. Doch *Anatotitan* ist ein sehr seßhaftes Tier. Die Herde wird die sterbende Sumpflandschaft nicht verlassen. Die Palmen hinter sich lassend, wandern die Tiere bis zum Ufer eines Sees.

Die Krokodile dagegen profitieren von dem verschlammten Marschland. Sie sind nun in der Lage, von einem See in den nächsten zu wechseln und die geschwächten Herbivoren zu jagen. Einige Mitglieder der *Anatotitan*-Herde sind bereits von den Riesenkrokodilen getötet worden. Die Entenschnabel-Dinosaurier beobachten das trübe Wasser aufmerksam, während sie an den Schachtelhalmen fressen. Normalerweise würden sie sich nur in größerer Entfernung von einem Gewässer aufhalten, das von Krokodilen nur so wimmelt, aber dies ist nunmehr unmöglich. Hoch aufspritzendes Wasser in dem ansonsten spiegelglatten See läßt die Herde in Panik fliehen. Das undurchsichtige Wasser beruhigt sich wieder. Vom Hunger getrieben, kehren die Dinosaurier allmählich zurück. Abgelenkt durch die Bedrohung aus dem Wasser, entgeht ihnen ein anderer Räuber, der sich ihnen durch die abgestorbenen Bäume nähert.

Das alte *Tyrannosaurus*-Weibchen hält in einiger Entfernung von der Herde inne und sucht nach geschwächten Tieren. Die Mitglieder der *Anatotitan*-Herde befinden sich alle in körperlich schlechter Verfassung, so daß das *Tyrannosaurus*-Weibchen einen direkten Angriff auf sie wagen kann. Einige Meter hinter ihm, verborgen im Unterholz, stehen drei kleine *Tyrannosaurus*-Junge. Sie sind erst einige Tage alt und haben immer noch den gesprenkelten Rücken und die typisch gelben Augen der Jungtiere. Im Vergleich zu den ausgewachsenen Tieren wirken Kopf und Gliedmaßen im Verhältnis zum Rumpf überdimensioniert, trotzdem sind sie bereits schnelle Läufer. Ihre Mutter nähert sich langsam der Beute. Die langen Hungermonate sind nicht spurlos an ihr vorübergegangen. Die Gicht hat ihr Hinken verstärkt, und sie sieht extrem abgemagert aus. Nach einigen Schritten fällt sie in einen ungleichmäßigen Trab. Der ihr am nächsten weidende *Anatotitan* bemerkt sie zu spät. Er stößt einen ohrenbetäubenden Alarmschrei aus und versucht durch das seichte Wasser zu fliehen. Doch schon stürzt sich der *Tyrannosaurus* auf sein Opfer. Das Weibchen verfolgt die gleiche Angriffstaktik wie ein paar Monate zuvor das um sie werbende Männchen. Mit einem einzigen Biß reißt es ein riesiges Stück Fleisch aus der Flanke des *Anatotitan*. Das Tier bricht zusammen und wälzt sich stark blutend im

DIE HELL-CREEK-FORMATION

DIE HELL-CREEK-FORMATION ist eine Sedimentschicht, die aus den letzten Jahrmillionen der ausgehenden Kreidezeit datiert, und umfaßt das Grenzgebiet von Montana, Wyoming, North und South Dakota. Seit ihrer Entdeckung am Ende des 19. Jahrhunderts hat sie sich als reiche Fundstätte für Dinosaurierfossilien erwiesen, darunter etliche Exemplare von *Triceratops*. Zwischen 1902 und 1908 fand der Paläontologe Barnum Brown zwei *Tyrannosaurus*-Exemplare, die im Carnegie Museum und anderen amerikanischen Museen ausgestellt wurden und ihren Entdecker mit einem Schlage berühmt machten.

Unlängst hat sich die Hell-Creek-Formation noch aus einem anderen Grund als sehr nützlich erwiesen. Es ist die einzige Dinosaurierfossilien enthaltende Schicht, welche die sogenannte K-T-Grenze (Kreide-Tertiär-Grenze) enthält, eine kurze Zeitspanne des Übergangs zwischen dem Ende des Mesozoikums und dem Beginn des Känozoikums. An vielen Stellen ist die Formation über 100 Meter stark, im oberen Teil liegen einige Meter bereits im Känozoikum. Die Beprobung der Grenzschicht hatte Iridium und geschockte Quarzkristalle offenbart, woraus geschlossen werden konnte, daß ein Meteoriteneinschlag diese Region nachhaltig beeinflußt haben muß. Seitdem sind Typus und Anzahl von Dinosauriern und Pflanzen, die bis zum Aufschlag des Meteoriten lebten, eingehend untersucht worden, um festzustellen, ob es noch eine andere Ursache für das Aussterben so vieler Arten gegeben haben könnte. Bedauerlicherweise haben die geologischen Datierungsmethoden für diesen Zeitraum nur eine Genauigkeit von 500000 Jahren. Dadurch ist es unmöglich, den Zeitpunkt genau einzugrenzen, zu dem eine Spezies ihren Höhepunkt erreichte oder ein spezifisches Ereignis eintrat.

Paläontologen legen einen Hüftknochen aus der Hell-Creek-Formation frei, der belegt, daß *Tyrannosaurus* einer der letzten großen Dinosaurier war. Die Gesteinsschichten zeugen gleichermaßen von dem großen Aussterben, dem auch diese Tiere zum Opfer fielen.

Während die Anzahl der Funde von Dinosaurierfossilien keinen signifikanten Rückgang unterhalb der K-T-Grenze zeigt, ist zugleich eine überraschende Einschränkung der Artenvielfalt bei vorher zahlreich vertretenen Dinosauriern festzustellen – ein mögliches Anzeichen für eine massive Störung des Ökosystems. Bruchstücke von Dinosaurierfossilien wurden auch oberhalb der K-T-Grenze gefunden, man nimmt jedoch an, daß sie durch Wiederaufarbeitung älterer Schichten in die jüngeren Schichten eingebettet wurden. Die Hell-Creek-Formation zeigt deutlich: Die großen Reptilien, die unterhalb der K-T-Grenze zahlreich vertreten sind, verschwinden oberhalb gänzlich.

Schlamm, während es versucht, seinen Angreifer mit den Hinterbeinen zu treffen. Noch zwei Mal schlägt der *Tyrannosaurus* die Zähne in sein Opfer, bis dieses endgültig zusammenbricht. Die anderen Tiere der Herde sind ihm nicht zu Hilfe geeilt, sondern geflohen.

Als das *Tyrannosaurus*-Weibchen sich davon überzeugt hat, daß der *Anatotitan* tot ist, versucht es, seine Beute aus dem sumpfigen Morast zu ziehen. Die drei *Tyrannosaurus*-Jungen verlassen die Deckung und laufen zum Muttertier. Aus ihrem Versteck heraus haben sie beobachtet, wie der Entenschnabel-Dinosaurier geschlagen wurde.

Das Blut des *Anatotitan* ist in den See gelaufen und hat das begehrliche Interesse anderer Raubtiere geweckt. Einige große Krokodile tauchen aus dem Wasser und gleiten aufs Ufer. Erschreckt weichen die *Tyrannosaurus*-Jungen vor dem Kadaver zurück. Das Muttertier brüllt und stampft mit dem Hinterlauf auf den

Geborener Fleischfresser: Ein junger *Tyrannosaurus* frißt von der Leber eines *Anatotitan*. Schon die frisch geschlüpften Tiere haben eine beachtliche Größe, so daß selbst ein junger *Tyrannosaurus* bereits nach kurzer Zeit ein ernstzunehmender Räuber ist.

Boden. Doch dies ist eher als Warnung an die Jungen denn als Drohgebärde gegen die Krokodile zu verstehen, denen es schließlich wird weichen müssen – zu viele haben mittlerweile das Ufer erreicht, als daß es sich gegen diese *Deinosuchus*-Übermacht wehren könnte. Obendrein sind einige der ausgewachsenen Krokodile fast so groß wie es selbst. Es wendet sich ab und gibt die Beute kampflos auf, die Jungen folgen zögernd.

Einige Tage später beginnen die Temperaturen plötzlich zu fallen. Nachts ist der Himmel im Westen in glutrotes Licht getaucht – große Lavafelder haben sich in den Bergen gebildet. Angesichts der immer geringeren Anzahl von Entenschnabel-Dinosauriern hat das *Tyrannosaurus*-Weibchen Schwierigkeiten, ausreichend Beute für seine Jungen zu schlagen. Das schwächste ihrer Jungen wurde bereits von den beiden kräftigeren Jungtieren getötet und aufgefressen. Und auch das Verhalten des Muttertieres wird wegen des Futtermangels immer unberechenbarer.

Im Laufe des Nachmittags bricht die Sonne durch die Wolken, und es wird ein wenig wärmer. Die Sonnenstrahlen heizen ein altes schwarzes Lavafeld auf. Das *Tyrannosaurus*-Weibchen läßt sich auf den warmen Felsen nieder. Die Jungen fordern noch immer mit lauten Rufen Nahrung, halten aber respektvoll Abstand. Als die Dämmerung einsetzt, schläft das Weibchen so tief, daß es nicht bemerkt, wie in der Nähe ein *Ankylosaurus*-Weibchen mit seinen beiden Jungen durch das trockene Gebüsch bricht. Obwohl die Jungtiere noch nicht wie ihre älteren Artgenossen über Dornen und die knochige Verdickung des Schwanzendes verfügen, besitzen sie doch schon einen beinahe undurchdringlichen Panzer aus Knochenplatten. Diese natürliche Rüstung und die schützende Gegenwart des riesigen Muttertiers machen sie zu keiner leichten Beute.

Dessen ungeachtet unternehmen die hungrigen *Tyrannosaurus*-Jungen einen ungeschickten Versuch, sich der Gruppe bis auf ein paar Meter zu nähern. Sie wissen nicht um die Gefährlichkeit der ihnen unbekannten Tiere. Als das Muttertier die Fleischfresser wittert, stößt es einen Warnschrei aus. Die beiden Jungen drücken sich schutzsuchend dicht an den massigen Körper, während das erwachsene Tier drohend den mächtigen Schwanz hin und her schwingen läßt. Vom Warnschrei des *Ankylosaurus* geweckt, richtet sich das *Tyrannosaurus*-

Weibchen auf. Nur etwa 30 Meter trennen es von dem gefährlichen Pflanzenfresser. Als das *Ankylosaurus*-Weibchen das ausgewachsene Raubtier bemerkt, geht es sofort zum Angriff über. Mit gesenktem Kopf läuft es auf das *Tyrannosaurus*-Weibchen zu, das nur durch einen Sprung zur Seite ausweichen kann. Doch schon im nächsten Moment wird es von einem Schlag des mächtigen Schwanzes getroffen.

Unter normalen Umständen hätte sich das *Tyrannosaurus*-Weibchen nie einer derart gefährlichen Konfrontation ausgesetzt. Als sein krankes Knie zerschmettert wird, ist das Schicksal des Raubsauriers besiegelt. Der explodierende Schmerz lähmt die gesamte getroffene Körperhälfte. Vor Angst brüllend bricht sie zusammen und fällt dabei auf den *Ankylosaurus*, der dies als Angriff wertet, das Raubtier zu Boden schleudert und mit seiner knöchernen Keule auf den verletzten Gegner einschlägt. Schlag um Schlag wird jeder Widerstand des einst so mächtigen Tieres gebrochen. Die Knochen eines *Tyrannosaurus* sind auf Schnelligkeit und Kraft ausgelegt, diesen mächtigen Schlägen können sie nicht widerstehen. Ein paar Sekunden nur dauert der Todeskampf, bis ein letzter furchtbarer Schlag seinen Schädel zertrümmert und die roten Augen brechen.

Während dieses blutigen Spektakels versuchen die *Tyrannosaurus*-Jungen, die kleinen *Ankylosaurus*-Jungen anzugreifen. Doch deren Panzer sind für sie ein unüberwindbares Hindernis. Als sie den Todesschrei ihrer Mutter hören, ziehen sie sich zurück. Das *Ankylosaurus*-Weibchen bleibt noch einige Minuten neben dem toten *Tyrannosaurus* stehen, bellt und wartet auf einen Angriff. Dann jedoch spürt es offenbar, daß sein Gegner tot ist. Das Tier wendet sich ab und ruft seine Jungen. Gemeinsam ziehen sie davon. Hinter sich lassen sie eine gespenstische Stille und den Geruch von frischem Blut zurück.

Als der Morgen graut, fällt das erste Licht des Tages auf den zerschmetterten Körper des *Tyrannosaurus*-Weibchens, der Kopf liegt in einer Blutlache. Vorsichtig nähern sich die Jungen und rufen nach ihrer Mutter. Aber sie bewegt sich nicht. Die Jungen haben gelernt, sich in respektvollem Abstand zu dem Muttertier halten, und nähern sich daher nur zögernd. Doch bald werden ihre Rufe ungeduldiger, und schließlich gewinnt ihr Hunger, verstärkt durch den Geruch des Todes, die Oberhand. Während eines der Jungen das Blut aufleckt, beginnt das andere, am Bauch des Kadavers zu fressen. Das Muttertier wird sie noch eine ganze Weile mit Nahrung versorgen, bis andere Fleischfresser sie davonjagen werden.

Aus heiterem Himmel

DER TAG DES EINSCHLAGS

Während die Jungen den Kadaver des Muttertiers zerfleischen, erscheint am südlichen Horizont plötzlich ein Licht. Es nimmt rasch an Intensität zu. Neugierig geworden, sehen die *Tyrannosaurus*-Jungen auf. Der Schein dieses neuen Lichtes fällt auf ihre gesprenkelten schwarzen Gesichter und spiegelt sich flackernd in ihren Augen wider. Dann wenden sie sich wieder dem Kadaver zu. Sie können nicht wissen, daß 3000 Kilometer weiter südlich ein Meteorit die Erde getroffen hat. Mit einem Durchmesser von zehn Kilometern und einer Geschwindigkeit von 30 Kilometern in der Sekunde ist er in einem flachen Meer aufgeschlagen. Das ferne Leuchten kündet von einer Explosivkraft von 100 Millionen Megatonnen TNT, die ein Loch von 200 Kilometern

DAS ENDE IST NAH

FAST SO BEKANNT wie die Dinosaurier selbst ist die Tatsache, daß sie alle in einer relativ kurzen Zeitspanne ausgestorben sind. Dieses Ereignis ist nur im Zusammenhang zu verstehen. Das Aussterben ist ein integraler Bestandteil der Evolution; alle Lebewesen sterben irgendwann einmal aus, was aber nicht als Fehler oder Versagen der Evolution zu werten ist. Über 90 Prozent der Organismen, die jemals auf der Erde gelebt haben, sind ausgestorben. Evolution ist ein dynamischer Prozeß, mit dem ein konstanter Wechsel der Spezies einhergeht.

Aber Aussterbeereignisse vollziehen sich nicht gleichmäßig. Es gibt ruhige Abschnitte in der Geschichte des Lebens, die dann von einem »Massensterben« unterbrochen werden. In den letzten 550 Millionen Jahren gab es fünf solcher Massensterben, und jedes Mal blieben dabei etwa 50 Prozent der Tierspezies auf der Strecke. Das bedeutendste ereignete sich am Ende des Perms, also noch bevor sich die Dinosaurier entwickelten, und löschte 95 Prozent des Lebens (s. S. 28) aus. Das letzte Aussterben größeren Ausmaßes ereignete sich vor 65 Millionen Jahren und findet heute mehr Beachtung als alle anderen zusammen, weil damit das Ende der Dinosaurier einherging.

Mehr als 80 Theorien versuchen, das Verschwinden der Dinosaurier zu erklären. Als Ursachen wurden u. a. Seuchen, Verstopfung, eierfressende Säugetiere, artbedingte Überalterung, eine in der Nähe der Erde stattgefundene Explosion einer Supernova, die Ausrottung durch Außerirdische und vieles mehr angegeben. Aber jede dieser Theorien hatte ein höchst seltsames Phänomen zu erklären, das mit dem Aussterben der Saurier verbunden war. Pflanzen- wie fleischfressende Dinosaurier waren von der gleichen wie auch immer gearteten Ursache ebenso heftig betroffen wie Eidechsen, Haie, Beuteltiere und eine gan-

Wie dieser kleine Krater in Arizona zeigt, ist die zerstörerische Kraft von Meteoren gewaltig. Am Ende des Mesozoikums schlug ein Gesteinsbrocken von zehn Kilometer Durchmesser in den Golf von Mexiko und könnte damit das Aussterben der Dinosaurier verursacht haben.

Durchmesser und 15 Kilometern Tiefe in die Erdkruste gerissen hat. Das Leben auf der Erde wird niemals wieder so sein wie zuvor.

Ein paar Minuten lang fressen die *Tyrannosaurus*-Jungen ungehindert weiter. Das Leuchten wird schwächer, an seine Stelle ist eine sich stetig ausdehnende dunkle Rauchwolke getreten. Plötzlich beginnt der Boden zu beben. Erschreckt schauen die Dinosaurier auf, um sich dann angstvoll zusammenzukauern. Die Erdstöße werden stärker und werfen sie zu Boden. Mit ungeheurer Gewalt fegt ein Windstoß von der Stärke eines Hurrikans erst über die Schwemmebenen und das Marschland und dann über den Blanket Forest hinweg. Riesige Araukarien zerbrechen wie Streichhölzer, die jungen Tyrannosaurier werden vom Kadaver ihrer Mutter fortgerissen und in einem Mahlstrom aus Steinen, Baumstämmen und Pflanzen durch die Luft geschleudert. Einen Moment lang läßt

ze Reihe mariner Lebewesen. Säugetiere aber, Krokodile, Schildkröten, Frösche, Salamander und viele andere marine Organismen überlebten relativ unbehelligt.

Ein aktuelles Problem, die Gründe für das Aussterben zu analysieren, besteht darin, daß die Daten vor allem auf Funden aus dem Westen der Vereinigten Staaten beruhen. Die umfangreichste und detaillierteste Untersuchung wurde in der Hell-Creek-Formation vorgenommen (s. S. 217), den Ablagerungen einer in der Kreidezeit üppig bewachsenen Küstenebene. Diese Region muß anderen massiven Einwirkungen ausgesetzt gewesen sein als z. B. die innerchinesische Wüste, aber vergleichbares Datenmaterial existiert leider nicht.

Forschungen haben ergeben, daß am Ende der Kreidezeit mindestens drei Kräfte die Lebensbedingungen der meisten Organismen negativ beeinflußt haben. Ein großer Krater im Golf von Mexiko und eine Staubschicht des seltenen Elements Iridium, das auf der ganzen Erde festgestellt wurde, lassen den Schluß zu, daß ein zehn Kilometer großer Asteroid oder Meteorit die Erde zu jener Zeit getroffen hat. Die Folgen dieses Einschlags könnten saurer Regen, weltweite Brände und schließlich, als Ergebnis einer sich rings um die Erde legenden Trümmer- und Staubschicht, ein andauernder »Impakt-Winter« gewesen sein. In einem Zeitraum von Hunderttausenden von Jahren vor und nach diesem Ereignis verursachte die Verschiebung Indiens gegen die asiatische Kontinentalplatte lang anhaltende massive vulkanische Aktivitäten. Diese vulkanische Aktivität hat ausgereicht, um ein Gebiet von der Größe Alaskas und Texas mit einer etwa einen Kilometer tiefen Schicht Lava zu bedecken. Eine weltweite Abkühlung ist die mögliche Folge gewesen, und unter den vielen in die Atmosphäre freigesetzten Giftstoffen könnten sich auch solche befunden haben, die für in Eiern heranreifende Embryos besonders giftig gewesen wären. Und schließlich gab es auch noch ein deutliches Absinken des Meeresspiegels.

Da wir wissen, daß alle diese Ereignisse etwa zur selben Zeit stattgefunden haben, wäre es denkbar, daß das Massensterben durch ihr Zusammenwirken ausgelöst wurde. Eigentlich ist es ein Wunder, daß überhaupt ein Lebewesen überlebt hat.

Als gegen Ende des Mesozoikums Indien mit Asien kollidierte, kam es zu erheblichen vulkanischen Aktivitäten. Einer Theorie zufolge könnte auch dies das Aussterben der Dinosaurier verursacht haben.

der Sturm nach, dann kehrt er aus der entgegengesetzten Richtung zurück. Der Wald ist verwüstet, doch es kommt noch schlimmer. Als die dunkle Rauchwolke größer und größer wird, beginnen die Temperaturen zu steigen. Glühend heiße Steine schlagen in den Boden ein und setzen die trockene Vegetation in Brand. Die Temperatur steigt weiter an, und all jene Tiere, die überlebt haben, werden nun bei lebendigem Leibe verbrannt. Ein Erdbeben der Stärke zehn auf der Richterskala erschüttert das Gebirge, während sich die inzwischen riesige Rauchwolke vor die Sonne schiebt. Als sich die unnatürliche Dunkelheit auf die Erde senkt, regnen kleine geschmolzene Steinbrocken vom Himmel. Bald steht die ganze Region in Flammen.

Schließlich erreicht auch der Explosionsknall den verwüsteten Blanket Forest. Ein ohrenbetäubendes Krachen zerreißt die Luft, als ob die Erde selbst gepeinigt aufschrie. Aber es gibt niemanden mehr, der es hören könnte. Mit verrenkten Gliedmaßen liegt der geschundene Leib des *Tyrannosaurus*-Weibchen zwischen zwei großen brennenden Araukarien, der Kopf ist zur Seite gerollt, das

Rückzug: Ein *Tyrannosaurus* vor dem Hintergrund eines rauchenden Vulkans. Die Sonnenuntergänge der späten Kreidezeit tauchten die Landschaft in dieses rote Licht, eine Folge der von den Vulkanen in die Atmosphäre geschleuderten Materiepartikel.

Maul weit aufgerissen. Die vom Himmel regnenden Steine reißen die Haut von seinem Kopf und legen die dolchförmigen Zähne frei. Ihr Kampf um Nachkommen ist gescheitert. In Laramidia ist alles Leben verloschen.

Staub und Gesteinstrümmer des explodierten Kometen ziehen wie eine todbringende Wolke über die Welt des Mesozoikums hinweg und verkünden das Ende des Zeitalters. Die Sonnenstrahlen können nicht mehr bis zur Erdoberfläche vordringen, und die Erde fällt in einen künstlichen Winter – Millionen und Abermillionen Tiere und Pflanzen sterben. Als sich schließlich der Dunst auflöst, sucht ein zweites Schreckgespenst den Planeten heim: Der Treibhauseffekt überhitzt die Atmosphäre. Es wird Millionen von Jahren dauern, bis sich die Erde wieder erholt, doch schließlich werden die Wälder zurückkehren und sich die Farne erneut ausbreiten. Auf der frisch ergrünten Erde wird es allerdings keine riesigen Dinosaurier mehr geben. Von den unzähligen Arten der Gruppe überleben einzig die Vögel. Sie allein bezeugen die Schönheit dieser mächtigen Lebewesen, die einst die Erde beherrschten.

Literatur

Archibald, David J.: *Dinosaur Extinction and the End of an Era: what the fossils say.* Columbia University Press 1996

Bakker, Robert: *The Dinosaur Heresies.* Penguin Books 1988

Behrensmeyer, A.K., Damuth, J.D., DiMichele, W.A., Potts, R., Suess, H.D. und Wing, S.L.: *Terrestrial Ecosystems Through Time: evolutionary paleoecology of terrestrial plants and animals.* University of Chicago Press 1992

Benton, Michael: *The Penguin Historical Atlas of the Dinosaurs.* Penguin Books 1996

Carpenter, Kenneth, Hirsch, Karl F., Horner, John, R.: *Dinosaur Eggs and Babies.* Cambridge University Press 1994

Colbert, Edwin H.: *The Little Dinosaurs of Ghost Ranch.* Columbia University Press 1995

Crowley, Thomas J. und North, Gerald R.: *Paleoclimatology.* Oxford University Press 1991

Currie, Philip J. und Padian, Kevin: *Encyclopedia of Dinosaurs.* Academic Press 1997

Dodson, Peter: *The Horned Dinosaurs: a natural history.* Princeton University Press 1996

Farlow, James Orville und Brett-Surman, M.K.: *The Complete Dinosaur.* Indiana University Press 1997

Fastovsky, David E. und Weishampel, David B.: *The Evolution and Extinction of the Dinosaurs.* Cambridge University Press 1996

Funnell, Brian M., Smith, Alan G. und Smith David G.: *Atlas of Mesozoic And Cenozoic Coastlines.* Cambridge University Press 1994

Gould, Stephen J. (Hrsg.): Das Buch des Lebens. vgs verlagsgesellschaft 1993

Kemp, T.S.: *Mammal-like Reptiles and the Origin of Mammals.* Academic Press Inc. 1982

Long, Robert A. und Houk, Rose: *Dawn of the Dinosaurs: the Triassic in petrified forest.* Petrified Forest Museum Association 1988

Macdonald, David W.: *The Encyclopaedia of Mammals.* Unwin Hyman 1984

Norell, Mark A., Gaffney, Eugene S. und Dingus, Lowell: *Discovering Dinosaurs.* Little Brown and Company 1995

Norman, David: *The Illustrated Encyclopedia of Dinosaurs.* Salamander Books 1985

Norman, David: *Prehistoric Life*, Boxtree Ltd. 1994

Spalding, David: *Dinosaur Hunters: 150 years of extraordinary discoveries.* Key Porter Books 1993

Weishampel, David B., Dodson, Peter und Osmolska, Halszka: *The Dinosauria.* University of Calofornia Press 1992

Wellnhofer, Peter: *The Illustrated Encyclopedia of Pterosaurs.* Salamander Books 1991

Danksagung

Dieses Buch wäre ohne das Können und kreative Geschick einer ganzen Reihe von Leuten nicht möglich gewesen: Die mittels Computergrafik erzeugten Tiere sind der Arbeit eines Teams von Framestore zu verdanken, das unter der Leitung von Mike Milne stand, eines außergewöhnlich talentierten 3D-Animators, der von Anfang an meinen Traum teilte, diese Geschöpfe so lebensnah wie möglich zu gestalten. Ganz besonders möchte ich Alec Knox danken, der die Tiere in authentischer Körperhaltung lebendig werden ließ, sowie Daren Horley, dessen künstlerischem Geschick es zu verdanken ist, daß Haut und Panzer der Dinosaurier unglaublich echt wirken.

Die Hintergrundaufnahmen wurden während der Arbeiten an der Fernsehserie vor Ort aufgenommen. Die Unterwasseraufnahmen stammen von Michael Pitts, die Fotografien aus den Mammutbaum-Wäldern Kaliforniens von Carrie Grant, alle anderen Aufnahmen von Ian Macdonald, einem ebenso talentierten wie geduldigen Fotografen. Die Aufgabe, Tiere und Hintergründe miteinander zu verschmelzen, übernahm Rob Farrar von Alchemy, dem ich besonderen Dank dafür schulde, daß er immer dann, wenn ein Redaktionstermin drängte, auch bereit war, Privatzeit zu opfern. Für den Bau der elektronisch gesteuerten Modelle danke ich Jez Harris und seinem Spezialistenteam.

Die in dieses Buch eingeflossenen wissenschaftlichen Informationen basieren auf den Arbeiten zahlloser Experten auf diesem Gebiet. All jenen Paläontologen, die mir beratend zur Seite standen, schulde ich Dank. In besonderer Weise fühle ich mich dem Enthusiasmus und der fachkundigen Beratung von Jo Wright (University of Colorado) und David Martill (University of Portsmouth) verpflichtet. Weiter danke ich Kent Stevens (University of Oregon), Tom Holtz (University of Maryland), Mike Benton (University of Bristol), David Unwin (Museum für Naturkunde, Berlin) und David Norman (Sedgwick Museum, Cambridge) für ihren profunden Rat. Dennoch ist dies Buch das Ergebnis meiner eigenen Interpretation der wissenschaftlichen Fakten, eventuelle Fehler sind daher allein von mir zu verantworten.

Schließlich möchte ich meiner Frau Claire und meinen Kindern für ihre Geduld und Unterstützung danken, die sie mir in den drei Jahren Produktionszeit für dieses Projekt entgegenbrachten.

TIM HAINES

Register

Bildnachweis

BBC Worldwide und die vgs verlagsgesellschaft danken den folgenden Fotografen für die Abdruckgenehmigung der verwendeten Bilder. Wir haben uns bemüht, alle Copyright-Ansprüche zu berücksichtigen. Sollte uns dennoch ein Fehler unterlaufen sein, bitte wir dafür um Entschuldigung.

S. 19, Rand, auch S. 61, 111, 153, 199, 243; 1 (oben) NHPA © Alberto Nardi, 4 Oxford Scientific © G.A. Maclean, 5 Oxford Scientific © Nick Groves/Hedgehog House, 6 (unten) Robert Harding; S. 22 Dr. D. M Martill; S. 23 (oben) Planet Earth © Wayne Harris, (Mitte) Oxford Scientific Films © J.A.L. Cooke, (unten) Oxford Scientific Films © Mike Linley; S. 28 Planet Earth © J.R. Nacivet; S. 34 Dr. Roger Smith, South African Museum of Natural History, Capetown; S. 38 Natural History Museum, London; S. 46–47 Ardea London © Francois Gohier; S. 47 American Museum of Natural History, New York; S. 53 Natural History Museum, London; S. 63 Planet Earth © Hans Christian Heap; S. 64 (oben) Bruce Coleman Collection © Gerald S. Cubitt; S. 65 (unten) Natural History Museum, London, (rechts) NHPA © Stephen Dalton; S. 76 Natural History Museum, London; S. 80 (oben) Museum of the Rockies, Montana, USA © Bruce Selyem, (unten) Oxford Scientific Films © Stan Osolinski; S. 86 (oben) Planet Earth/Denver Museum of Natural History, Colorado, USA © Mark Schumann; 86 (unten) Ardea London © Francois Gohier; S. 94 Ardea London © Francois Gohier; S. 94–95 Ardea London/Humboldt Museum, Berlin © P. Morris; S. 95 und 101 Ardea London © Francois Gohier; S. 104 Bruce Coleman Collection © Wayne Lankinen; S. 108 Ardea London (links) © P. Morris, (rechts) © Francois Gohier; S. 113 Planet Earth © Nancy Sefton; 115 (oben rechts) NHPA © Lutra, (unten links) Planet Earth © Ashley J. Boyd, (unten rechts) NHPA © David Henclin; 120 (oben rechts) Still Pictures © Secret Sea Visions, (Mitte) Planet Earth © Steve Nichols, (unten) Dr. Helmut Mayr, Bayerische Staatssammlung für Paläontologie und Historische Geologie, München; S. 127 Natural History Museum, London; S. 131 (links) Frontispiz von Thomas Hawkins *Great Sea Dragons*, 1840, ill. in *Ichthyosaurs: a history of fossil ›sea-dragons‹* von S.R. Howe, T. Sharpe und H.S. Torrens, National Museum of Wales, 1981, S. 23 (rechts) Planet Earth © Phil Chapman; S. 134 Institut und Museum für Geologie und Paläontologie der Universität Tübingen; S. 155 Ardea London © D. Dixon; S. 156 Dr. D.M. Martill; S. 156–157 NHPA © Albert Nardi; S. 157 (Mitte) Oxford Scientific Films M.A. © Chappell, (rechts) Planet Earth © Jeannie Mackinnon; S. 164 (unten) Natural History Museum, London; S. 172 (unten rechts) L'Institut Royal Des Sciences Naturelles de Belgique, Brussels (Département de Paléontologie); S. 174 (oben Mitte) Natural History Museum, London, (oben rechts) L'Institut Royal Des Sciences Naturelles de Belgique, Brussels (Départment de Paléontologie), (unten links) Natural History Museum, London, (unten Mitte) Ardea London; S. 178 Prof. Alexander P. Rasnitsyn, Paleontological Institute, Moskow; S. 182 (oben Mitte) D.L. Dilcher und G. Sun, (unten links) Planet Earth © Peter Gasson; S. 188–189 Natural History Museum London; S. 189 Aquila © J.J. Brooks; S. 192 Dr. D.M. Unwin, Institut für Paläontologie, Museum für Naturkunde, Berlin; S. 203 (unten links) Natural History Museum, London, (Mitte) Oxford Scientific Films © Grant Dixon/Hedgehog House; (oben rechts) Oxford Scientific Films © John Weeber/Hedgehog House; S. 208 und 209, Prof. Pat Vickers-Rich, Monash University, Melbourne & Thomas H. Rich, Museum of Victoria, Melbourne, Australia; S. 220 Planet Earth © Ken Lucas; S. 221 Planet Earth © Jorbe Provenza; S. 228 Prof. Dr. Ryszard Szadzjewski; S. 245 Oxford Scientific Films © Jack Dermid; S. 246 (oben) Oxford Scientific Films © Michael Fogden; S. 246–247 NHPA © Stephen Dalton; S. 247 NHPA (Mitte) © Julie Meech, (oben) © Kevin Schafer, (oben rechts) Planet Earth © Martin Rügner; S. 260 Natural History Museum, London; S. 265 Ardea, London © Francois Gohier; S. 266 Still Pictures © D. Decobecq; S. 272 Prof. Bruce M. Rothschild, The Arthritis Center of Northeast Ohio; S. 277 Ardea, London © Francois Gohier; S. 280 Ardea London © Francois Gohier; S. 280 – 281, Science Photo Library.

Alle anderen Fotos: © BBC Worldwide 1999. Digitale Bilder: Framestore; Filme: Alchemy Creative Services.